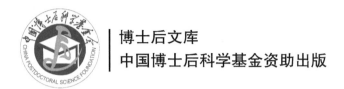

博士后文库

中国博士后科学基金资助出版

环渤海地区浅层地下咸水
农业利用方法试验研究

冯　棣　著

U0304481

科学出版社

北　京

内 容 简 介

本书通过开展咸水定位灌溉棉田安全性评价研究，探明咸水畦灌和沟灌下的水盐运移规律，得出灌溉水矿化度阈值。通过开展微咸水滴灌调控滨海重度盐碱地研究，提出滨海重度盐碱地农业水盐调控三阶段理论，初步建立滨海盐碱地咸水滴灌原土水盐调控农业利用技术体系。通过文献综述和室内试验，总结提出外源物缓解植物盐分胁迫的 7 个作用机制，并验证盐分胁迫下 γ-氨基丁酸在水稻和番茄幼苗中的改善效果。

本书可供从事咸水资源化利用、盐碱地治理和作物耐盐机理研究的高校师生与科研工作者阅读参考。

图书在版编目（CIP）数据

环渤海地区浅层地下咸水农业利用方法试验研究 / 冯棣著. —北京：科学出版社，2023.9

（博士后文库）

ISBN 978-7-03-076449-2

Ⅰ. ①环… Ⅱ. ①冯… Ⅲ. ①渤海湾-农业-海水淡化-综合利用-试验研究 Ⅳ. ①P747

中国国家版本馆 CIP 数据核字（2023）第 185652 号

责任编辑：董 墨 李 洁 / 责任校对：郝甜甜
责任印制：徐晓晨 / 封面设计：陈 敬

科 学 出 版 社 出版

北京东黄城根北街 16 号
邮政编码：100717
http://www.sciencep.com

北京建宏印刷有限公司 印刷

科学出版社发行 各地新华书店经销

*

2023 年 9 月第 一 版 开本：720×1000 1/16
2023 年 9 月第 一 次印刷 印张：16
字数：313 000

定价：188.00 元

（如有印装质量问题，我社负责调换）

"博士后文库"序言

  1985年，在李政道先生的倡议和邓小平同志的亲自关怀下，我国建立了博士后制度，同时设立了博士后科学基金。30多年来，在党和国家的高度重视下，在社会各方面的关心和支持下，博士后制度为我国培养了一大批青年高层次创新人才。在这一过程中，博士后科学基金发挥了不可替代的独特作用。

  博士后科学基金是中国特色博士后制度的重要组成部分，专门用于资助博士后研究人员开展创新探索。博士后科学基金的资助，对正处于独立科研生涯起步阶段的博士后研究人员来说，适逢其时，有利于培养他们独立的科研人格、在选题方面的竞争意识以及负责的精神，是他们独立从事科研工作的"第一桶金"。尽管博士后科学基金资助金额不大，但对博士后青年创新人才的培养和激励作用不可估量。四两拨千斤，博士后科学基金有效地推动了博士后研究人员迅速成长为高水平的研究人才，"小基金发挥了大作用"。

  在博士后科学基金的资助下，博士后研究人员的优秀学术成果不断涌现。2013年，为提高博士后科学基金的资助效益，中国博士后科学基金会联合科学出版社开展了博士后优秀学术专著出版资助工作，通过专家评审遴选出优秀的博士后学术著作，收入"博士后文库"，由博士后科学基金资助、科学出版社出版。我们希望，借此打造专属于博士后学术创新的旗舰图书品牌，激励博士后研究人员潜心科研，扎实治学，提升博士后优秀学术成果的社会影响力。

  2015年，国务院办公厅印发了《关于改革完善博士后制度的意见》，将"实施自然科学、人文社会科学优秀博士后论著出版支持计划"作为"十三五"规划博士后工作的重要内容和提升博士后研究人员培养质量的重要手段，这更加凸显了出版资助工作的意义。我相信，我们提供的这个出版资助平台将对博士后研究人员激发创新智慧、凝聚创新力量发挥独特的作用，促使博士后研究人员的创新成果更好地服务于创新驱动发展战略和创新型国家的建设。

  祝愿广大博士后研究人员在博士后科学基金的资助下早日成长为栋梁之材，为实现中华民族伟大复兴的中国梦做出更大的贡献。

中国博士后科学基金会理事长

前　言

本书阐述在咸水资源化利用背景下土壤水盐运移规律、作物生长响应、安全性评价、盐碱地治理、外源物作用机理，是作者从事咸水资源化利用、盐碱地治理和作物耐盐机理领域研究十余年的成果总结。本书分为三部分，共15章。第一部分是作者研究生阶段在环渤海低平原地区（河北衡水）开展的研究工作总结，介绍环渤海低平原区非盐渍土咸水地面灌溉技术；第二部分是作者第一站博士后工作期间在滨海平原地区（河北曹妃甸）开展的研究工作总结，介绍环渤海滨海平原区重度滨海盐碱地咸水滴灌技术；第三部分是作者在潍坊科技学院及南开大学与天津天隆科技股份有限公司联合培养博士后工作期间开展的研究工作总结，介绍外源物缓解植物盐分胁迫的作用机理与效果。

感谢作者的博士导师中国农业科学院农田灌溉研究所孙景生研究员、第一站博士后合作导师中国科学院地理科学与资源研究所康跃虎研究员、第二站博士后合作导师南开大学唐景春教授和天津天隆科技股份有限公司华泽田教授、河北省农林科学院旱作农业研究所李科江研究员及团队、山东农业大学张俊鹏副教授等专家学者在本书试验设计、实施和文本修改等方面给予的指导。感谢潍坊科技学院的高倩、闫妮、张彩虹、李森等同学对本书第三部分内容做出的贡献。感谢中国博士后科学基金2022年度博士后优秀学术专著出版资助、山东省自然科学基金（项目：滨海重度盐碱地高矿化度咸水滴灌水盐调控机理与数值模拟，ZR2021ME154）、国家自然科学基金（项目：覆膜棉田水热盐耦合模拟与咸水安全灌溉指标，51179193）、"十二五"国家科技支撑计划（项目：典型盐碱地改良技术与工程示范，2013BAC02800）、潍坊科技学院高层次人才专项经费（2019RC001）、山东省高校设施园艺重点实验室的资助。

由于作者水平有限，书中难免出现纰漏，请各位读者批评指正。

作　者
2023年5月

目　录

第一部分

环渤海低平原区非盐渍土咸水地面灌技术

第1章 研 究 背 景

1.1 研究目的与意义

《2020 年中国水资源公报》数据显示，2020 年全国水资源总量为 3.16052×10^{12} m³，比多年平均值高 14%，人均水资源量仅为 2257.5 m³，略高于世界公认的中度缺水线（2000 m³）。全年总用水量为 5.8129×10^{11} m³，其中生活用水占 14.9%，工业用水占 17.7%，农业用水占 62.1%，人工生态环境补水占 5.3%。水是经济的命脉，更是生命的源泉。为保证经济、社会的可持续发展，全社会都在倡导保护水体和提高用水效率等"节流"措施，并取得重大成就。其中，在总用水量中占比最大的农业用水取得的节水成就尤为突出，全国农田灌溉水有效利用系数已经由 1995 年的 0.4 提升到 2020 年的 0.565。

为了保证农业生产获得较高水平的灌溉水保障率，在"节流"的同时还应该寻求水资源的替代资源实现"开源"。幸运的是，我国有着丰富的地下微咸水和咸水资源，主要分布在黄淮海平原区、西北内陆干旱地区和滨海地区，据不完全统计，我国北方地区地下咸水面积达 1.38×10^6 km²（康金虎，2005；阮明艳等，2007；姜凌等，2009）。

环渤海低平原区作为中国重要的粮棉、果蔬产区，对环渤海经济圈的发展起着支撑作用，然而该区处于海河流域，是我国水资源短缺最严重的地区之一，淡水资源不足是制约环渤海地区社会经济发展的突出问题（陈志恺，2002；水利部，2010）。环渤海地区分布着矿化度大于 2 g/L 的微咸水面积达 3.69×10^4 km²，矿化度 2～5 g/L 的咸水年补给资源量 2.35×10^9 m³，有很大的开采潜力（孙晓明，2007）；与环渤海低平原区存在较大地域交叉的河北平原（主要分布在沧州、衡水、邢台、唐山、邯郸和廊坊地区）地下咸水面积占全区面积的 32.3%，年补给量达到 3.81×10^9 m³，存在较大的开发潜力（张亚哲等，2009）。此外，环渤海低平原区的土壤整体处于非盐渍化或轻盐渍化水平，为浅层地下咸水利用提供了良好的条件（周在明等，2010）。因此，要缓解环渤海低平原区内水资源紧缺局面，应积极开发利用咸水资源。

国内外关于微咸水和咸水（以下统称为咸水）灌溉方面的实践有着悠久的历史，实践证明咸水用于田间灌溉，可以缓解干旱，提供作物生长所需要的水分，同时咸水灌溉给土壤带入盐分，造成作物生长受抑，土壤存在潜在盐渍化的危险。咸水灌溉的两重性决定利用咸水灌溉的特殊性和复杂性（Beltrán，1999；Hamdy，2002；逢焕成等，2004）。尤其是在土地资源紧张的现状下，在开发利用咸水以保证作物产量的同时，防止盐分在作物主根区的积累及防止土壤盐渍化发展趋势，实现咸水安全灌溉是地区农业发展的核心问题。

棉花具有耐盐、经济价值较高的特点，在环渤海低平原区（沧州、德州、衡水一带）种植广泛。近十几年来由于受到深层地下水限采、农村劳动力输出现象严重、棉花市场价格波动较大及保障不断增长的粮食需求等因素的影响，棉花种植区域正在缩减，并呈现出向低产田（如盐碱地、旱地）转移的趋势。棉花生产关系国计民生，是国家重要的战略物资，保证棉花供应至关重要，故在该区探讨棉花的耐盐机理，研究安全的咸水利用模式、咸水灌溉指标及土壤安全性评价，对确保棉花生产安全，改善农田生态环境，实现农业可持续发展具有重大的战略意义。

1.2　国内外研究进展

灌溉包括灌溉水的利用方式和灌溉技术，两者共同决定怎样将水源引入农田土壤中。咸水灌溉的效应涉及土壤和作物两方面，其中土壤包含的因素众多，如水分、盐分、水力特性、养分状况和理化性状等，作物在物种和品种选定的条件下包含的因素主要是生长、生理、产量和品质指标。

1.2.1　咸水灌溉技术研究进展

1. 咸水利用方式

目前对咸水利用主要有以下几种方式：咸水直灌、咸淡交替灌溉（轮灌）和混合灌溉。咸水直灌就是在不引入其他措施的情况下直接利用咸水灌溉，这方面的实践最多，且取得了丰富的经济效益和丰硕的研究成果。轮灌是根据水资源分布、作物种类及其耐盐性和作物生育阶段等交替使用咸淡水进行灌溉的一种方法。混合灌溉是将两种不同的灌溉水混合使用，包括咸淡水混灌、咸碱水（低矿化碱性水）混灌和两种不同盐渍度的咸水混灌，目的是降低灌溉水的盐度或改变其盐分组成。混合灌溉在提高灌溉水水质的同时，也增加了可灌水的总量（严晔端和李悦，2000），使以前不能使用的碱水或高盐渍度水得以利用。方生和陈秀玲（1999）利用 4～6 g/L 的咸水与深层碱性淡水（<1 g/L）混合灌溉进行研究得出的结果显

示，小麦、玉米连作 10 年的平均产量比不灌溉增产 16.3%，比 4～6 g/L 咸水直灌增产 20%。Qadir 等（2009）报道了乌兹别克斯坦锡尔河流域农民使用咸淡水混灌的情况，之后 Bezborodov 等（2010）在该流域研究咸淡水混灌结合覆盖措施对棉花产量的影响。在同样盐分水平下，合理的咸淡水交替灌溉的作物产量高于咸淡水混灌的产量（Minhas，1996）。柴春岭（2005）的研究结果显示，由于棉花苗期耐盐性较差，先淡后咸的轮灌方法比先咸后淡的轮灌方法增产。可见，相同矿化度的咸水采用不同的利用方式，其效果不同。

2. 咸水灌溉技术

以往研究表明，咸水适用于各种灌水方式。Rhoades 等（1997）在美国进行咸水喷灌的结果表明，在干旱炎热的条件下，白天喷灌容易引起作物叶面的灼伤，夜间、黄昏进行喷灌的效果较好。咸水滴灌比喷灌效果更好，且有助于促进一些作物根的发育（吕宁和候振安，2007）。滴灌可在滴头附近形成脱盐区，有利于作物的生长（Elfving，1982；Batchelor et al.，1996；Ayars et al.，1999；王全九和徐益敏，2002）。到目前为止，国内外学者就滴灌条件土壤水盐运移、离子分布、耗水规律及作物品质、作物耐盐阈值、产量等方面做了大量研究工作，这些实践的成功为我国干旱半干旱地区有效利用咸水资源提供了有效手段。沟灌技术的发展历史久远，咸水沟灌时可以发挥沟顶积盐、沟底淋盐的优势（Wang et al.，2004；Rajak et al.，2006；Malash et al.，2008），还可以通过减少地面湿润面积，达到节水的效应（肖娟和孙西欢，2006；Wang et al.，2004；雷霆武等，2004），而且其盐分淋洗效率高于喷灌（Moreno et al.，1995）。尽管与漫灌、沟灌和喷灌相比，滴灌具有节水高产的优势（Cetin and Bilgel，2002；Malash et al.，2005），但因其投入较高，国内大田滴灌实践与研究工作主要在降雨极少的新疆和宁夏等西北内陆地区开展，而处于半干旱半湿润的地区仍以畦灌和沟灌为主。因此，深入开展咸水沟、畦灌研究，对解决半干旱半湿润地区的农业生产实际问题有着重大的意义。

1.2.2 咸水灌溉条件下土壤水盐动态分布规律及盐分平衡研究

土壤中盐随水走，水分被根系吸收后便会在根区聚集，水分通过土面蒸发后就会在土面聚集（返盐），这是水盐运移的一般规律。然而，在降雨和耗水交互作用下，土壤中水盐运移就会变得更加复杂。国内外针对土壤水盐运移及分布动态进行了广泛而深入的研究（Samani et al.，1985；Evans et al.，1990；Moreno et al.，1995；de Clercq et al.，2005；Chen et al.，2010；Wang et al.，2011）。就国内而言，石元春等（1983）和辛景峰等（1986）应用分区水盐均衡方法，对黄淮海平原水盐运动规律进行了研究，阐述了区域性水盐运动规律，得出黄淮海平原 4 种水盐运动调控模式，并创立了区域水盐运动监测预报体系。在田间尺度上，肖振华等（1995）探讨了冬小麦节水灌溉及其对土壤水盐动态的影响。自 2000 年以来，咸水灌溉利用研究仍非常活跃，乔冬梅等（2007）对不同潜水埋深条件下微咸水灌溉的水盐运移规律进行了研究，发现土壤中盐分含量随地下水埋深的增加而减小，随灌溉水盐分水平的增加而增大。在不考虑地下水埋深的条件下，王全九教授研究团队（吴忠东和王全九，2007，2009；雪静等，2009；毕远杰等，2009）针对西北地区微咸水利用，从室内、田间试验和模型模拟等角度探讨了微咸水灌溉对土壤水盐分布和作物产量的影响。陈丽娟等（2012）采用冬小麦大田试验研究了含黏土夹层的土壤在微咸水灌溉时水盐运移规律并在此基础上运用数值模型对土壤盐分累积趋势进行了模拟预测，结果表明黏土夹层有显著的滞盐作用，在连续咸水灌溉 5 年后，灌溉水矿化度宜控制在 3 g/L 以下。

　　研究土壤中的盐分平衡是定量分析土壤盐分变化的基础。在环渤海低平原区，Wan 等（2007）通过 3 年灌溉试验表明 4.9 dS/m 以下微咸水滴灌没有造成 0.9 m 内土层盐分累积；陈素英等（2011）研究表明冬小麦微咸水灌溉后存在增产效应，但会增加土壤盐度，降低夏玉米的产量，经过降雨淋洗后土壤不积盐；但是乔玉辉和宇振荣（2003）通过数值模拟，认为咸水长期灌溉可能会出现盐分累积的情况，对土壤和作物均存在潜在的威胁；吴忠东和王全九（2010）也报道称，连续 3 年微咸水（3 g/L）灌溉小麦田后表层土壤积盐，但认为只要降水和淡水淋洗充分，仍会将土壤盐分控制在很低的水平，并且产量与雨养农业相比增加。在以往的研究中盐分平衡方程被普遍应用于农田盐分累积和淋洗方面的研究。在不考虑排水的情况下，Beltrán（1999）介绍了 1 个由水分平衡方程推导出的简化的盐分平衡方程，该方程认为土壤矿物质溶解、降雨、施肥带入的盐分正好可以被作物吸收，并且这些盐分与灌溉水带入的盐分相比很少，因此可以忽略。Saysel 和 Barlas（2001）报道了 1 个系统的盐分累积动态模型，考虑根区盐渍化的 4 个子过程：灌溉、排水、地下水补给和地下水入侵。盐分平衡方程一般被用于灌区计算，也可以用于田间尺度计算。然而，以往关于连续多年采用不同矿化度咸水灌溉条件下土壤水盐运移规律和盐分平衡分析方面的研究鲜见。

1.2.3　咸水灌溉对棉花生长发育、产量及纤维品质的影响

　　盐分过量会对作物造成渗透胁迫、离子毒害和氧化危害，阻碍其正常的水分与离子吸收，改变其营养及光合产物分配，破坏其内环境动态平衡，所以势必将影响到作物的正常生长、产量，甚至会影响作物的品质。

关于咸水灌溉对作物影响的研究由来已久（Hayward and Long，1941；Maas and Hoffman，1977；Ayers and Westcot，1985；Pascale and Barbieri，1995）。一般认为棉花萌发及幼苗阶段是其耐盐能力最弱的阶段（贾玉珍等，1987；王俊娟等，2011；张国伟等，2011），随着生育进程的推进，棉花的耐盐能力有所提升。众多学者报道称，当灌溉水矿化度很低时一般不会对棉花生长产生抑制作用，有时还能够刺激某些植物生长（Karin，1997；冯棣等，2011），但当灌溉水矿化度达到一定程度后，棉花的出苗率随着灌溉水矿化度的增加而线性降低（Qadir and Shams，1997；Wang et al.，2011；Dong，2012），出苗时间和苗情长势也受到抑制；棉花株高、茎粗、叶面积和干物质质量等营养生长指标以及果枝数、成铃数、百铃重等生殖生长指标同样受到不同程度的抑制（Maas and Hoffman，1977；Rhoades et al.，1992；Pessarakli，1994；Sadeh and Ravina，2000；Steppuhn et al.，2005；Rajak et al.，2006；Wang et al.，2011；Wang et al.，2012；杨传杰等，2012），但棉花生殖生长指标的耐盐能力大于营养生长指标（Rathert，1983；Qadir and Shams，1997），因此最终导致处于较低盐分胁迫下的棉花并无减产，而高盐分胁迫下的棉花大幅减产（Sharma and Gupta，1986）。此外，咸水灌溉还会影响棉花的生育进程，如陆地棉在现蕾期时，土壤含盐量在 0.3%～0.45%时植株生长缓慢；在棉花花铃期，土壤含盐量达到 0.4%～0.6%时就只能勉强生长，或者提早吐絮。Brugnoli 和 Lauteri（1991）、Carter 和 Cheeseman（1993）、Koyro（2006）、辛承松等（2007）研究表明，盐分胁迫还会降低作物的气孔导度（或增大气孔阻力）、蒸腾速率、光合速率和叶绿素含量等生理指标，其中气孔导度（或气孔阻力）和蒸腾速率指标与作物的水分状况直接相关，因此称为水分生理指标。能够表征作物水分生理的指标还包括植株含水率、叶水势、茎流等。然而，以往关于连续多年咸水造墒灌溉对棉花生长影响的报道较少，如果存在影响，其影响特点是什么，是否存在逐年累积效应，这些问题有待回答。

关于咸水灌溉（或水培）对棉花纤维的影响，叶武威等（1997）发现在 0.42% NaCl 条件下，陆地棉的纤维长度增加而纤维的伸长率降低；Ashraf 和 Ahmad（2000）发现，纤维整齐度在较低含盐量水平下随着含盐量的增加而不断提高，但纤维长度、纤维成熟度和纤维强度在高含盐量水平下降低；魏红国等（2010）在新疆通过咸（3 g/L）、淡水交替滴灌棉花试验发现，棉花纤维品质均表现优良；武雪萍等（2010）采用不同盐浓度的海冰水灌溉棉花，结果发现 9 g/L 海冰水在 1 年 3 次灌溉的条件下棉花整齐度指数和断裂比强度都有降低趋势，但纤维品质差异不显著。从以上研究结果来看，棉纤维的耐盐能力较强，仅在高含盐量水平下才受到盐胁迫的影响。此外，纤维品质指标的表现是多种多样的，除受到不同基因型棉花的棉纤维性状对盐胁迫的反应差异影响外，主要原因是气象因子对棉纤维品质各指标的影响程度大于土壤因子，其中温度和光照对棉纤维品质的影响较大（余隆新等，1993；

杨永胜等，2010）。可见，纤维品质作为影响棉花价格的重要因素，针对纤维品质的研究不容忽视。

1.2.4　棉花耐盐指标

　　作物耐盐指标就是通过作物的生长指标来指示盐害的程度，以往研究主要包括耐盐性鉴定指标和耐盐特征值两方面。

　　目前国内外有关棉花耐盐性鉴定指标的研究较多，主要是用作物的各种形态、生理、产量等相对指标衡量。耐盐性鉴定指标可以用于鉴定不同作物或品种的耐盐性，如陈德明和俞仁培（1996）通过温室内盆栽试验研究了不同作物之间的耐盐性鉴定，发现棉花的耐盐性较强，玉米和小麦次之，大豆耐盐性最差；孙小芳和刘友良（2001）采用盆栽试验，设置 5 个盐溶液浓度进行灌溉，得出相对出苗率、苗期相对株高、相对叶面积可以作为不同棉花品种苗期耐盐性鉴定指标；张国伟等（2011）区分并给出了 5 个棉花萌发期的耐盐性鉴定指标与 6 个苗期的耐盐性鉴定指标。耐盐性鉴定指标还可以用于田间作物的盐度预警，如孙肇君等（2009）研究膜下滴灌棉花耐盐预警值时发现，在各生育期，土壤盐度与株高、干物质质量、叶面积指数均呈极显著的负相关关系，且不同生育期棉花耐盐程度不同，各棉田的警度随着生育期的进行有逐渐减轻的趋势。此外，一些研究人员还从生理耐盐性方面进行了研究（Marcelis and Hooijdonk，1999；Datta and de Jong，2002；张俊莲等，2006；李尉霞等，2007）。以上研究均是针对 1 年数据进行分析，没有多年数据支撑，数据的可重复性难以验证。

　　关于耐盐特征值的研究也有很多报道，其主要是用作物生长正常、生长受抑制和死苗时的土壤盐度或土壤溶液浓度指标来衡量，有时也可以直接使用灌溉水矿化度来衡量。有关棉花耐盐特征值的研究内容多是围绕出苗率和产量两项指标展开的（王春霞等，2010；董合忠等，2009；孙三民等，2009；张豫等，2011），由于试验的土壤质地、盐分本底值、灌水制度和供试品种等的差异，得出的耐盐阈值不尽相同。Ayers 等（1943）和 Weibull（1951）将作物的相对产量作为衡量作物耐盐性的标准，相继建立了不同类型的作物相对产量与土壤盐度[以电导率（EC）表示]的响应关系，将作物耐盐性研究推进到定量研究的新高度上。Mass 和 Hoffman（1977）采用两段式线性方程研究了众多作物的耐盐性，van Genuchten（1983）将两段式线性方程改写为三段式线性方程，并提出了双指数耐盐函数，这两种研究方法在之后的研究中被广泛应用（Steppuhn et al.，1996；张妙仙等，1999；Wang et al.，2011；Wang et al.，2002）。之后还有学者提出改进的 S 形曲线耐盐方程（Steppuhn et al.，2005）等。由于咸水造墒播种时，农田土壤溶液浓度更接近于灌溉水矿化度,因此一般采用灌溉水矿化度与产量或出苗率指标拟合,进而可以直接得出灌溉水矿化度特征值;当使用土壤 EC 并得出耐盐特征值以后,可以通过土壤 EC 与灌溉水矿化度之间的相关关系反推得出相应的灌溉水矿化度特征值。经济效益分析在科研中受重视程度不足,导致以收益为目标求解棉花耐盐指标的研究鲜见。

1.2.5 咸水灌溉对土壤质量的影响

咸水灌溉将盐分离子带入农田土壤,会对土壤结构和土壤理化性状产生重大影响,如果取用不合理,势必产生"饮鸩止渴"的后果。因此,明确咸水灌溉对土壤质量的影响机制,对科学开发利用咸水资源和保障农田生态环境可持续发展具有重要意义。

土壤质量是土壤发挥功效的综合体现,一般定义如下:土壤在生态系统内,维持生物的生产力、保护环境质量,以促进动植物和人类健康行为的能力(Doran and Parkin,1994)。土壤质量包含物理、化学和生物学特征,任何一种特征的恶化都会引发土壤质量的整体降低。

以往关于咸水灌溉对土壤理化性质和土壤酶活性影响的报道较多,张余良等(2006)在天津静海的长期咸水灌溉试验结果表明,咸水灌溉有恶化土壤理化性状的趋势,造成土壤表层聚盐、土壤入渗率逐年降低和土壤离子组成改变。吴忠东和王全九(2008)在河北南皮用钠吸附比较高的微咸水进行入渗试验,发现在土壤表层发生钠离子累积,并影响土壤的透气性和导水能力,这是因为当土壤溶液的钠吸附比达到一定水平后,就会使土壤 pH 升高,对土壤的物理性质包括结构形态有明显的影响(于天仁和王振权,1988)。土壤酶主要来自植物根系、土壤微生物和土壤动物(Singh and Kumar,2008),参与有机碳循环转化和营养物质的释放,其活性高低直接反映土壤代谢需求和土壤中养分的有效性(Caldwell,2005)。土壤脲酶、磷酸酶等各种酶活性与土壤养分释放紧密相关,且随土壤盐度的增加而显著降低(Yuan et al.,2007;Tripathia et al.,2007)。王国栋等(2009)在干旱绿洲通过多年咸水灌溉棉田试验得出,土壤纤维素酶、脲酶、转化酶及过氧化氢酶活性显著下降,而碱性磷酸酶和多酚氧化酶活性随土壤盐度的增加而升高。总之,一般认为咸水灌溉会增加土壤盐度,降低其通透性,使之板结,造成土壤次生盐渍化,进而抑制土壤酶活性(时唯伟等,2009)。此外,周玲玲等(2010)认为土壤微生物数量的下降和土壤酶活性的降低,会影响土壤的肥力,进而影响棉花的生长发育及产量。然而,采用不同灌水方式和种植方式很可能会对土壤理化性状与土壤酶活性产生影响,而这些影响又可能进一步与作物产量发生响应,以往这方面的报道较少。

1.2.6　咸水灌溉安全性评价

咸水安全灌溉包含土壤安全和作物产量保障两方面，因为作物产量是土壤质量所反映的一个主要方面，故可以认为是以作物产量为目标之一的土壤质量安全问题。在定量评价土壤质量时，涉及确定土壤质量指数（soil quality indices，SQI），Mandal 等（2008）提出在确定 SQI 时需要 4 个关键步骤：①确定管理目标；②选择最能体现土壤功能的最小数据集（minimum data set，MDS）；③基于评价指标对土壤功能的影响进行评分；④整合指标得分为 SQI。并将作物高产、土壤侵蚀少、高稳定土壤入渗率（Letey，1994）和低土壤钠吸附比（sodium adsorption ratio，SAR）作为反映土壤质量管理良好的定量目标。其中关键的环节包括评价指标的选择、调查、分析和评分。

土壤质量评价指标包括定性指标（可以分级处理）和定量指标，在定量评价土壤质量时只采用定量指标。一般认为在选择土壤质量指标时，首先可以代表土壤的某项功能，并且适用范围广（Karlen et al.，1996）；其次应该具有敏感、易于观测、可靠的特点（Carter et al.，1997；Erkossa et al.，2007）。土壤容重、土壤孔隙度、土壤 EC、pH、饱和导水率、土壤有机质含量、Na^+含量、Cl^-含量等物理化学指标（阚文杰和吴启堂，1994；Schoenholtz et al.，2000），以及土壤酶活性指标常被用作指示因受到环境或耕作措施而土壤质量变化的有效指标（Quilchano and Maranon，2002；Chaudhury et al.，2005）。在土壤质量指标明确后需要选择适宜的评价方法对土壤质量进行评价，包括评分法、综合指数法、聚类分析法、地统计学方法（谭万能等，2005）、多变量指标克里金法（Smith et al.，1993）、土壤质量综合评分法（Karlen and Stott，1994）等。Larson 和 Pierce（1991）、Andrews 等（2002）和 Mandal 等（2008）通过使用主成分分析法建立了土壤质量指标 MDS，并通过 MDS 中的指标占相应主要因子（特征值大于 1）的比例，确定 MDS 中指标的权重，再根据指标指示土壤质量的变化趋势确定其得分（0～1），最后通过计算得到 SQI，这一方法在实际应用中取得了较好的评价和决策支撑作用。以往土壤质量评价的土层厚度在耕层 20～30 cm，而咸水灌溉对土壤的影响远远大于这一深度，因此咸水灌溉的安全评价，除考虑耕层的土壤质量外，还需要考虑对深层土壤的影响状况。

第2章 试验材料与方法

2.1 试验地概况

试验在河北省农林科学院旱作农业研究所节水农业试验站进行,位于河北省衡水市深州市护驾迟镇,坐标为115°47′E、37°44′N,海拔为21 m。该站处于河北平原中部,地势平坦,年均气温为12.8 ℃,年日照时数为2509.4 h,无霜期为188 d,蒸发量为1785.4 mm,年平均降水量为500.3 mm。该区土壤属于壤土(按美国制土壤质地分类),粒度分布情况如表2.1所示,各生育阶段平均气温如表2.2所示。2006年试验初始土壤盐度为0.25 dS/m,田间持水率为29%,地下水埋深在7 m左右。多点取样0~20 cm耕层肥力为:有机质1.15%,速效氮76 mg/kg,速效磷15 mg/kg,速效钾112 mg/kg。试验场内设有自动气象观测站。2006~2013年降水分布情况如图2.1所示,其中历年棉花生育期内的降水量分别为392.0 mm、401.2 mm、438.2 mm、421.6 mm、428.9 mm、421.5 mm、450.3 mm、526.5 mm。由于试验站内气象建站时间较短,因此参考邻近站点衡水市景县1971~2007年降雨频率分析(刘玉春等,2013)显示,设计水平年丰水年$P=25\%$、平水年$P=50\%$和枯水年$P=75\%$时对应的棉花生育期内有效降水量分别为516.3 mm、428.8 mm和346.8 mm,可知2013年已经达到丰水年水平,其余年份均处于平水年上下。

表 2.1 试验初始土壤基本情况

土层深度/m	土壤机械组成/%			土壤容重/(g/cm³)
	<0.002 mm	0.002~0.05 mm	>0.05 mm	
0~0.2	3.76	70.94	25.30	1.32
0.2~0.4	6.65	92.60	0.75	1.52
0.4~0.6	6.67	93.33	0.00	1.41
0.6~0.8	7.28	73.51	19.21	1.38
0.8~1.0	13.30	86.70	0	1.51
1.0~1.4	5.86	41.47	52.68	1.32

续表

土层深度/m	土壤机械组成/%			土壤容重/（g/cm³）
	<0.002 mm	0.002～0.05 mm	>0.05 mm	
1.4～1.8	15.37	84.64	0	1.42
1.8～2.2	14.77	84.94	0.29	1.43
2.2～2.6	7.40	92.61	0	—
2.6～2.8	16.89	83.11	0	—
2.8～3.0	2.34	38.13	59.54	—
3.0～4.0	1.09	25.61	73.31	—
4.0～6.6	0.58	27.02	72.40	—

表 2.2　历年棉花各生育阶段平均气温　　　　（单位：℃）

生育阶段	2006 年	2007 年	2008 年	2009 年	2010 年	2011 年	2012 年
全生长期	24.06	23.99	22.84	22.88	23.83	23.61	22.53
播后 15 d	21.55	22.10	21.25	21.35	21.25	21.00	23.45
苗期	23.31	24.68	21.82	23.56	22.61	23.44	23.63
蕾期	28.25	26.98	26.18	29.25	27.90	27.40	27.28
花铃期	28.24	27.83	26.67	26.57	28.06	27.33	26.57
吐絮期	20.41	19.91	19.75	17.94	19.77	19.38	17.51

注：各生育阶段划分以淡水处理为准。

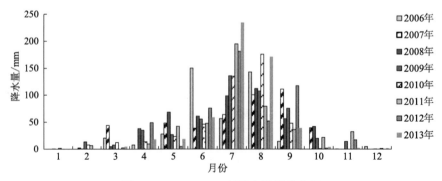

图 2.1　2006～2013 年降水量月分布图

2.2　试　验　设　计

因为试验区内具有多发春旱、夏季降雨集中的气象特点和以壤质潮土为主，以及有轻质土壤分布的土壤质地特征，所以该区在生产中重点关注内容是咸水造墒灌溉对壤质潮土棉花出苗、生长、产量及土壤质量的影响，为此设置了大田试验 1。由于棉花萌发和出苗阶段耐盐能力较弱，且受到土壤质地影响明显，因此设置微坑试验 2，重点研究不同土壤质地下咸水造墒对棉花出苗的影响。为了更加全面地了解不同生育阶段咸水灌溉对棉花生长的影响，设置了试验 3。这 3 个试验共同构成本研究的框架内容。

2.2.1　试验 1

1. 试验设计

试验采用畦灌与沟畦轮灌两种方式灌溉，设置 1 g/L、2 g/L、4 g/L、6 g/L 和 8 g/L 共 5 个灌溉水矿化度处理，分别记作 B1、B2、B3、B4、B5 和 F1、F2、F3、F4、F5。试验灌水方案设计为：畦灌处理全部采用小区畦灌方式灌溉，而沟畦轮灌处理在种植棉花时采用沟灌方式造墒和补灌，种植饲用黑麦时采用沟灌方式造墒、畦灌方式补灌。控制土壤含水率下限为田间持水率的 65%，达到下限时灌溉，沟灌和畦灌的灌水定额分别为 37.5 mm 和 75 mm。虽然衡水市浅层地下水水化学类型复杂，但整体以 Na^+ 和 Cl^- 含量最高（周晓妮等，2008），所以灌溉水采用当地深层地下水（1 g/L）掺兑海盐配制成，离子组成测定结果如表 2.3 所示。采用大田随机区组试验设计，3 次重复，共 30 个小区，每个试验小区长 6.6 m、宽 5.7 m。畦灌处理棉花生长季每个小区共植棉 10 行，沟畦轮灌处理共 5 个灌水沟，种植 10 行棉花，具体尺寸如图 2.2 所示。2006 年起种植春棉，畦灌处理采用宽窄行种植，宽行距 80 cm、窄行距 50 cm，每行 18 株，株距 30 cm，播后窄行覆膜；沟畦轮灌处理于沟内两侧植棉花，宽行距 85 cm、窄行距 45 cm，每行 18 株，株距 30 cm，播后沟底覆膜，于每年 10 月下旬最后一次收获。2008～2011 年于棉花收获后采用机播方式种植饲用黑麦，设计播量为 300 kg/hm^2，行距为 20 cm，在次年 4 月中下旬饲用黑麦扬花期收获。

表 2.3　灌溉水水质指标

灌溉水矿化度/（g/L）	离子浓度/（mEq/L）						
	Ca^{2+}	Mg^{2+}	K^+	Na^+	SO_4^{2-}	HCO_3^-	Cl^-
1	1.43	1.61	0.15	10.73	5.88	1.04	7.63
2	1.71	3.19	0.18	25.62	10.32	1.11	21.45
4	2.00	4.60	0.20	56.44	16.91	1.21	47.27
6	2.33	5.78	0.23	87.84	23.34	1.31	73.58
8	2.79	6.26	0.25	119.97	30.14	1.44	100.04

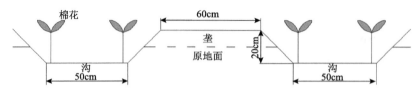

图 2.2 沟畦轮灌处理的垄沟尺寸

2. 具体操作

自 2006 年起种植春棉,为了探索棉花-饲用黑麦连作模式的可行性,2008~2011 年于棉花收获后种植饲用黑麦,2012 年饲用黑麦收获后停止连作模式,恢复棉花单作。2006~2011 年 4 月下旬分别采用畦灌和沟灌方式造墒,其灌水量分别为 75 mm 和 37.5 mm,晾墒后人工植棉。2008~2010 年于棉花收获后分别采用畦灌和沟灌方式造墒,其灌水量分别为 75 mm 和 37.5 mm,之后填平灌水沟机械种植饲用黑麦;2009~2012 年 4 月初都采用畦灌方式进行补灌,其灌水量为 75 mm。2011 年饲用黑麦和 2012 年棉花种植时土壤含水率分别超过田间持水率的 80% 和 90%,因此没有造墒,饲用黑麦平沟后机播,棉花开沟后人工点播。2013 年种植棉花时两种灌水方式处理都采用畦灌方式造墒,灌水量为 75 mm,晾墒后都采用宽窄行覆膜植棉,宽行距 80 cm、窄行距 50 cm,其他措施同往年。

由于萌发和出苗阶段是棉花耐盐性最弱的阶段,为了尽量降低咸水造墒对棉花产量的影响,棉花点播的同时在试验小区的保护行培育棉苗,定苗后于播后 18 d 前后用育苗移栽法补齐棉苗。移栽尽量在降雨前进行,在无降雨预报的情况下,每株棉苗浇灌约 200 mL 深层地下水以密实根区土壤。

2006~2010 年施肥采用底施:钾肥(硫酸钾,含钾≥52%)300 kg/hm^2,二铵(磷酸二铵,含氮≥17%、含磷≥44%)600 kg/hm^2,考虑到磷肥的缓释性和秸秆还田带入的钾肥,2011~2013 年仅施用复合肥(有效氮 15%,有效磷 15%,有效钾 15%)750 kg/hm^2,无追肥。2006~2010 年棉花供试品种为'衡棉 4 号',2011~2013 年为'冀棉 616'(表 2.4)。

表 2.4 供试棉花品种生长特征及纤维品质

棉花品种	生长特征						适种区域
	株高/cm	生育期/d	单株果枝数/个	单株成铃数/个	铃重/g	衣分率/%	
'衡棉 4 号'	89.5	130	12.9	15.0	6.1	39.7	河北省中南部春播
'冀棉 616'	92.9	133	12.8	14.8	6.4	39.8	

续表

棉花品种	纤维品质						适种区域
	上半部长度/mm	整齐度指数/%	马克隆值	断裂比比强度/($Cn \cdot tex^{-1}$)	伸长率/%	霜前花率/%	
'衡棉 4 号'	30.4	85.1	4.5	28.2	6.6	94.7	河北省中
'冀棉 616'	31.2	84.9	4.9	29.5	6.1	90.0	南部春播

因为本研究仅以棉花生长季为研究对象，咸水畦灌和沟畦轮灌处理分别采用畦灌平播和沟灌沟播方式植棉，所以在论述土壤水盐变化和棉花的生长响应时，将畦灌和沟畦轮灌处理分别称作畦灌和沟灌处理。2012 年试验无咸水造墒灌溉，但种植模式与之前保持一致，延续使用畦灌和沟灌处理的命名。最后计算土壤盐分平衡和评价咸水灌溉的安全性是对整个灌水方式和种植模式的评价，所以畦灌和沟畦轮灌处理保持原称呼。为保持处理的一致性，字母 B 和 F 代表的处理与试验小区的地理位置绑定。

作者于 2010 年接手该试验，2006～2009 年数据由河北省农林科学院旱作农业研究所李科江研究员的科研团队提供，本部分着重分析 2010～2013 年各项调查指标。

2.2.2　试验 2

试验于 2010～2011 年在河北省农林科学院旱作农业研究所节水农业试验站进行，采用微坑土培法植棉，测坑使用塑料布围裹，露天埋于地下，深 70 cm、直径 60 cm，下不封底。回填土分别采用重壤土（N）、中壤土（R）和砂壤土（H），其中 N 为风干的试验地原状土，R 和 H 是由试验地的原状土和砂土风干后混合而成的，比例分别为 5∶5 和 2∶8，供试土样初始 EC（土水比为 1∶5）值分别为 0.45 dS/m、0.24 dS/m 和 0.16 dS/m。棉花播种前施底肥，之后分别采用矿化度为 1 g/L、2.5 g/L、5 g/L、7.5 g/L 和 10 g/L 的咸水造墒，重壤土、中壤土和砂壤土对应处理分别标记为 N1、N2.5、N5、N7.5 和 N10，R1、R2.5、R5、R7.5 和 R10，H1、H2.5、H5、H7.5 和 H10，3 次重复，随机排列。不同矿化度咸水由当地深层地下淡水（1 g/L）掺兑 NaCl 而成，造墒水量为 1800 m³/hm²。供试棉花品种为'衡棉 4 号'，精选种子晒后于 2010 年 5 月 9 日播种，每坑 15 粒，2011 年 5 月 6 日播种，每坑 6 粒，播后覆膜。

2.2.3　试验 3

试验于 2012 年在河北省农林科学院旱作农业研究所节水农业试验站进行，为了避免水分胁迫、盐分淋洗运移和土壤空间变异性等因素对棉花生长的影响（董合忠等，2009；方生和陈秀玲，2005），本试验在防雨棚下采用筒栽法展开。土壤采自试验站耕层土，风干后每筒装土 26 kg，筒高 35 cm、直径 30 cm，土深 30 cm，初始土壤含水率和含盐量分别为 3% 和 0.14/%，田间持水率为 27%，底施复合肥。由于棉花在吐絮期一般不需要灌溉，因此试验设计在棉花苗期、蕾期和花铃期分别采用矿化度为 1 g/L（淡水对照）、2 g/L、4 g/L、6 g/L 和 8 g/L 的咸水灌溉，在非胁迫期采用淡水灌溉，其中淡水取自当地深层地下水，咸水为淡水掺兑 NaCl 而成。试验共包括 13 个不同条件的处理，其中对照处理（CK）6 次重复，其余处理两次重复，苗期、蕾期和花铃期分别用英文首字母 S、B 和 F 表示，文中字母后面的数字代表灌溉水矿化度。为防止后期处理的棉花出现严重病害或死亡，另外培养 4 株棉花，培养方式同 CK。

采用称重法测定筒内土壤平均含水率，灌水控制下限控制为田间持水率的 65%，灌水上限为田间持水率，灌水量采用量筒控制。供试棉花品种为'冀棉 616'，于 5 月 5 日播种，每筒播 15 粒，播后覆膜，并于播后 13 d 揭膜，播后 20 d 每筒定苗 1 株。

2.3 棉花栽培管理

2006～2013 年棉花的播种日期依次为 4 月 26 日、4 月 27 日、4 月 27 日、5 月 1 日、5 月 7 日、5 月 7 日、4 月 28 日、5 月 21 日。于每年棉花播前打除草剂，5 月下旬至 6 月底重点防治棉蚜和红蜘蛛，并及时除草；7～8 月重点防治棉铃虫、盲蝽象和红蜘蛛，做到适时喷洒杀虫剂和缩节胺，合理调控棉花生长。依照当地棉花精细管理的习俗，于 6 月底和 7 月底分两次去除棉花的营养枝，并在第 2 次去营养枝时同步打顶尖。棉花吐絮后，为保证较好的纤维质量，分批次采摘计产。微坑试验 2 和筒栽试验 3 的管理模式与大田试验一致。

2.4 测定项目、样品采集及测定方法

2.4.1 试验 1

1. 气象数据

降水和气温等气象数据由节水农业试验站自动气象观测站提供。

2. 土壤含水率及土壤盐度数据

2006~2009 年于每年棉花播种和收获后，采用土钻在小区中间区域取得土样，畦灌小区在覆膜行与裸地行各取 1 孔，沟灌小区在沟底和垄上各取 1 孔，取样深度均分为 0~10 cm、10~20 cm、20~30 cm、30~40 cm、40~50 cm、50~60 cm、60~80 cm 和 80~100 cm 共 8 层。为了明确棉花生育期内降雨对土壤含水率和土壤盐度的影响，2010~2012 年于棉花播种起每隔 10~15 d 采用"S"形取样法在畦灌和沟灌小区取得土样，直到棉花收获，取样方式同前。2013 年按照相同的取样方式于每个生育阶段取一次。为了更加深入地了解土壤剖面盐分分布情况，试验于 2012 年棉花播种初期、干旱、湿润和棉花收获后取 5.0 m 深土样，于 2013 年试验结束时（10 月 28 日）在每个小区取 6.6 m 深土样（至地下水位），其中 1.0 m 内取样方式不变，下层土样每 20 cm 一层。

土样采集后迅速混合并分为两部分：一部分装入铝盒，待测土壤含水率；另一部分放入塑料袋，待测土壤 EC。土壤含水率测定采用烘干法在 105 ℃下烘至恒重后计算。待测土壤 EC 的土样，风干、去除杂物、碾磨后过 2 mm 筛，土、水按照 1∶5 混合，迅速搅拌 3 min，采用 DDS-307A 电导率仪速测 EC，表征土壤盐度。为了计算土壤盐分平衡，需要将土壤 EC 转化为土壤含盐量，实验通过测定 30 个土水比为 1∶5 样品的 EC 后，获取定量滤液中盐分的质量。经过拟合土壤 EC 和土壤含盐量（%，S），建立了两者之间的相关关系如下：

$$S = 0.3307EC + 0.0038 \tag{2.1}$$

3. 棉花形态和生理指标调查

1）齐苗率

2006~2013 年于播后第 7 d 开始在每个小区的中间 6 行计数棉花齐苗率，到播后 18 d 结束（每穴只要有 1 个健全苗就计为成苗）。齐苗率（%）= 成苗数/播种穴数×100。

2）株高、果枝数和成铃数

2006~2009 年在棉花打顶 10 d 后随机选取 10 株调查最终株高(棉株主茎高)，于 9 月 15 日前后调查果枝数和成铃数。2010~2013 年在棉花三叶期每个小区标记 5 株生长基本一致且具代表性的植株，每隔 10 d 测量一次株高；在棉花蕾期和花铃期每 10 d 调查一次蕾数、成铃数和果枝数。

3）茎粗

茎粗分别于 2010~2013 年与株高调查同步采用游标卡尺测得。

4）叶面积指数（LAI）

2010~2013 年在测量株高时同时调查棉花叶面积，叶面积 = 叶长 × 叶宽 ×

0.84，叶长和叶宽采用直尺测量，其中叶长指其顶端叶尖至叶片与叶柄交界处的长度，叶宽指其两侧裂叶下的最宽处长度。LAI 是一块地上作物叶片总面积与占地面积的比值，它是反映作物群体结构的一项重要参数，直接决定着生物群体对光能的截获能力，对作物产量的形成至关重要。

5）"三桃"调查

"三桃"是棉花生产上对棉花伏前桃、伏桃和秋桃的统称，伏前桃是指 7 月 15 日前所结的成铃；伏桃为 7 月 16 日～8 月 15 日所结的成铃；秋桃则是 8 月 16 日以后所结的有效铃。伏前桃在三桃中所占比例最小，它的多少可作为棉株早发稳长的标志，但桃轻、品质差、易腐烂；伏桃在三桃中比例最大，伏桃大而重，纤维品质较好，种子饱满，衣分率高，产量占比高，是夺取优质高产的关键；秋桃着生在棉株上部或果枝外围果节上，桃小、品质差。

试验于 2010～2013 年 7 月 15 日、8 月 16 日、9 月 10 日分别记录棉株所结棉铃数（直径大于 2 cm 的成铃），即"三桃"调查。

6）干物质质量

于 2010～2013 年在棉花幼苗阶段、苗期、蕾期、花铃期和吐絮期每个处理选取与标记生长基本一致的植株 3～5 棵，分解后首先在 105 ℃下杀青 30 min，然后在 75 ℃下烘至恒重，测定地上部干物质质量。

4. 棉花百铃重、产量及纤维品质

由于 2006 年遭遇冰雹，产量数据缺失。2007～2013 年根据小区棉花吐絮情况分别于每个小区中间 6 行人工分批采摘棉花，同时调查百铃重，于每年 10 月 24 日拾最后一次霜前花，之后摘掉青桃、晾晒、吐絮后采集称重。为了检测咸水灌溉对棉花纤维品质的影响，2010～2013 年作者委托农业部棉花品质监督检验测试中心测定棉纤维的上半部长度、整齐度指数、伸长率、断裂比强度和马克隆值 5 项指标，这几项指标与皮棉价格密切相关。

5. 棉花幼苗阶段地温

本研究于 2011 年 5 月 7 日棉花播种后分别于畦灌覆膜行和沟底的地膜下埋设曲管地温计，埋设深度为 0 cm、5 cm、10 cm、15 cm、20 cm。5 月 9～27 日每日观测 3 次，观测时间分别为 8：00、14：00 和 20：00。选择连续 3 d（5 月 12～14日）晴天调查地温日变化，观测时间为 8：00、10：00、12：00、14：00、16：00、18：00 和 20：00，并选择其中 1 d（5 月 14 日）进行分析。

6. 土壤理化性状和土壤酶活性指标

为了明确连续咸水灌溉对土壤理化性状和土壤酶活性的影响，以 2012 年棉花生长季内耕层土壤 EC、pH、有机质含量和土壤酶活性为研究对象，考虑到土壤指标的季节性变化，于 5 月 4 日和 11 月 7 日分别在每个处理用土钻随机采集 5 个耕层（0～20 cm）的混合土壤样品，设两个重复，共 40 个。畦灌处理土样于小区内随机取得，沟畦轮灌处理耕层土壤样本取自沟底。由于指标测定时样品用量很少，为了保证土样充分混合，土样拣除植物根、地膜和石块后，风干、碾磨后过 2 mm筛，使用粉碎机（豆浆机）将土样磨细备用。

分别于每次取样后 15 d 测定土壤 EC、pH、有机质含量和土壤酶活性。土、水按照 1∶5 混合，并迅速搅拌 3 min，采用 DDS-307A 型电导率仪速测 EC，采用PHS-3C 型 pH 计测定 pH。土壤有机质采用重铬酸钾氧化外加热法测定；土壤转化酶活性测定采用 3,5-二硝基水杨酸比色法；土壤碱性磷酸酶活性测定采用磷酸苯二钠比色法；土壤脲酶活性测定采用苯酚钠比色法。于 2012 年试验开始时在每个处理采集土样点附近取得 0～10 cm 和 10～20 cm 土壤容重样品，于试验结束时在每个处理采集土样点附近取得 0～10 cm、10～20 cm、20～30 cm、30～40 cm、40～60 cm 土壤容重样品，3 次重复，烘干后称重，计算各土层土壤容重数据。总孔隙度采用公式计算：总孔隙度=（1–容重/密度）×100%，密度取值 2.65 g/cm³。

7. 棉花生育期内耗水量与水分利用效率

$$ET = 10 \sum_{i=1}^{n} \gamma_i H_i \left(W_{初始} - W_{末期} \right) + I + P + G - C \tag{2.2}$$

式中，ET 为棉花生育期内总耗水量，mm；γ_i 为第 i 层土壤容重，g/cm³；n 为土层总数目；H_i 为第 i 层土壤厚度，cm；$W_{初始}$ 为第 i 层土壤在生育初期的含水率，%；$W_{末期}$ 为第 i 层土壤在生育末期的含水率，%；I 为生育期内灌水量，mm；P 为生育期内有效降水量，mm；G 为生育期内地下水补给量，mm；C 为生育期内排水量，mm。由于试验区地下水埋深较深，因此 G 可以忽略不计，H_i 的计算厚度为 1.0 m。

棉花水分利用效率 WUE 为单位面积籽棉产量 Y（kg/hm²）与单位面积棉花耗水量 ET（mm）的比值：

$$WUE = \frac{Y}{ET} \tag{2.3}$$

8. 盐分平衡方程

为了明确连续多年咸水灌溉后 1.0 m 土层内的土壤含盐量变化，研究采用忽略降雨带入盐分、土壤矿物质溶解、肥料带入盐分、被作物吸收的营养元素的简化盐分平衡方程（Beltrán，1999），由于地下水埋深在 7 m 左右，因此认为研究土层的土壤盐分的增加仅由灌溉水和来自下层的补充水带入，而土壤中减少的盐分则被淋洗到下层土壤。因为研究土层与下层土壤之间的盐分运移在长期过程中难以分别定量分析，所以研究采用二者的综合效应，即将土壤含盐量变化作为分析项。考虑到施肥会对作物种植前期的土壤含盐量产生影响，盐分平衡方程计算采用棉花收获后取样作为节点，计算过程如下所示：

$$\Delta S = S_{s\beta} - (S_I + S_{s\alpha}) \tag{2.4}$$

式中，ΔS 为单位面积 1.0 m 土层土壤含盐量变化，kg/m^2，正值代表下层土壤盐分进入研究土层而发生盐分累积，0 代表灌溉水带入的盐分全部在研究土层内累积，负值代表研究土层内发生脱盐；S_I 为单位面积上灌溉水带入的盐分，kg/m^2；$S_{s\alpha}$ 和 $S_{s\beta}$ 分别为试验初始和试验结束时单位面积 1 m 土层的土壤含盐量，kg/m^2，采用式（2.6）计算。

$$S_I = I_{ci} \times I_t \tag{2.5}$$

式中，I_{ci} 为灌溉水矿化度，kg/m^3；I_t 为单位面积灌水总量，m^3/m^2。

$$S_s = S / 100 \times W = (0.3307EC_s + 0.0038) / 100 \times W \tag{2.6}$$

式中，EC_s 为取样点 1 m 土层的土壤 EC 均值，式（2.6）由式（2.1）推出。

$$W = D \times V \tag{2.7}$$

式中，W 为单位面积 1 m 土层土壤质量，kg/m^2；D 为土层深度，m；V 为 1 m 土层土壤容重，取值 1.4362×10^3 kg/m^3。

$$RSC = (S_{s\beta} - S_{s\alpha}) / S_{s\alpha} \times 100\% \tag{2.8}$$

式中，RSC 为土壤含盐量变化率，%。

$$RID = \Delta S / S_I \times 100\% \tag{2.9}$$

式中，RID 为灌溉水带入盐分的脱盐率，%。

9. 多因子分析——因子分析法

因子分析法常用来分析相关矩阵内部的依赖关系，可将多个变量综合成少数几个因子，但仍可表达原始变量与因子间的相关关系，是主成分分析的发展和延伸。具体分析和操作过程详见唐启义（2010）。

2.4.2 试验 2

2010~2011 年自播后第 4 d 开始统计出苗率，并计数死苗情况，由于高盐浓度下种子发芽速度较慢，所以延长至播后 20 d 调查确定棉花出苗率和死苗率，同时测量幼苗株高和棉花地上部鲜、干质量。出苗率 = 出苗数/播种籽粒×100%，死苗率= 死苗数/出苗数×100%。

2010 年造墒后并没有调查微坑土壤水盐状况，试验于 2011 年选择一个重复于播后 7 d 利用取土烘干法分 5 层（0～5 cm、5～10 cm、10～20 cm、20～30 cm 和 30～40 cm）测定 0～40 cm 土层的土壤含水率。

2.4.3　试验 3

2012 年在每个生育阶段开始及结束时调查棉花的株高、茎粗和叶面积指标，并记录时间。除苗期盐分胁迫处理外，其余生育期盐分胁迫的生长指标多以该生育阶段的增长量表示，增长量为生育阶段最终值与初始值之差。

SPAD 叶绿素计是测定叶绿素相对含量的仪器，易于采集，因此 SPAD 值在本研究中用叶绿素相对含量表示（王伟等，2009）。气孔阻力是气孔导度的倒数，且在一定范围内与蒸腾速率呈负相关关系（罗永忠和成自勇，2011），所以本研究采用气孔阻力作为棉花叶片的水分生理指标。为了分析棉花的叶片叶绿素含量和气孔阻力，在每个生育阶段选择晴天 9:00～11:00 分别采用 SPAD-502 型叶绿素计和 AP4 型动态气孔计，同步观测棉花主茎倒 4 叶的 SPAD 值和气孔阻力（李鹏程等，2012）。

由于试验仅研究不同生育期盐分胁迫对棉花影响的短期效应，因此分别在苗期结束、蕾期结束和花铃期结束时采集棉花鲜样。植物样在采集之前使用蒸馏水喷洒棉花叶片及主茎以去除灰尘，并于次日清晨采集之后分解器官迅速称取鲜重，之后烘干获得各部分生物量，通过计算获得干鲜比。

采用称重法获取每个筒的水分状况，并按照下限控制、相同处理的灌水量尽量统一的原则进行补充灌溉。

2.4.4　数据分析

采用 DPS 数据处理系统分析本研究数据方差，平均值采用 LSD 法进行比较，显著性水平为 $p = 0.05$，并对土壤质量指标进行因子分析。采用 Excel 进行制图及线性回归分析。

第3章 咸水不同灌溉方式下土壤水盐时空动态变化

摸清咸水灌溉棉花生长季和持续多年的土壤水盐时空动态变化过程，对明确当地农田的水盐运移和脱盐特性具有重要的意义，同时是解释棉花生长情况和土壤水盐演化过程的基础。

3.1 咸水造墒对单个棉花生长季土壤水盐时空变化的影响

3.1.1 不同处理土壤水盐动态分析

1. 土壤水分随时间变化

为了更好地分析棉花生育期内降雨与土壤水、盐动态变化之间的关系，以 2010 年棉花生长季为例，综合考虑降水量及平均气温（图 3.1），分析不同灌水方式下土壤水、盐动态特征。图 3.2 和图 3.3 给出 2010 年棉花生育期内畦灌处理和沟灌处理沟底不同土层土壤含水率变化。从图 3.2 和图 3.3 可以看出，表层土壤含水率波动变化明显，而深层土壤含水率则相对较为稳定；相对而言，沟灌处理土壤含水率明显高于畦灌处理。从棉花生育期土壤含水率随时间变化情况来看，5 月中旬连降两场小雨（共 14.5 mm），表层土壤含水率有所增加，因耕层蒸发量较大，且为降雨后第 4 d 测定土壤含水率，所以图 3.2（a）畦灌 0～20 cm 土层土壤含水率没有表现出明显上升，相比之下沟灌处理沟底集雨能力好（雨水通过苗孔进入土体），且有地膜覆盖，因此土壤含水率有所增加。之后随着气温的增加和棉花植株的生长，田间耗水量逐渐增大，因此在 5 月底和 6 月初经过连续 3 场降雨后（共 43.3 mm）土壤含水率仍呈下降趋势，一直到 7 月 6 日调查时才表现出反弹趋势。在 4 次间断的降雨（共 65.3 mm）后，7 月 21 日调查时畦灌处理 0～60 cm 土层的土壤含水率有所增加，沟灌沟底仅 0～40 cm 土层的土壤含水率增加明显，0～60 cm 土层的土壤含水率仍明显高于畦灌处理。进入 7 月下旬后，随着气温和棉花植株耗水的同步增大，降水量也逐渐增加，8 月 5 日调查时畦灌处理仅 B5 处理土

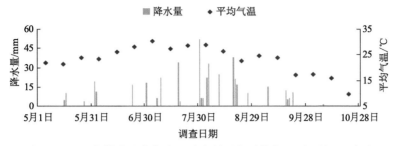

图 3.1　2010 年棉花生育期内日降水量及旬平均气温（5 月 1 日起）

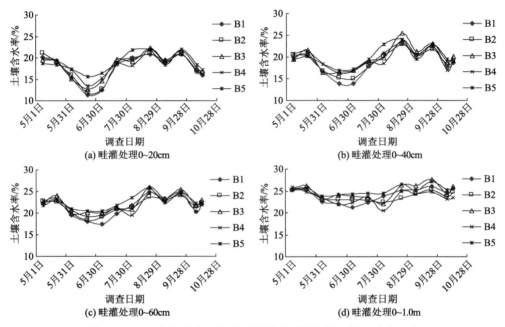

图 3.2　2010 年棉花生育期内畦灌处理不同土层土壤含水率变化

壤含水率有所增加，其余处理土壤含水率较上次调查结果基本持平，而沟灌沟底发挥集雨优势，其各土层深度的土壤含水率均大幅增加。经过其间 5 场中雨（共 131.9 mm）后，8 月 23 日调查时畦灌和沟灌处理各层土壤含水率均大幅度增加，之后由于气温仍然较高且无降雨，9 月 7 日调查时土壤含水率明显降低，尤其是畦灌处理。9 月中旬以后，随着气温逐渐下降和棉花叶面积指数降低，棉花耗水呈下降趋势，在经历几次小雨后几乎所有处理各土层土壤含水率又有所增加。仅沟灌处理 0～1.0 m 土层有明显降低。由于 9 月下旬起降雨极少，后期土壤含水率呈降低趋势，最终取样时可能是受到下层水分补充的影响，畦灌处理 0～60 cm 土层及沟灌处理 0～60 cm 土层土壤含水率有所增加，而 0～1.0 m 土层土壤含水率增幅不明显。与棉花播种时相比，试验最终土壤含水率基本与之持平，且有部分处理（F1 和 F3 处理）有小幅增加趋势。

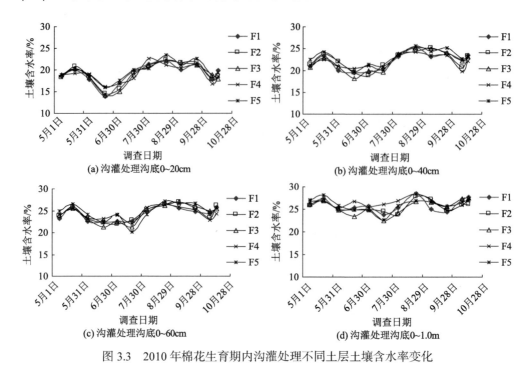

图 3.3　2010 年棉花生育期内沟灌处理不同土层土壤含水率变化

综上所述，当地降雨、气温和棉花生长状态共同影响着棉花生育期内土壤含水率变化，其中降雨是土壤水分的唯一补给源，可见降雨对当地农业生产的重要性。

2. 土壤盐度随时间变化

因为棉花生育期内不再补充灌溉，因此在忽略棉花植株吸取盐分过程的情况下，一般认为土壤脱盐的唯一动因就是降雨的淋洗作用。由图 3.4 和图 3.5 可以看出，与试验初始值相比，第 2 次盐分调查时，畦灌所有处理在各土层的土壤盐度均表现出降低趋势，尤其是初始土壤盐度较高的处理，但沟灌处理并没有下降，这可能是因为沟灌处理灌水量小，压盐深度较浅，返盐更快。第 3 次盐分调查时畦灌各处理土壤盐度呈上升趋势，而沟灌处理基本持平，且 0~1.0 m 土层土壤盐度有所降低，这是因为此期畦灌处理的盐分已经从下层返回，而沟灌处理开始发挥集雨淋盐的优势。对照图 3.2 和图 3.3 可见，当上层土壤含水率最低时，相应的土壤盐度也基本上达到最大值，之后在降雨的淋洗下土壤盐度呈下降趋势。虽然随着土壤含水率再次下降，个别处理土壤盐度小幅增加，但在最后一次调查时所有处理土壤盐度均处于较低水平。从棉花生育期内的土壤盐度情况可知，各处理 0~20 cm 土层的土壤盐度均出现大幅降低，而其余土层的土壤盐度变化则在畦灌处理和沟灌处理间表现出显著的差异。其中畦灌处理和沟灌处理沟底 0~1.0 m 土层的土壤盐度降幅表现差异极大，分别为 3.1%~24.4%（其中 B3 处理出现小幅积盐）和 17.1%～43.6%，说明垄沟的存在使得沟底的脱盐效果大幅提升。

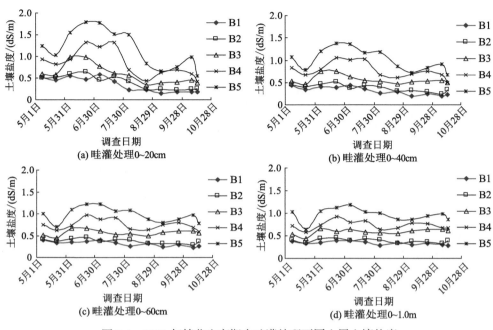

图 3.4　2010 年棉花生育期内畦灌处理不同土层土壤盐度

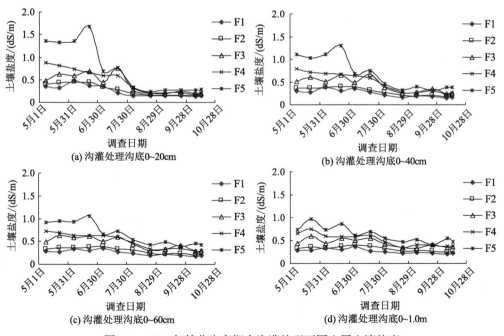

图 3.5　2010 年棉花生育期内沟灌处理不同土层土壤盐度

3.1.2 不同处理土壤水盐剖面分布动态变化

1. 土壤水分剖面分布动态变化

为了探明在不同的土壤水分状况下土壤剖面水分分布情况，以 B1 和 B4 处理代表畦灌处理，F1 和 F4 处理代表沟灌处理进行分析。由图 3.6 可以看出，在畦灌条件下，同一处理不同时期的土壤水分分布存在较为明显的规律，即 5 月 8 日调查是在棉花播种后，此时为晾墒后，0～40 cm 土层土壤含水率较低，便于机械操作，而下层土壤含水率较高；6 月 22 日调查是在干旱状态下，土壤剖面含水率很低，此时土壤含水率整体上随土层深度的增加而增加；8 月 5 日调查时土壤含水率较之前有所提升，此时 30～40 cm 土层土壤含水率较干旱状态下明显提高，而以下土层的土壤含水率没有提高，反而有所降低；到 9 月 23 日调查时土壤含水率达到 1 个峰值，土壤剖面含水率很高，仅 80～100 cm 土层的土壤含水率较低。对比膜内、外土壤水分分布（图 3.7），发现两者之间在干旱和湿润状态下无明显差异。

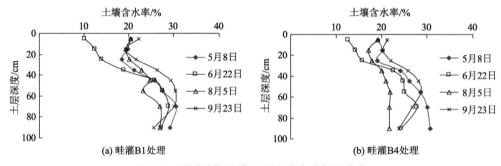

图 3.6　不同时期畦灌处理土壤水分剖面分布

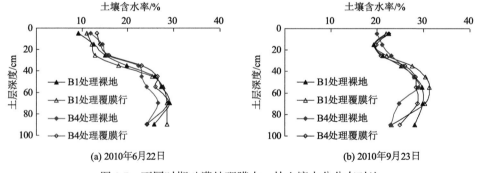

图 3.7　不同时期畦灌处理膜内、外土壤水分分布对比

在沟灌条件下（图 3.8），各时期的沟底土壤水分分布表现与畦灌条件下基本

一致，尤其是在 9 月 23 日 80～100 cm 土层的土壤含水率也较低，说明该期棉花根系吸水层已经达到这一土层。另外，与畦灌 8 月 5 日上层土壤含水率较高、下层较低有所不同，沟灌处理沟底仅 80～100 cm 土层的土壤含水率较低，说明沟灌具有集雨、增加土壤含水率的作用。对比沟底和垄上的土壤水分分布（图 3.9），发现在干旱状态下高出沟底部分的垄上土层（–20～0 cm）的土壤含水率显著低于其余土层，在相同水平土层内的土壤含水率无明显差异，而在湿润状态下高出沟底部分的垄上土层的土壤含水率与沟底 0～20 cm 土层土壤含水率基本一致，但与沟底同层的 0～30 cm 土层土壤含水率显著高于沟底，而地表 60 cm 以下土层土壤含水率明显低于沟底，之间土层土壤含水率无明显差异。

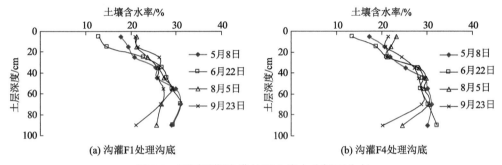

图 3.8　不同时期沟灌处理土壤水分剖面分布

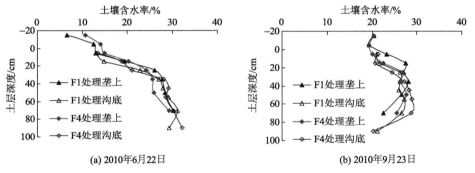

图 3.9　不同时期沟灌处理垄上、沟底土壤水分分布对比

2. 土壤盐分剖面分布动态变化

由于处理间土壤盐度差异明显大于土壤含水率，因此不同时期的土壤盐分剖面分布图与土壤水分分布有所不同，如图 3.10 和图 3.11 所示。由图 3.10 可以看出，在畦灌条件下，5 月 8 日调查时基本上各层土壤盐度在处理间随灌溉水矿化度的增加而增大，灌溉水矿化度较高的处理经过咸水灌溉和晾墒后土壤中盐峰有所下移，为棉花出苗营造短期的有利环境。6 月 22 日调查时各处理（B2 处理 10～

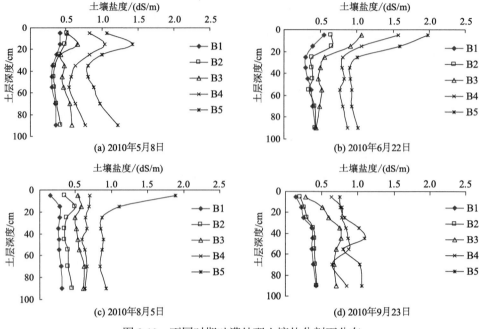

图 3.10 不同时期畦灌处理土壤盐分剖面分布

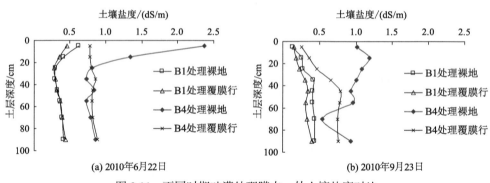

图 3.11 不同时期畦灌处理膜内、外土壤盐度对比

20 cm 土层土壤盐度最大）出现盐分表聚现象，其中 0～30 cm 土层土壤盐度随土层深度的增加而降低，下层土壤盐度基本上呈垂直分布。8 月 5 日调查时各处理耕层（0～20 cm）土壤盐度均有所降低，其中 B1、B2、B3 和 B4 处理很显著，而 B5 处理降低幅度很小，该期除 B5 处理仍与干旱状态下的土壤盐度分布情况基本一致外，其余处理整体上呈垂直分布。9 月 23 日调查时所有处理的土壤盐度分布形式与干旱状态下正好相反，与初始状态下的分布情况相比 0～30 cm 土层土壤盐度大幅降低，下部土层土壤盐度仅有小幅增加（个别点增减幅度较大），导致最终 2010 年 0～100 cm 的土壤盐度值有不同程度降低。对比膜内、外土壤盐分分布

（图 3.11），发现在干旱状态下裸地耕层的土壤盐度明显大于覆膜行，且土壤矿化度越大差异越明显，在湿润状态下，除个别点外，覆膜行的土壤盐度明显低于裸地，且土壤矿化度越大差异越显著，说明覆膜不仅可以有效抑制土壤返盐，还有可能利于增强淋盐效果。

在沟灌条件下（图 3.12），5 月 8 日调查时基本上各层土壤盐度在处理间随灌溉水矿化度的增加而增大，说明沟灌灌水定额下不能充分淋洗表层盐分，但当灌溉水矿化度较低时（低于 6 g/L）可以为棉花出苗创造比较有利的墒情。6 月 22 日调查时除了 F5 处理 0～10 cm 土层土壤盐度与 B5 处理一致外，F1～F4 处理盐分表聚程度和深度明显比相同灌溉水矿化度时的畦灌处理小。8 月 5 日调查时所有处理在 0～30 cm 土层土壤盐度均有大幅的降低，盐分聚集到下部土层。9 月 23 日调查时所有处理各层土壤盐度再次降低，尤其是 F4 和 F5 处理的降幅极其显著。通过对比沟底和垄上的土壤盐分分布（图 3.13）发现，在干旱状态下高出沟底部分的垄上土层（–20～0 cm）的土壤盐度显著高于其余土层，在相同水平土层内 F1 的土壤盐度在 0～20 cm 土层时沟底较大，而在下部土层中垄上较大，而 F4 处理在 0～60 cm 土层时沟底较大，在下部土层中垄上较大。在湿润状态下高出沟底部分的垄上土层的土壤盐度与沟底 0～20 cm 土层基本一致，但大幅高于沟底同层的土壤盐度。说明垄有聚盐的作用，集雨淋盐效果十分显著。

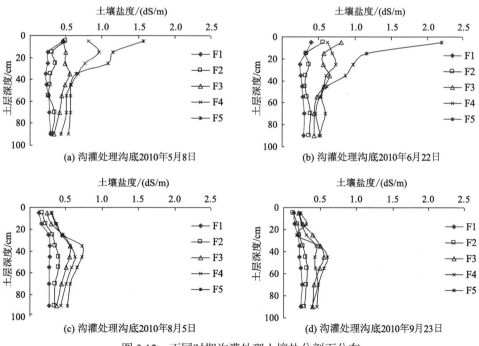

图 3.12　不同时期沟灌处理土壤盐分剖面分布

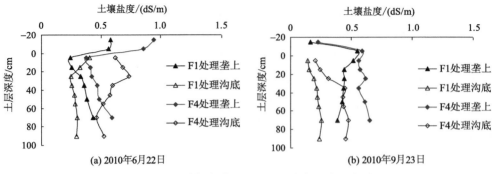

图 3.13   不同时期沟灌处理垄上、沟底土壤盐度对比

3.2   连续多年咸水灌溉后无灌溉年份棉花生长季土壤水盐时空分布

本研究为评价多年咸水灌溉对土壤质量的影响,2012 年采用雨养方式植棉(降雨后植棉),因此棉花播种前无咸水造墒灌溉。

3.2.1   不同处理土壤水盐动态分析

1. 土壤水分随时间变化

由图 3.14 和图 3.15 可以明显看出,随着土层深度的增大,土壤含水率越来越高,而波动幅度越来越小。此外,结合 2012 年棉花生长季降水量及平均气温分布情况(图 3.16)可以看出,在 6 月 20 日之前由于降雨极少,因此土壤含水率处于持续降低状态,在降雨(共 69.8 mm)补充水分后,6 月 30 日调查时土壤含水率大幅提升,但因为该期耗水强度较大,土壤含水率再次下降,到 7 月 19 日调查时达到最低值,随即在几场连续降雨(共 116.3 mm)之后土壤含水率大幅提升,之后在降雨水分补充和棉花蒸腾耗水的共同作用下波动。在干旱条件下,当 0~20 cm和 0~40 cm 土层土壤含水率出现两次明显下降时,0~60 cm 和 0~100 cm 土层土壤含水率也有下降趋势,但是仅存在一次明显下降(7 月 19 日),说明短期干旱先是消耗上层土壤中的水分,但随着棉花根系的下扎和气温及棉花耗水的增加,深层土壤含水量也会随之呈下降趋势。此外,畦灌处理棉花收获后各处理0~100 cm 深土层土壤含水率与第一次调查相比降幅在 2.7%~5.3%,也就是说当季降雨基本满足棉花需水要求。在沟灌条件下,各层土壤含水率变化情况与畦灌处理

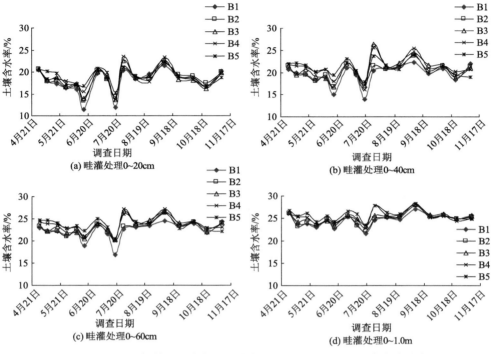

图 3.14　2012 年棉花生育期内畦灌各处理不同土层深度土壤水分动态

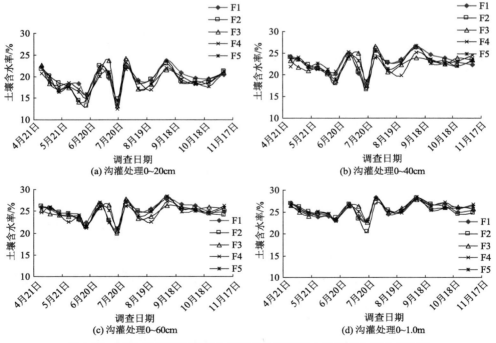

图 3.15　2012 年棉花生育期内沟灌各处理不同土层深度土壤水分动态

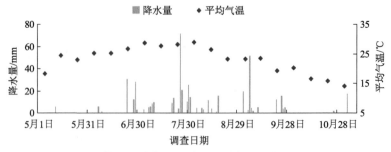

图 3.16　2012 年棉花生育期内日降水量及旬平均气温（5 月 1 日起）

基本一致，棉花收获后 0～100 cm 土层土壤含水率与第一次调查相比，F1 和 F2 处理分别降低 6.0%和 8.1%，其余处理降幅在 2.7%以下，可见仅低灌溉水矿化度处理的耗水量大于生育期内的降水量，这应该是与它们处理的棉花植株长势更好有关。

2. 土壤盐分随时间变化

由图 3.17 和图 3.18 可见，由于播后较长时间降雨很少，伴随土壤含水率的降低，土壤盐度在地下 60 cm 内均表现出增加的趋势，但是 1.0 m 土层内的盐度表现

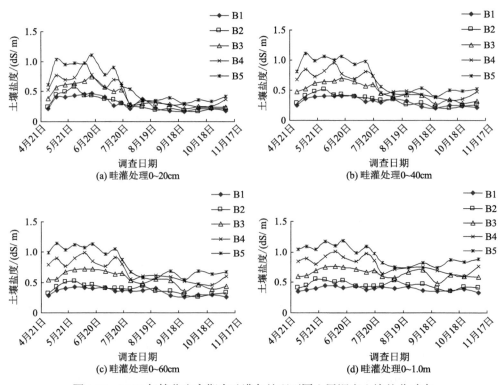

图 3.17　2012 年棉花生育期内畦灌各处理不同土层深度土壤盐分动态

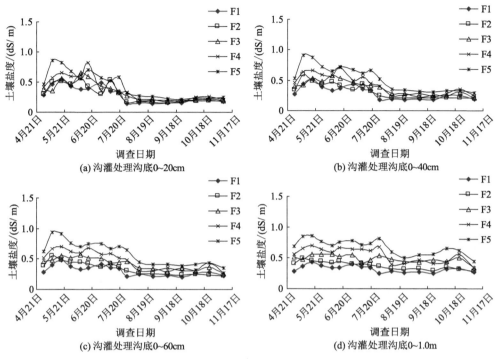

图 3.18　2012 年棉花生育期内沟灌各处理不同土层深度土壤盐分动态

为小幅波动。经过一次强降雨过程（共 116.3 mm），所有处理的土壤盐度在 7 月 28 日调查时大幅降低，之后因降雨补充，土壤含水率一直处于较高水平，土壤中盐分继续下移。其中，畦灌处理最小值出现在 9 月 24 日前后，在棉花生育期结束时，随着土壤含水率的下降，土壤盐度又有所提升；而沟灌处理因受到生育期内最后一场降雨淋盐的影响，最小值出现在最后一次调查时。与本年度试验初始盐度相比，畦灌处理 0~20 cm 土层的脱盐率整体最大，B1~B5 处理的脱盐率分别为 16.6%、13.7%、37.9%、29.0% 和 32.0%，0~1.0 m 土层最终脱盐率最小，分别为 8.0%、1.7%、2.8%、10.1% 和 15.7%；沟灌处理 F1~F5 处理的 0~20 cm 土层最终脱盐率也为最大，分别为 23.5%、49.0%、48.1%、45.6% 和 42.7%，0~1.0 m 土层脱盐率最小，分别为 1.2%、22.1%、23.4%、24.1% 和 27.6%。可见，经过一个雨季的淋洗，棉花收获后所有处理的土壤盐度较试验之初均有所降低，整体而言，沟灌处理沟底的脱盐效果比畦灌处理好。

3.2.2　不同处理土壤水盐剖面分布动态分析

结合图 3.14，由图 3.19 可以看出，因 7 月 11~19 日无降雨，而此期耗水强度较大，导致7月19日调查时畦灌所有 B1～B5 处理 0～40 cm 土层剖面内土壤含水率大幅降低，然而沟灌处理仅在 0～20 cm 土层剖面内土壤含水率显著降低。经过几天连续降雨后（7月21～27日共降雨 116.3 mm），7月28日调查时所有处理剖面各层的土壤含水率几乎都较7月19日有所增加，且增幅随土层深度增加而降低。8月10日调查期间又有 59.5 mm 的间断降雨，此期除 B1 处理的土壤含水率较7月28日调查时有所增加外，其余 B2～B5 处理都有所降低。在这种水分条件下（图 3.20），7月19日调查时的土壤盐度没有表现出返盐，反而表现为 B1 处理基本不变、B4 处理各层都有所降低；F1 处理 0～10 cm 土层小幅增加、10～30 cm 土层小幅降低，其余土层基本稳定；F4 处理在 0～40 cm 土层有所降低。这是因为7月7～10日连续降雨 27 mm，降雨在入渗过程中起到淋盐的作用，之后在蒸腾拉力下水盐向上运移，但仍没有达到7月19日调查时的盐度水平。随着 116.3 mm 降雨淋洗，B4、F1 和 F4 处理各层土壤盐度均出现大幅降低，仅 B1 处理 50～100 cm 土层盐度有所增加。由图 3.19（a）可以看出，此时 B1 处理的土壤含水率并不高，由于此期棉花耗水量较大，降雨并没有达到补充土壤水分和深层淋盐的双重作用，仅是在补充土壤水分的同时将上层的盐分淋洗到下部土层。8月10日调查时 B1 处理土壤盐度有所降低，而 B4、F1 和 F4 处理的土壤盐度较7月28日调查时有所增加，这与剖面土壤水分分布情况基本吻合。

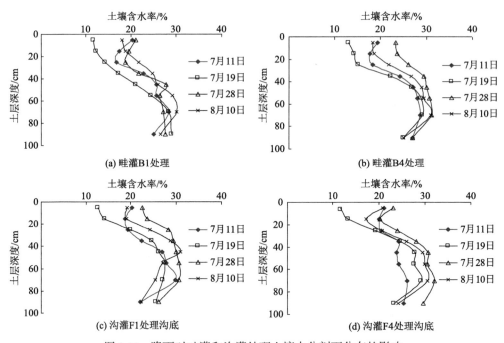

图 3.19　降雨对畦灌和沟灌处理土壤水分剖面分布的影响

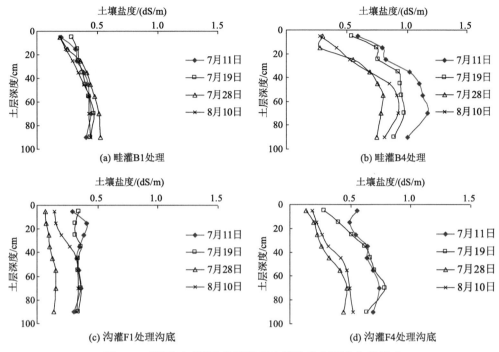

图 3.20　降雨对畦灌和沟灌处理土壤盐分剖面分布的影响

3.2.3　不同时期深层土壤水盐剖面分布

为了探究棉花生育期内深层土壤水分和盐分的变化情况，2012 年分别于棉花播种（4 月 29 日）、土壤干旱（6 月 16 日）、土壤湿润（8 月 19 日）及收获（11 月 7 日）时调查各处理 5.0 m 深的土壤含水率和盐度剖面分布情况。结合表 2.1 中的土壤质地数据可以看出，5.0 m 深土壤剖面内存在 3 个土壤夹层，这不仅会影响水流，还会影响土壤盐分分布。如图 3.21 和图 3.22 所示，土壤剖面内的水盐分布存在两个由土壤夹层造成的突变层，造成水盐传导阻力增大。由图 3.21 可以发现，与播种时相比，在土壤干旱期，土壤水分的变化主要影响 1.0 m 土层，其余土层较为稳定；在土壤湿润和收获时，土壤含水率在 1.0 m 土层内的变化最为显著，在 1.0～3.0 m 无明显变化，但是畦灌处理在 4.0～5.0 m 土层在 8 月 19 日和 11 月 7 日的土壤含水率大于前两个时期的调查值，沟灌处理 3.0～5.0 m 土层在 8 月 19 日和 11 月 7 日的土壤含水率大于前两个时期的调查值，说明剖面内存在土壤水分的深层渗漏。深层渗漏的存在不利于雨水的高效利用，但是可以将上层土壤中的盐分淋洗向下运移至更深土层，从而有利于降低根层土壤盐度。

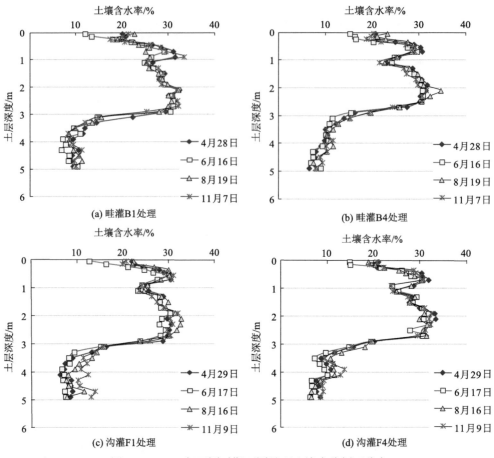

图 3.21　2012 年不同时期不同处理土壤水分剖面分布

由图 3.22 可以看出，灌溉水量的差异导致相同灌溉水矿化度下畦灌处理剖面内的土壤盐度整体上大于相应的沟灌处理。B1 和 F1 处理土壤盐度最大的土层为 2.0～3.0 m，B4 和 F4 处理土壤盐度最大的土层分别为 0.4～1.0 m 和 0.6～2.6 m，说明当灌溉水矿化度较高时盐分易在上层土壤中累积，其中畦灌 B4 处理最大积盐层比沟灌 F4 处理靠上。与播种时相比，在土壤干旱期，土壤盐度在表层有所增大且变化显著，而下层土壤盐度有所降低；在土壤湿润和收获时所有处理 0～0.8 m 土层的土壤盐度都随着土层深度增加而增加，且呈脱盐趋势，其中 B4 和 F4 处理 0～1.0 m 土层的土壤盐度大幅降低，1.0 m 以下土层的土壤盐度较播种时明显增加，并且这种趋势一直延续到 5.0 m 土层，说明被淋洗出 1.0 m 土层的盐分已经随深层渗漏的水流运移至 3.0 m 以下土层，B1 和 F1 处理也表现出类似的变化趋势，但是由于本身土壤盐度不高，加上取样误差的影响，差异并不明显，而 F1 处理在 3.0 m 以下土层的土壤盐度较播种时明显增大。

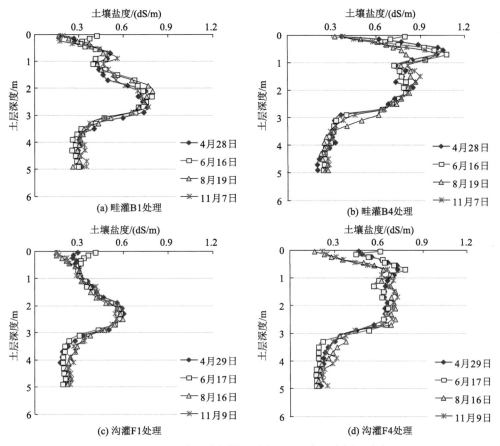

图 3.22　2012 年不同时期不同处理土壤盐分剖面分布

3.3　多年咸水灌溉下棉田土壤水盐动态分析

咸水灌溉增加土壤含盐量，进而对棉花生长产生影响，其影响主要通过两方面实现：一是通过增加播层土壤溶液浓度，对种子吸水膨胀产生渗透胁迫，进而抑制种子萌发；二是通过增加根区土壤溶液浓度，在对棉花根系吸水产生渗透胁迫的同时还会产生危害作用。为了更好地将土壤水分和盐分调查数据用于阐释对棉花生长的影响，本研究参考以往研究结果及实际田间剖面定性观察，考虑到咸水造墒灌溉对出苗和幼苗阶段的影响显著，将棉花生育期划分为 5 个生育阶段，用以研究土壤水盐动态变化，包括播后 15 d、苗期、蕾期、花铃期和吐絮期。

3.3.1　棉花各生育阶段土壤水分动态

在棉花生育期内无灌溉，且试验田地下水埋深在 7 m 以下，认为无地下水补充，因此土壤含水率的变化主要由降雨和蒸散发决定。图 3.23 和图 3.24 分别显示 2010～2013 年畦灌和沟灌处理棉花各生育阶段 0～40 cm 和 0～1.0 m 土层平均土壤含水率的动态变化。显见，0～40 cm 土层的平均土壤含水率显著低于 0～1.0 m 土层的平均土壤含水率，2010～2012 年差异最大的两个生育阶段为苗期和蕾期，其中 2010 年蕾期时畦灌和沟灌各处理 0～40 cm 的平均土壤含水率较低，分别为 13.9%～17.1% 和 15.7%～18.0%，显著低于 2010～2013 年均值 19.2% 和 19.8%；而 2013 年吐絮期土壤含水率最小且土层间差异最大。这与土壤的耗水特性、气温和降水量分布等有关。当地造墒灌溉后，如果不根据计划深润层土壤水分状况实施补灌，一旦降雨不及时则可能对棉花造成水分胁迫。此外，畦灌和沟灌处理 2010～2013 年 0～1.0 m 土层生育期平均土壤含水率分别为 24.6% 和 24.5%，其中 2013 年畦灌和沟灌处理最低，分别为 23.7% 和 23.5%；2012 年最高，分别为 25.3% 和 25.2%，说明造墒水量差异并没有显著影响 0～1.0 m 土层平均土壤含水率。综合历年降水分布图（图 2.1）可知，生育期内的平均土壤含水率不仅受降水量的影响，而且受水分布的影响更明显，如 2013 年降水量最多，但是过于集中在 7 月中旬到 8 月中旬，后期降水量偏小，导致棉花生育后期的土壤含水率大幅降低，拉低生育期的平均土壤含水率。

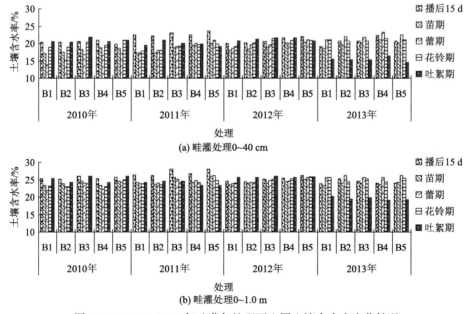

图 3.23　2010～2013 年畦灌各处理下土层土壤含水率变化情况

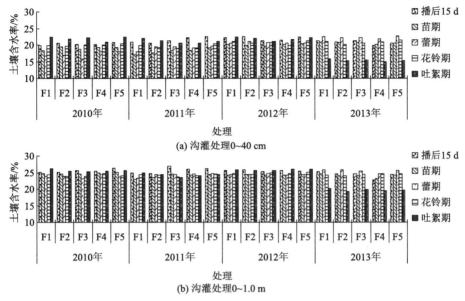

图 3.24 2010～2013 年沟灌各处理下土层土壤含水率变化情况

在相同造墒方式下对比不同矿化度灌溉水处理可以发现，由于灌水量相同，处理间播后 15 d 内的土壤含水率差异并不明显，但是随着棉花生长差异的凸显，蕾期和花铃期低矿化度处理（B1、B2、F1、F2）的土壤含水率低于其他相同造墒方式下的处理，尤其是 0～40 cm 土层较为显著。

3.3.2 棉花各生育阶段土壤盐分动态

图 3.25 和图 3.26 分别显示 2010～2013 年畦灌和沟灌处理棉花各生育阶段 0～40 cm 和 0～1.0 m 土层平均土壤盐度的动态变化。相同造墒方式下对比不同处理可以发现，历年各生育阶段的土壤盐度及其变幅均随灌溉水矿化度的增加而增加。畦灌条件下 2010 年所有处理和 2011 年的 B4 和 B5 处理，以及沟灌条件下 2010 年和 2011 年几乎所有处理在蕾期之前 0～40 cm 土层的平均土壤盐度高于 0～1.0 m 土层的平均土壤盐度，在其余调查时期 0～40 cm 土层土壤盐度基本小于相应的 0～1.0 m 土层土壤盐度，说明 2010 年和 2011 年蕾期之前的盐分相对更多地聚集在 0～40 cm 土层，而 2012 年和 2013 年盐分大部分被控制在 0～40 cm 以下。从各年土壤盐度均值来看，相同灌溉水矿化度下畦灌处理 0～40 cm 和 0～1.0 m 土层土壤盐度的大小排序分别为 2010 年≈2011 年＞2012 年＞2013 年和 2010 年≈2011 年≈2012 年＞2013 年；除 F1 处理较为稳定外，沟灌其余处理表现为 0～40 cm 和 0～1.0 m 土层土壤盐度的大小排序分别为 2011 年＞2010 年＞2012 年＞

2013 年和 2011 年＞2012 年＞2010 年＞2013 年。由此说明 2012 年对盐分的淋洗主要影响 0～40 cm 土层，而 2013 年的盐分淋洗已经影响到 0～1.0 m 土层。另外，同一处理的土壤盐度整体上随生育进程的推进而先升后降，最大值一般出现在播后 15 d 内或苗期和蕾期，而花铃期和吐絮期由于受到降雨淋洗的影响，较前期显著下降。

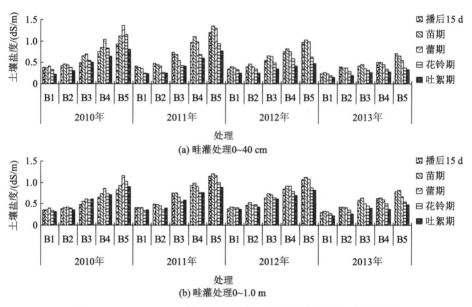

图 3.25　2010～2013 年畦灌各处理不同土层土壤盐度变化情况

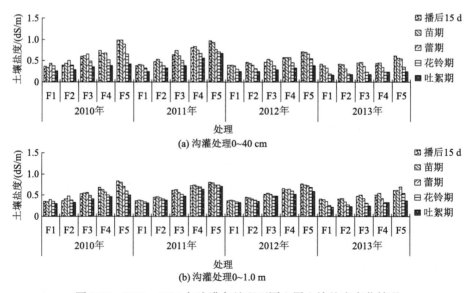

图 3.26　2010～2013 年沟灌各处理不同土层土壤盐度变化情况

3.3.3 咸水不同灌溉方式下覆膜对土壤水盐分布的影响

本研究为了明确覆膜对不同灌水方式下土壤水盐分布的影响，以 2010 年棉花生长季为例，对比了畦灌和沟灌覆膜行和裸地的土壤水盐分布差异。由表 3.1 可以看出，不同生育阶段畦灌各处理覆膜行不同深度土层的土壤盐度均低于对应的膜外行间裸地土层的土壤盐度，且尤以 0～20 cm 土层的土壤盐度差异最大，说明覆膜具有明显的抑制盐分表聚的作用。而且花铃期和吐絮期的抑盐效果比苗期和蕾期好。但是覆膜对覆膜行土壤含水率的影响仅是在苗期和蕾期 0～20 cm 土层覆膜行的土壤含水率比膜外行间裸地提高 7.0%，而在其余土层以及花铃期和吐絮期与裸地相比无明显差异，因此从保墒的角度看，覆膜植棉主要是对气温相对较低、根系深度较浅的苗期和蕾期作用明显，但是从抑盐的角度来看，全生长期保持地膜的存在都十分必要。

由表 3.2 可以看出，不同生育阶段沟灌 F1～F4 处理沟底不同深度土层的土壤盐度均低于对应的垄上土层的土壤盐度，而 F5 处理沟底土壤盐度仅在花铃期和吐絮期的各土层中大幅低于对应的垄上土层的土壤盐度，其余时期及各深度土层的

表 3.1 2010 年畦灌处理覆膜对不同土层土壤水盐的影响

土层深度 /cm	调查时段	项目	土壤盐度/（dS/m）					土壤含水率 /%
			B1	B2	B3	B4	B5	
0～20	生育期平均	覆膜行	0.31	0.35	0.47	0.66	1.01	18.52
		裸地	0.38	0.47	0.71	1.01	1.35	17.86
		S_1/%	−18.4	−25.5	−33.8	−34.7	−25.2	3.7
	苗期和蕾期	覆膜行	0.48	0.50	0.64	0.90	1.47	17.28
		裸地	0.55	0.58	0.93	1.20	1.48	16.16
		S_1/%	−12.7	−13.8	−31.2	−25.0	−0.7	7.0
	花铃期和吐絮期	覆膜行	0.19	0.24	0.35	0.49	0.65	19.40
		裸地	0.25	0.38	0.54	0.88	1.29	19.07
		S_1/%	−24.0	−36.8	−35.2	−44.3	−49.6	1.7
0～40	生育期平均	覆膜行	0.29	0.34	0.47	0.66	0.89	19.61
		裸地	0.33	0.45	0.65	0.89	1.14	19.60
		S_1/%	−12.1	−24.4	−27.7	−25.8	−21.9	0.0
	苗期和蕾期	覆膜行	0.39	0.43	0.54	0.82	1.15	18.35
		裸地	0.41	0.45	0.71	0.93	1.17	18.01
		S_1/%	−4.9	−4.4	−23.9	−11.8	−1.7	1.9
	花铃期和吐絮期	覆膜行	0.22	0.28	0.42	0.55	0.70	20.51
		裸地	0.27	0.46	0.62	0.86	1.12	20.74
		S_1/%	−18.5	−39.1	−32.3	−36.0	−37.5	−1.1

续表

土层深度 /cm	调查时段	项目	土壤盐度/（dS/m）					土壤含水率 /%
			B1	B2	B3	B4	B5	
0～60	生育期平均	覆膜行	0.29	0.35	0.48	0.65	0.86	22.06
		裸地	0.33	0.42	0.65	0.83	1.08	22.17
		S_1/%	−12.1	−16.7	−26.2	−21.7	−20.4	−0.5
	苗期和蕾期	覆膜行	0.35	0.40	0.51	0.75	0.99	21.20
		裸地	0.38	0.41	0.65	0.81	1.10	20.95
		S_1/%	−7.9	−2.4	−21.5	−7.4	−10.0	1.2
	花铃期和 吐絮期	覆膜行	0.25	0.31	0.47	0.58	0.76	22.67
		裸地	0.29	0.43	0.64	0.84	1.07	23.05
		S_1/%	−13.8	−27.9	−26.6	−31.0	−29.0	−1.7
0～100	生育期平均	覆膜行	0.32	0.37	0.51	0.67	0.87	24.51
		裸地	0.35	0.42	0.66	0.79	1.05	24.57
		S_1/%	−8.6	−11.9	−22.7	−15.2	−17.1	−0.2
	苗期和蕾期	覆膜行	0.35	0.40	0.50	0.73	0.93	24.31
		裸地	0.39	0.42	0.63	0.77	1.07	24.06
		S_1/%	−10.3	−4.8	−20.6	−5.2	−13.1	1.1
	花铃期和 吐絮期	覆膜行	0.30	0.35	0.51	0.63	0.83	24.66
		裸地	0.33	0.43	0.68	0.81	1.04	24.93
		S_1/%	−9.1	−18.6	−25.0	−22.2	−20.2	−1.1

注：S_1（%）=（覆膜行−裸地）/裸地×100。

表3.2　2010年沟灌处理覆膜对垄沟不同土层土壤水盐的影响

土层深度 /cm	调查时段	项目	土壤盐度/（dS/m）					土壤含水率/%
			F1	F2	F3	F4	F5	
0～20	生育期平均	沟底	0.24	0.28	0.42	0.47	0.74	19.28
		垄上	0.50	0.53	0.59	0.63	0.79	16.99
		S_2/%	−52.0	−47.2	−28.8	−25.4	−6.3	13.5
	苗期和蕾期	沟底	0.37	0.42	0.61	0.74	1.28	17.84
		垄上	0.63	0.75	0.89	0.88	1.06	14.81
		S_2/%	−41.3	−44.0	−31.5	−15.9	20.8	20.4
	花铃期和 吐絮期	沟底	0.15	0.18	0.29	0.28	0.35	20.31
		垄上	0.41	0.37	0.38	0.45	0.59	18.54
		S_2/%	−63.4	−51.4	−23.7	−37.8	−40.7	9.5

续表

土层深度 /cm	调查时段	项目	土壤盐度/（dS/m）					土壤含水率/%
			F1	F2	F3	F4	F5	
0～40	生育期平均	沟底	0.24	0.29	0.44	0.48	0.69	22.35
		垄上	0.43	0.46	0.54	0.57	0.67	18.14
		S_2/%	−44.2	−37.0	−18.5	−15.8	3.0	23.2
	苗期和蕾期	沟底	0.32	0.38	0.57	0.70	1.05	21.20
		垄上	0.48	0.53	0.66	0.66	0.79	16.59
		S_2/%	−33.3	−28.3	−13.6	6.1	32.9	27.8
	花铃期和吐絮期	沟底	0.19	0.22	0.35	0.33	0.43	23.17
		垄上	0.39	0.40	0.45	0.51	0.58	19.25
		S_2/%	−51.3	−45.0	−22.2	−35.3	−25.9	20.4
0～60	生育期平均	沟底	0.26	0.31	0.45	0.49	0.65	24.49
		垄上	0.41	0.41	0.52	0.53	0.62	20.75
		S_2/%	−36.6	−24.4	−13.5	−7.5	4.8	18.0
	苗期和蕾期	沟底	0.34	0.39	0.55	0.63	0.88	23.81
		垄上	0.45	0.44	0.60	0.56	0.70	19.70
		S_2/%	−24.4	−11.4	−8.3	12.5	25.7	20.9
	花铃期和吐絮期	沟底	0.21	0.26	0.38	0.38	0.49	24.98
		垄上	0.39	0.39	0.46	0.51	0.57	21.50
		S_2/%	−46.2	−33.3	−17.4	−25.5	−14.0	16.2
0～100	生育期平均	沟底	0.26	0.32	0.44	0.52	0.63	25.90
		垄上	0.41	0.42	0.52	0.56	0.62	23.66
		S_2/%	−36.6	−23.8	−15.4	−7.1	1.6	9.5
	苗期和蕾期	沟底	0.31	0.36	0.50	0.65	0.78	25.87
		垄上	0.43	0.47	0.58	0.59	0.70	23.50
		S_2/%	−27.9	−23.4	−13.8	10.2	11.4	10.1
	花铃期和吐絮期	沟底	0.23	0.29	0.39	0.43	0.52	25.93
		垄上	0.40	0.39	0.48	0.53	0.56	23.78
		S_2/%	−42.5	−25.6	−18.8	−18.9	−7.1	9.0

注：S_2（%）=（沟底−垄上）/垄上×100。

土壤盐度均大于对应的垄上土层土壤盐度，说明当土壤盐度相对较低时沟底覆膜可以大幅降低沟底的土壤盐度，但是当土壤盐度超过一定水平时沟底覆膜的抑盐作用仅在雨季过后才能体现出来。此外，与畦灌处理相似，花铃期和吐絮期的抑盐效果比苗期和蕾期好。沟灌沟底土层的土壤含水率大幅高于对应的垄上土层，其中 0～40 cm 土层的土壤含水率提高幅度最大，并且以苗期和蕾期的保墒效果更明显。

　　与畦灌处理相比，相同灌溉水矿化度下沟灌处理的沟底土壤盐度低于相应畦灌处理的覆膜行，这与随灌溉水带入盐量的差异有关。而沟灌处理的沟底土壤含水率高于畦灌覆膜行，其中最大差异存在于 0～40 cm 土层，苗期和蕾期、花铃期和吐絮期分别高出 15.5% 和 13.0%，体现出沟灌处理沟底集雨保墒效果好的特点。

3.4　历年土壤盐度变化及脱盐情况

3.4.1　土壤盐度周年变化

　　为了更好地结合降水和灌水情况分析土壤盐度的周年变化，图 3.27 给出 2006～2013 年以各年棉花收获时为计算节点的降水和灌水量情况，通过计算得出了历年（周期年）灌水量/降水量的比值（I/P），其中畦灌处理 2006～2013 年各年的 I/P 值分别为 0.191、0.166、0.156、0.471、0.469、0.514、0.140 和 0.137，沟畦轮灌处理 2006～2013 年各年的 I/P 值分别为 0.096、0.083、0.078、0.314、0.313、0.343、0.140 和 0.137。

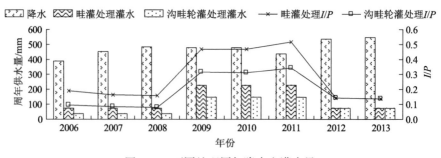

图 3.27　不同处理周年降水和灌水量

　　图 3.28 显示 2006～2013 年棉花收获后畦灌[图 3.28（a）]和沟畦轮灌[图 3.28（b）]处理 0～1.0 m 土层土壤盐度周年变化情况。显见，历年各处理的土壤盐度随着灌溉水矿化度的增加而上升，2006～2008 年灌水量较少，I/P 较小，因此与初始值 0.25 dS/m 相比各处理土壤盐度随灌溉年份增加而缓慢累积上升。相比之下畦灌处理的 I/P 是沟灌处理的两倍，导致较高矿化度 B4 和 B5 处理的累积速率明显大

于其余处理, 畦灌和沟畦轮灌处理土壤盐度最高的 B5 和 F5 处理在 2008 年棉花收获后分别为 0.45 dS/m 和 0.37 dS/m, 仍处于较低的水平。但由于黑麦草的引入, 随着灌水次数和灌溉水量增加, I/P 大幅增加, 2009 年 F1、F2 和 B1 处理的土壤盐度较之前增幅很小, 而其余处理土壤盐度突增, 在同一灌水方式下土壤盐度增量随灌溉水矿化度的增加而增大。2010 年的降水量和灌水量整体与 2009 年一致, 但与 2009 年相比土壤盐度增长幅度较小。2011 年降水量较小, 但灌水量与 2009 年和 2010 年一致, I/P 再次增大, 导致各处理的土壤盐度进一步增大。2012 年和 2013 年灌水量只有 75 mm, 而降水量都在 530 mm 以上, 所以 I/P 较 2009~2011 年大幅降低, 与 2009 年和 2010 年总供水量相似的情况比较, 降水淋洗效果更加显著, 土壤盐度较 2011 年大幅度降低。2010~2013 年各处理历年的数据标准偏差之所以较大, 主要原因是每个处理的土样分别于覆膜行和行间裸地, 以及沟底和垄上采集, 而覆膜行和沟底的抑盐效果好于裸地和垄上, 造成两者数据差异随整体盐度的增加而增大。

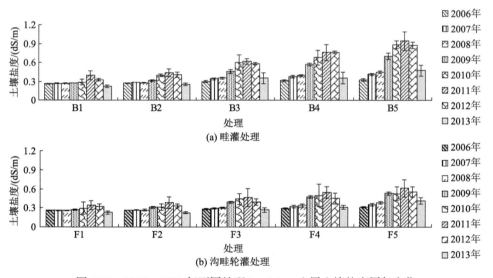

图 3.28　2006~2013 年不同处理 0~1.0 m 土层土壤盐度周年变化

3.4.2　历年土壤脱盐情况

采用式 (2.4)、式 (2.8) 和式 (2.9) 进行盐分平衡计算, 得到各处理的历年淋洗效率, 见表 3.3 和表 3.4。从表 3.3 和表 3.4 可以看出, 2006 年各处理的 ΔS 都很小, RSC 为正值说明 1.0 m 土层内出现盐分累积, RID 均大幅低于 100% 说明灌溉水带入的盐分仅小部分被淋洗出 1.0 m 土层。这与以下两方面有关: 一是降水量较低, 其值仅为 392 mm; 二是土体内的盐分引入量很小, 而土壤本身具有一定的容盐能力。2007 年和 2008 年周年降水量增加，大多数处理的 ΔS 和 RID 较之前有所增加，而 RSC 有所降低，说明降水量的增加起到了减轻土壤积盐程度的作用，其中 2008 年 B1、B2、F1 和 F2 处理的 RID 大于等于 100%，说明土壤盐分淋洗量等于或超过当年灌溉水带入盐量。同理，2009～2011 年绝大部分处理都存在积盐情况，尤其是 2011 年因为 I/P 过大导致 B1、F1 和 F2 处理不但不存在脱盐，反而出现下层土体盐分上升进入研究土层的情况。2012 年 B3～B5 处理的 ΔS 较 2011 年少，但是由于 I/P 大幅度降低，当年 RID 大幅增加，与 2011 年相比，除 B4 处理基本不变外，其余处理均表现为脱盐。2013 年周年 I/P 再次降低且棉花生育期内降雨达到丰水年水平，ΔS、RID 和 RSC 均达到历年最大值，1.0 m 土层内出现大幅脱盐。

表 3.3　历年畦灌处理土壤脱盐情况

项目	处理	2006 年	2007 年	2008 年	2009 年	2010 年	2011 年	2012 年	2013 年
$\Delta S/(\text{kg/m}^2)$	B1	−0.01	−0.04	−0.08	−0.16	−0.14	0.32	−0.42	−0.56
	B2	−0.05	−0.09	−0.18	−0.29	−0.04	−0.28	−0.28	−0.87
	B3	−0.07	−0.10	−0.25	−0.40	−0.23	−0.81	−0.45	−1.40
	B4	−0.16	−0.15	−0.37	−0.50	−0.84	−0.97	−0.44	−2.37
	B5	−0.24	−0.19	−0.44	−0.58	−0.95	−1.51	−0.92	−2.49
RID/%	B1	−15.56	−57.78	−121.11	−76.55	−67.04	160.28	−628.96	−833.36
	B2	−33.51	−58.84	−119.00	−64.11	−9.89	−61.49	−188.86	−581.52
	B3	−24.01	−31.92	−84.17	−44.59	−25.44	−90.42	−148.77	−467.41
	B4	−34.56	−33.51	−82.06	−37.02	−62.11	−72.11	−97.12	−525.95
	B5	−40.63	−31.13	−73.09	−32.19	−52.8	−84.06	−152.57	−415.78
RSC/%	B1	4.80	2.29	−1.12	3.77	5.11	38.39	−18.79	−32.08
	B2	8.40	4.80	−2.11	12.23	27.36	9.18	−6.47	−37.48
	B3	19.20	14.43	2.93	29.91	30.99	3.04	−5.01	−39.69
	B4	24.80	20.19	4.53	45.66	18.86	11.68	0.36	−53.05
	B5	30.00	26.77	8.25	57.62	25.45	6.85	−7.05	−45.54

注：正号代表积盐，负号代表脱盐。

表 3.4　历年沟畦轮灌处理土壤脱盐情况

项目	处理	2006 年	2007 年	2008 年	2009 年	2010 年	2011 年	2012 年	2013 年
$\Delta S/(\text{kg/m}^2)$	F1	0	−0.02	−0.04	−0.08	−0.01	0.10	−0.18	−0.51
	F2	0	−0.07	−0.08	−0.10	−0.30	0.05	−0.39	−0.65
	F3	0	−0.08	−0.12	−0.19	−0.35	−0.51	−0.63	−0.88
	F4	−0.02	−0.09	−0.14	−0.25	−0.81	−0.66	−0.90	−1.11
	F5	−0.02	−0.10	−0.15	−0.48	−1.22	−0.81	−0.85	−1.28

项目	处理	2006 年	2007 年	2008 年	2009 年	2010 年	2011 年	2012 年	2013 年
RID/%	F1	12.58	−71.85	−114.07	−57.78	−10.08	71.45	−273.25	−749.94
	F2	−5.01	−93.67	−100.00	−33.51	−99.27	16.04	−263.31	−434.15
	F3	−1.84	−52.50	−81.00	−31.13	−57.86	−85.12	−210.97	−294.43
	F4	−9.23	−38.78	−64.11	−27.7	−89.99	−73.86	−200.38	−245.83
	F5	−8.18	−31.92	−50.92	−40.38	−101.99	−67.28	−142.3	−213.96
RSC/%	F1	3.20	0.78	−0.38	4.63	9.43	16.43	−7.13	−28.81
	F2	6.00	0.38	0	15.79	0.15	23.76	−13.51	−31.96
	F3	12.40	5.34	2.03	28.81	13.68	4.25	−15.20	−31.41
	F4	17.20	9.90	5.28	40.41	3.98	10.01	−17.47	−30.75
	F5	23.20	13.96	8.83	39.43	−0.94	15.67	−8.76	−25.85

注：正号代表积盐，负号代表脱盐。

3.4.3　试验最终脱盐情况

本研究以试验开始年份的初始值和 2013 年棉花收获时的最终值为计算节点，对连续 8 年咸水灌溉后的土壤盐分平衡进行分析，计算结果如表 3.5 所示。由表 3.5 可以看出，经过连续 8 年咸水灌溉后，在畦灌条件下，随着灌溉水矿化度的增加，ΔS 直线增大（$\Delta S = -0.4987EC - 0.3263$，$R^2 = 0.997^{**}$，**代表相关性达到 0.01，极显著水平）；RSC 表现为二项式递增趋势（$RSC = 0.1174EC^2 + 5.7875 EC - 18.595$，$R^2 = 0.9443^{**}$）；RID 表现为递减的对数趋势（$y = 11.334\ln(EC) - 115.61$，$R^2 = 0.9166^{**}$）。在沟畦轮灌条件下，随着灌溉水矿化度的增加，$\Delta S$ 直线增大（$\Delta S = -0.3318EC - 0.3494$，$R^2 = 0.9979^{**}$）；RSC 表现为二项式递增趋势（$0.5151EC^2 - 2.193EC - 7.1185$，$R^2 = 0.9921^{**}$）；RID 表现为递减的对数趋势（$y = 12.216\ln(EC) - 121.06$，$R^2 = 0.9619^{**}$）。可见，在畦灌和沟畦轮灌条件下，1.0 m 土层最终土壤脱盐量 ΔS、淋洗率 RSC 以及灌溉水带入盐分的淋洗率与灌溉水矿化度之间分别存在着相同的拟合函数关系，但是不同灌水方式下的参数有所不同。

与 2006 年试验初始值 0.25 dS/m 相比，最终 B1、F1 和 F2 处理出现脱盐，脱盐率分别为 11.75%、8.68% 和 10.14%，而其余处理存在积盐情况，B2、B3、B4、B5、F3、F4、F5 处理分别增加 1.49%、41.03%、42.85%、90.79%、7.25%、24.49% 和 65.15%，可见沟畦轮灌处理的积盐情况显著低于畦灌处理。

与畦灌相比，在相同的灌溉水矿化度下，沟畦轮灌处理的 ΔS 和 RSC 更小，这是因为沟畦轮灌处理带入的盐分小于畦灌处理，但是 F1、F2、F3 和 F4 处理的 RID 分别比 B1、B2、B3 和 B4 处理大 1.1%、9.4%、9.7% 和 1.4%，而 F5 处理比

B5 处理小 0.8%，说明仅 F2 和 F3 处理较相应的畦灌处理的盐分淋洗效果显著提高，其余处理间无明显差异。

表 3.5　各处理 1.0 m 土层内盐分平衡计算表

处理	I_{ci}/（kg/m³）	S_I/（kg/m²）	$S_{s\beta}$/（kg/m²）	ΔS/（kg/m²）	RSC/%	RID/%
B1	1	0.95	1.10	−1.08	−11.75	−114.76
B2	2	2.10	1.26	−2.08	1.49	−99.16
B3	4	4.20	1.73	−3.71	41.03	−88.40
B4	6	6.30	1.75	−5.79	42.85	−91.92
B5	8	8.40	2.32	−7.32	90.79	−87.17
F1	1	0.64	1.14	−0.74	−8.68	−116.07
F2	2	1.43	1.12	−1.55	−10.14	−108.45
F3	4	2.85	1.33	−2.76	7.25	−96.98
F4	6	4.28	1.53	−3.98	24.49	−93.20
F5	8	5.70	2.02	−4.93	65.15	−86.43

注：$S_I = I_{ci} \times I_t$ 代表单位面积上灌溉水带入的盐分（kg/m²），其中 I_t 为单位面积灌水总量：畦灌处理 1.05 m³/m²，沟畦轮灌处理 0.7125 m³/m²；$S_{s\beta}$ 为试验结束时单位面积 1.0 m 土层的土壤含盐量（kg/m²），所有处理的 $S_{s\alpha}$ 为 1.43 kg/m²，$S_{s\beta}$ 为 2013 年 10 月 26 日取样调查值。

3.4.4　最终土壤水盐分布

如图 3.29 和图 3.30 所示，土壤剖面内的水盐分布存在 3 个突变层，其中地下第 1、第 2 个突变层是由土壤夹层造成的；而地下约 5.3 m 处的突变层则因邻近地下水（观测时地下静水位为 6.4 m），其下层土体内明显存在毛管上升水，所以土壤含水率大幅增加，同时因浅层地下水为咸水，所以土壤盐度呈增大趋势。2013 年由于棉花吐絮期降雨极少，因此收获时 1.0 m 土层土壤含水率较低。以往调查时当表层土壤含水率较低时会存在明显的返盐，然而经过 2013 年的降雨淋洗和盐分在土体里的再分配，所有处理的表层土壤盐度都处于较低的水平。而被淋洗出主要根层（1.0 m）土壤的盐分则受到土壤质地的影响，主要聚集在 1.0～2.8 m 土层，2.8～5.2 m 土层的土壤盐度随土层深度增加略有降低趋势，5.2 m 以下土层的土壤盐度随土层深度增加而增加，至地下水位时相对稳定。B1、B2、B3、B4 和 B5 处理盐峰分别出现在 2.3 m、2.1 m、1.9 m、1.7 m 和 1.5 m，F1、F2、F3、F4 和 F5 处理盐峰分别出现在 2.1 m、2.1 m、1.9 m、1.9 m 和 0.7 m，随着灌溉水矿化度的增加，盐峰值在剖面内有上移趋势，这主要是因为当土壤盐度较高后，需要用于盐分淋洗的水量要求更高。此外，对比两种灌水方式可以较为直观地看出，最终土壤含水率无明显差异，相同灌溉水矿化度时 1.0 m 土层土壤盐分分布也基本相似，但是畦灌 B3、B4 和 B5 处理 1.0～2.8 m 土层的土壤盐度明显大于相应的沟畦轮灌 F3、F4 和 F5 处理，而 B1 和 B2 处理在 1.0～2.0 m 土层内分别小于 F1 和 F2 处理，但是 2.0～2.8 m 土层内分别大于 F1 和 F2 处理。

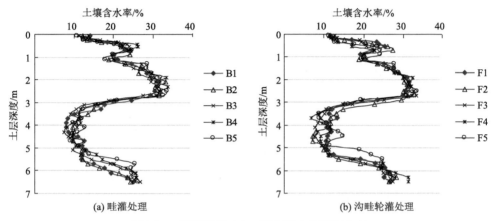

图 3.29　不同处理 6.6 m 深土壤水分剖面分布

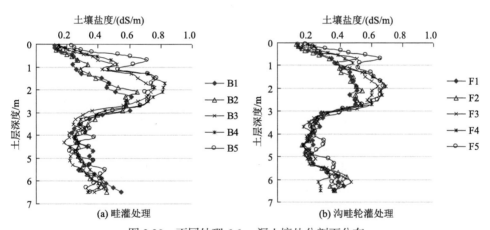

图 3.30　不同处理 6.6 m 深土壤盐分剖面分布

3.5　小结与讨论

（1）通过分析 2010 年覆膜植棉对畦灌处理和沟灌处理土壤水盐的影响，结果表明覆膜仅对畦灌处理苗期和蕾期表层 0～20 cm 土壤含水率有显著的保墒作用，较裸地提高 7.0%，但在全生长期内起到显著的抑盐作用；而沟底覆膜对沟灌处理全生长期内所有土层的土壤含水率都起到大幅的提墒作用，其中 0～40 cm 土壤含水率提高幅度最大，生育期内平均提高 23.2%，并且抑盐效果也更加显著。与畦灌相比，相同灌溉水矿化度下沟灌处理的沟底土壤盐度低于相应畦灌处理的覆膜行，这与灌溉水带入盐量的差异有关，因此并不能证明其盐分淋洗效果更好。而沟灌处理的沟底土壤含水率高于畦灌覆膜行，其中最大差异存在于 0～40 cm 土层，苗期和蕾期、花铃期和吐絮期分别高出 15.5%、13.0%，体现出沟灌处理沟底集雨保墒效果好的特点，这在土壤水盐剖面分布中也得到了验证。此外，由土壤水盐随时间和剖面的变化表明，沟灌存在更好的淋洗效果。

（2）根据 2010～2013 年的试验结果，对比不同处理可以发现，在相同造墒方式下，因造墒灌水量相同，所以各处理间播后 15 d 内的土壤含水率差异并不明显，但是随着棉花生长差异的凸显，蕾期和花铃期低矿化度处理（B1、B2、F1、F2）的土壤含水率要低于相应的高矿化度处理。土壤盐度随灌溉水矿化度增加而增大，各处理的土壤盐度整体上均是随生育进程的推进而先升后降，最大值一般出现在播后 15 d 内或苗期和蕾期，而花铃期和吐絮期由于受到降雨淋洗的影响，较前期有显著下降。上述结果说明，咸水灌溉起到增加土壤含水率、调控表层土壤盐分分布的作用，尽管棉花生育中后期降雨淋盐致使表层土壤有明显的脱盐，但高矿化度咸水造墒有时并不能保证为棉花耐盐性最弱的出苗及幼苗阶段提供更低的土壤盐度环境。

（3）连续 8 年试验结果表明，在降水量较低的年份（2006～2011 年），1.0 m 土层内盐分出现累积，当遇到降水量较高的年份（2012 年和 2013 年）时，1.0 m 土层内盐度大幅降低，最终 86% 以上随灌溉水带入的盐分被淋洗出 1.0 m 土层。由此说明，在该区棉花单作只灌造墒水的条件下，经过多年持续咸水灌溉并不会导致 0～1.0 m 土层明显积盐。陈素英等（2011）在栾城使用 4 g/L 微咸水灌溉小麦后发现，土壤盐度较播前增加，而较低矿化度灌溉水不会导致土壤盐分累积；吴忠东和王全九（2010）在南皮连续 3 年使用 3 g/L 咸水灌溉冬小麦发现土壤盐度呈增加趋势，但是认为只要降水和淡水淋洗充分，仍会将土壤盐度控制在很低的水平，这与本研究结果基本一致。然而，与乔玉辉和宇振荣（2003）在曲周通过试验和模型模拟得出的咸水连续灌溉会导致土壤逐年积盐的结论有所不同，这是因为他们只对试验年内的气象资料和土壤盐分资料进行模拟与预测，没有考虑不同的水文年型对土壤盐分的影响，而实际生长中降水会对河北平原区的土壤脱盐和作物产量起到至关重要的作用。综合 ΔS、RSC 与 RID 三项指标可知，RSC 可以忽略灌溉和淋洗过程体现土壤盐度变化，RID 能够表征土壤脱盐与灌溉水之间的关系，RID 与 RSC 一起使用，可以更加全面地呈现土壤盐分变化。

此外，综合畦灌和沟灌沟底的脱盐情况，以及畦灌和沟畦轮灌各处理的 RID 可以看出，虽然沟灌沟底脱盐效果显著好于畦灌，但是受到垄上脱盐效果较差的影响，沟畦轮灌处理的脱盐情况仅略好于畦灌处理。

（4）2012 年 5.0 m 深剖面水盐数据显示，在棉花生育期内，当 I/P 较小时，在自然降雨条件下土壤中存在深层渗漏现象，虽然对作物而言这样会降低雨水的利用效率，但是这也说明该区可以实现自然条件下的盐分向下淋洗。以往关于地下水临界深度的研究表明，轻质土 2.2 m 以下水盐不会上升补给上层土壤（刘有昌，1962），并且临界深度随土壤质地变重而变小（王洪恩，1964）。基于此，如果选用咸水矿化度适宜，那么 0～1.0 m 土层内咸水灌溉带入的盐分和降雨淋洗出土层的盐分就能达到平衡。2013 年由于 I/P 较小，且棉花生育期内降水量达到丰水年水平，绝大部分降雨集中在 1 个月内完成，对土壤盐度淋洗程度极显著，土壤剖面内盐峰随灌溉水矿化度的增加存在上移趋势，其中 B1、B2、B3、F1、F2、F3、F4 处理的盐峰都在 1.9 m 及以下，但是较高灌溉水矿化度处理（B4、B5 和 F5 处理）在干旱情况下易返盐。这是因为灌溉水矿化度越高，带入土体中的盐分越多，需要用于淋洗的水量要求越大（Sharma and Manchanda，1996；Beltrán，1999），而当地降水量水平相对不足，且无淡水灌溉压盐；另外还可能是因为较高矿化度咸水灌溉后，土壤结构发生变化，影响土壤的入渗性能（Oster and Schroer，1979；Xiao et al.，1992；Mandal et al.，2008），导致盐分更容易在上层土壤中累积。

第4章 咸水灌溉对棉花出苗、生长及产量的影响

由第 3 章土壤水盐动态分析可知，相同灌水方式下土壤盐度整体上随生育进程的推进而先升后降，最大值一般出现在播后 15 d 内及苗期和蕾期，而花铃期和吐絮期由于受到降雨淋洗的影响，较前期显著下降。因为棉花的耐盐能力随生育进程的推进而增强，萌发和出苗阶段是棉花对盐分最敏感的时期，即棉花的耐盐性与咸水造墒之间存在着矛盾，然而棉花本身具有较强的耐盐性，通过适当地增加播量之后，探寻能够保证棉花适宜齐苗率的灌溉水矿化度指标对当地棉花生产具有重要的意义。此外，一旦出苗受到盐分胁迫的影响，幼苗的质量也势必会受到影响。以往关于不同矿化度咸水造墒对棉花出苗率影响的研究较多，但是研究连续多年咸水造墒对大田棉花成苗和幼苗生长影响方面的研究较少。

本章研究采取咸水畦灌和沟灌两种当地较为常见的灌溉方式，研究棉花成苗和幼苗生长对长期咸水灌溉的响应，目的在于探明长期咸水灌溉对棉花成苗的影响是否存在累积效应，明确相对适宜的咸水造墒方式，从而为当地农业生产推荐较为合理的造墒水矿化度指标。

4.1 不同咸水造墒方式对棉花出苗及幼苗生长的影响

4.1.1 咸水造墒对历年棉花齐苗率的影响分析

1. 咸水造墒对棉株齐苗率的影响

2006~2012 年不同试验处理棉花齐苗率数据见表 4.1，在畦灌条件下，2007年和 2008 年由于初始水分条件好、土壤盐度值低，各处理的齐苗率都很高；2006年、2009 年和 2011 年的棉花齐苗率均表现为随灌溉水矿化度增加先小幅增大后递减变化的趋势，且当灌溉水矿化度达到 8 g/L 后齐苗率显著下降；2010 年棉花齐苗率随灌溉水矿化度的增加而显著降低；2012 年为抢墒播种，连茬时间很短，因此可能受到耕地质量差或植物化感作用的影响，棉花齐苗率整体大幅降低，并且

处理间差异不显著。在沟灌条件下，2006 年、2007 年、2009 年和 2012 年的棉花齐苗率呈现出随灌溉水矿化度增加先小幅增大后递减变化的趋势；2008 年、2010 年和 2011 的棉花齐苗率随灌溉水矿化度增加而降低；与 F1 相比，2006 年、2007 年和 2008 年当灌溉水矿化度达到 6 g/L 之后齐苗率显著下降，2009 年、2011 年和 2012 年当灌溉水矿化度达到 8 g/L 之后齐苗率显著降低，2010 年当灌溉水矿化度达到 4 g/L 之后齐苗率显著下降。在同一造墒方式、同一灌溉水矿化度下，历年齐苗率并非随着初始土壤盐度和灌溉年限的增加而降低，而是表现出较大的年际波动。

表 4.1　历年棉花齐苗率　　　　　（单位：%）

处理	2006 年	2007 年	2008 年	2009 年	2010 年	2011 年	2012 年
B1	96.7^a	98.8^a	97.0^a	91.2^a	92.3^a	94.7^a	67.2^{ab}
B2	98.0^a	99.5^a	96.8^a	93.3^a	87.3^b	95.6^a	65.9^{ab}
B3	93.3^a	99.1^a	96.1^a	92.6^a	65.1^d	96.2^a	67.0^{ab}
B4	86.7^{ab}	98.9^a	95.8^a	87.5^{ab}	55.9^e	90.8^{ab}	66.3^{ab}
B5	73.7^c	93.9^b	95.1^a	79.8^b	43.5^f	79.8^c	66.3^{ab}
F1	95.2^a	97.0^a	94.9^a	84.4^{ab}	76.2^c	88.9^{ab}	75.4^a
F2	95.7^a	98.2^a	92.8^{ab}	85.4^{ab}	72.8^{cd}	87.3^b	77.0^a
F3	93.7^a	91.4^b	91.9^{ab}	80.0^b	64.5^d	86.0^b	70.4^{ab}
F4	82.8^b	77.4^c	90.2^b	75.8^b	48.8^{ef}	82.7^{bc}	64.3^{ab}
F5	78.9^b	75.6^c	90.2^b	55.8^c	46.0^{ef}	79.2^c	61.5^b

注：同列不同小写字母代表处理间差异达到 0.05 显著水平。下同。

对比两种造墒方式可以发现，灌溉水矿化度相同时，除 2012 年外，畦灌处理的齐苗率整体高于对应的沟灌处理，6 年增幅均值显示，B1、B2、B3、B4 和 B5 处理的齐苗率分别比 F1、F2、F3、F4 和 F5 处理提高 6.9%、7.8%、6.9%、13.1% 和 8.1%，说明在正常情况下畦灌平播较沟灌沟播更有利于棉花成苗。

2. 不同处理齐苗率差异影响因素分析

1）耕层土壤盐度对棉花齐苗率的影响

通过拟合不同咸水造墒方式下 0~20 cm 播后初始土壤盐度与棉花齐苗率之间的相关关系（图 4.1）可以看出，两种造墒方式下的齐苗率整体上都是随着土壤盐度的增加而线性降低，并且拟合方程的斜率相近，说明耕层土壤盐度是决定棉花成苗的重要因素之一。然而，沟灌造墒处理拟合方程的截距明显小于畦灌造墒处理拟合方程的截距，说明相同土壤盐度时沟灌造墒处理棉花的齐苗率较低。从拟合方程的显著性分析来看，虽然两种造墒方式拟合方程的显著性达到 0.01 显著水平，但是 2010 年和 2011 年数据的离散程度较大，说明影响棉花成苗的因素较多

（Ungar，1995；白旭等，2006；中国农业科学院棉花研究所，2013），而土壤盐度仅是其中一项较为重要的因素。

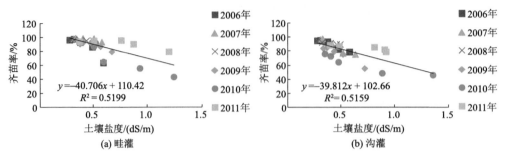

图 4.1 不同造墒方式下土壤盐度与棉花齐苗率之间的相关性分析

2）地温对不同造墒方式棉花齐苗率的影响

以往众多研究表明适度提高地温有利于棉花出苗（Dong et al.，2008；2009），通过棉花播后连续 19 d 的地温观测结果发现，畦灌处理 0 cm、5 cm、10 cm、15 cm、20 cm 处平均地温分别比沟灌处理高出 1.81 ℃、2.33 ℃、1.57 ℃、1.61 ℃、1.45 ℃[图 4.2（a）]。为了更好地分析两种造墒方式在种子萌发土层处的地温差异，图 4.2（b）给出 5 cm 处地温日变化情况，可见在调查时间内畦灌处理的地温始终高于沟灌处理，最大差值发生在 16:00（6.5 ℃），最小差异发生在 8:00（1.2 ℃）。畦灌地温之所以大于沟灌可能与以下三方面原因有关：一是沟灌处理的棉花种植在沟内，而每年开沟时将疏松的表土堆积成垄，导致沟内表层土壤较硬实，且熟化程度也低于畦灌处理的表层土壤，从而影响热量向下传导；二是沟垄形成的下垫面对阳光的反射率较大，直接投射到沟底的太阳辐射相对较少而不利于地温的提升；三是在试验初期垄上的土壤松动，易滚落到沟内的地膜上，尤其是在降雨后较畦灌更容易形成膜上泥浆板结，阻挡阳光直射，导致沟内地温提升较慢。因此，地温差异是导致沟灌处理棉花齐苗率低于畦灌处理的一个重要原因。

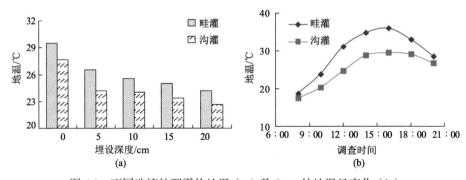

图 4.2 不同造墒处理平均地温（a）及 5 cm 处地温日变化（b）

3）其他因素对不同造墒方式棉花齐苗率的影响

与咸水畦灌造墒相比，沟灌造墒带入盐量减半，同时灌水量也减半，导致水分入渗深度更浅，返盐更快，缩减耕层处于较低盐度水平的时间；此外，沟灌造墒处理的播种耕层土壤的有机质含量和土壤酶活性等都低于畦灌处理，而且其土壤容重也相对较高（详见第 8 章），因此也不利于棉花成苗。

4.1.2　咸水造墒对棉花成苗进程的影响

图 4.3 给出 2010 年和 2011 年不同造墒方式下棉花的成苗进程。由 2010 年棉花成苗进程[图 4.3（a）和图 4.3（b）]可以看出，随造墒水矿化度的增加，畦灌和沟灌处理的棉花齐苗率明显受到抑制，成苗时间延长。此外，个别处理的齐苗率有降低现象，是因为当年棉花播后第 9～11 d 经历了一次降雨降温过程，部分棉苗因土壤湿度大和低温诱发了立枯病（中国农业科学院棉花研究所，2013）。在出苗调查结束后，扒开高矿化度处理播种区土壤发现未成苗的种子或是完好未腐烂，或是刚开始萌发、尚未出土，究其原因应该是高矿化度咸水造墒提高土壤溶液浓度，降低土壤溶液渗透势，从而影响种子吸水和萌发速度。2011 年遇到了棉花播

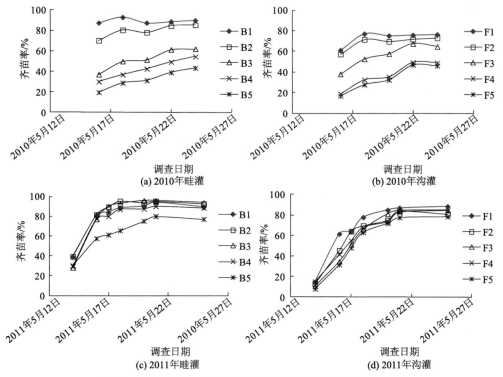

图 4.3　2010 年和 2011 年不同造墒方式下棉花的成苗进程

后当夜即降雨的情况，该年采用畦灌造墒时，仅 B5 处理的棉花成苗进程大幅落后于其余处理；采用沟灌造墒时，仅 F1 处理的成苗进程明显领先于其余处理。与 2010 年成苗进程相比，2011 年仅低矿化度处理 B1、F1 和 F2 的成苗进程延缓，其余处理的成苗进程均更快，这是因为降雨带来的低温会推迟成苗进程，但是增加土壤含水率和降低播种区土壤盐度使得棉花更加易于成苗。

4.1.3　咸水造墒对棉花幼苗生长的影响

本研究仍以 2010 年和 2011 年棉花幼苗生长情况（表 4.2）为例。畦灌条件下，2010 年和 2011 年棉苗株高、单株叶面积、茎粗和干物质质量都随灌溉水矿化度的增加而降低，其中尤以单株叶面积和干物质质量指标在处理间的差异最为显著，这是因为棉花为了合成更多的碳水化合物需要优先生长叶片，其占干物质质量的比例也更大，所以由于受到盐分胁迫而导致生育期推迟的高矿化度处理的棉花叶片长势显著小于低矿化度处理。2010 年和 2011 年调查时的苗龄相近，但是 2010 年的幼苗长势整体上优于 2011 年，这可能因为 2011 年所有处理的初始土壤盐度（雨后）更高，对棉苗的抑制程度更高，从而影响幼苗的长势。沟灌条件下，随灌溉水矿化度的增加，2010 年棉苗茎粗和干物质质量表现为先升后降的趋势，最大值出现在 F2 处理，其余表 4.2 中的指标（包括 2010 年和 2011 年数据）均表现为降低趋势。

通过对比两种造墒方式可以发现，相同灌溉水矿化度时，2010 年和 2011 年 B1、B2 和 B3 处理的株高分别大于 F1、F2 和 F3 处理，但是 B4 和 B5 处理分别小于 F4 和 F5 处理，其余指标也表现出相似的情况，只是发生转变时的处理有所不同。可见，从幼苗长势来看，当灌溉水矿化度较高时，采用沟灌造墒较畦灌造墒有利于幼苗生长。

表 4.2　2010 年和 2011 年棉花幼苗生长情况

处理	株高/cm		单株叶面积/cm^2		茎粗/cm		干物质质量/g	
	2010 年	2011 年	2010 年	2011 年	2010 年	2011 年	2010 年	2011 年
B1	22.13^a	12.77^a	239.65^a	90.35^a	0.462^a	—	1.260^a	0.529^a
B2	21.53^a	11.24^{ab}	205.70^b	80.64^b	0.421^a	—	0.817^b	0.501^a
B3	16.03^{cd}	10.81^b	67.55^f	78.85^b	0.316^{bc}	—	0.440^e	0.432^b
B4	14.55^d	8.53^{bc}	50.61^g	60.30^c	0.299^{cd}	—	0.335^f	0.310^{cd}
B5	11.83^e	7.69^c	37.66^h	28.92^e	0.227^e	—	0.292^g	0.189^g
F1	19.72^b	10.87^b	192.23^b	63.91^c	0.337^b	—	0.697^c	0.326^c

续表

处理	株高/cm		单株叶面积/cm²		茎粗/cm		干物质质量/g	
	2010 年	2011 年	2010 年	2011 年	2010 年	2011 年	2010 年	2011 年
F2	17.55^c	8.93^{bc}	165.57^c	45.37^d	0.342^b	—	0.707^c	0.281^d
F3	15.96^{cd}	8.95^{bc}	141.12^d	40.63^d	0.312^{bc}	—	0.493^d	0.242^e
F4	15.40^{cd}	8.89^{bc}	103.94^e	31.04^e	0.274^{de}	—	0.323^f	0.215^f
F5	13.79^{de}	8.17^{bc}	72.00^f	29.12^e	0.268^{de}	—	0.320^f	0.190^g

注：2010 年株高、单株叶面积和茎粗于播后 34 d 调查，干物质质量于播后 31 d 调查；2011 年所有指标于播后 31 d 调查。

4.1.4　由棉花齐苗率决定的造墒水矿化度指标

由表 4.1 可以得知，齐苗率年际波动较大，在最理想的年份（2008 年），即使 8 g/L 的咸水灌溉也不会显著影响齐苗率，而在较差的年份（2010 年），即使 2 g/L 的微咸水灌溉也会显著降低畦灌处理的齐苗率。因此在分析这种条件下的造墒水矿化度指标时应该在综合考虑多年平均齐苗率的同时，给出较差年份的造墒水矿化度指标作为参考。本研究分析了多年（2006～2011 年）均值[图 4.4（a）]和表现较差年份 2010 年[图 4.4（b）]的相对齐苗率与造墒水矿化度之间的相关性，可以看出，两种造墒方式的相对齐苗率表现为随造墒水矿化度增加先是基本稳定，而当造墒水矿化度达到一定水平后便直线降低，其中沟灌处理的降幅大于畦灌处理；但在齐苗率较差的年份 2010 年，相对齐苗率随造墒水矿化度增加而直线降低，其中畦灌处理的降幅大于沟灌处理；对比多年均值和较差年份的整体情况可以发现，较差年份拟合方程的斜率的绝对值大幅高于多年均值拟合方程的斜率的绝对值，说明较差年份盐分胁迫对相对齐苗率产生极大影响。

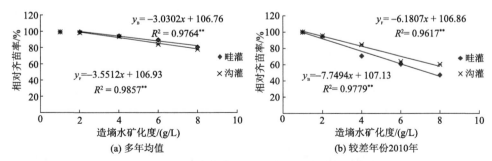

图 4.4　不同年型相对齐苗率与造墒水矿化度之间的相关性分析

**代表相关性达到 0.01 极显著水平，下同

王春霞等（2010）和冯棣等（2012）都曾参考郝志刚等（1994）采用相对出

苗率 75%、50% 和 0 作为碱茅的耐盐性评级标准，然而棉花是经济作物，过低的出苗率和齐苗率可能会导致经济效益大幅降低，因此本研究给出相对齐苗率 100%、90%、80% 和 70% 时对应的造墒水矿化度。采用拟合公式计算了相对齐苗率为 100%、90%、80% 和 70% 时对应的造墒水矿化度，结果如表 4.3 所示。由表 4.3 可以看出，多年平均而言，即使造墒水矿化度达到 2.2 g/L（畦灌）和 2.0 g/L（沟灌）时也能保证 100% 的相对齐苗率，当造墒水矿化度达到 5.5 g/L（畦灌）和 4.8 g/L（沟灌）时仍能保证 90% 的相对齐苗率，但在较差年份 1.0 g/L（畦灌）和 1.1 g/L（沟灌）处理可以保证 100% 的相对齐苗率，而 90% 的相对齐苗率对应的造墒水矿化度为 2.2 g/L（畦灌）和 2.7 g/L（沟灌）。因此在保证 90% 相对齐苗率的情况下，畦灌造墒和沟灌造墒的适宜造墒水矿化度应该分别控制在 2.2~5.5 g/L 和 2.7~4.8 g/L，且造墒水矿化度越低成苗保证率越高；此时对棉花出苗过程的推迟程度较小，但整体上会抑制株高、茎粗、单株叶面积和地上部干物质质量等的提高。

表 4.3 不同年型不同处理不同相对齐苗率时的造墒水矿化度指标　　（单位：g/L）

处理	相对齐苗率多年均值				较差年份 2010 年相对齐苗率			
	100%	90%	80%	70%	100%	90%	80%	70%
畦灌	2.2	5.5	8.8	12.1	1.0	2.2	3.5	4.8
沟灌	2.0	4.8	7.6	10.4	1.1	2.7	4.3	6.0

4.2　咸水造墒对不同初始盐度土壤下棉花出苗的影响

不同灌溉方式的灌水量不同，带入土壤中的盐分不同，导致土壤盐度产生差异。如前面所述，经过连续 7 年的咸水灌溉后，相同灌溉水矿化度下畦灌处理的土壤盐度整体大于相应的沟畦轮灌处理。那么，在不同的土壤盐度（灌前）下采用相同造墒方式、灌水量和灌溉水矿化度的咸水造墒是否会对棉花出苗及幼苗生长造成影响？为了回答这个问题，作者在平整土地之后，于 2013 年在原试验小区开展咸水畦灌造墒试验研究。原畦灌处理和沟灌处理对应的当前处理分别命名为畦灌 B 和畦灌 F。

由图 4.5（a）可见，当灌溉水矿化度在 2.0 g/L 以下时，由于初始土壤盐度均较低，畦灌 B 和畦灌 F 处理的齐苗率无显著差异；当灌溉水矿化度达到 4.0 g/L 后，相同灌溉水矿化度时畦灌 F 处理的齐苗率大于或显著大于畦灌 B 处理。可见，试验土壤盐度范围内，为了达到相同的棉花齐苗率，初始土壤盐度越低，所能承受的灌溉水矿化度值越大；同理，当使用相同矿化度的咸水灌溉时，初始土壤盐度越低获得的齐苗率越高。由图 4.5（b）可以看出，不同初始盐度、不同灌溉水矿化度下所有处理的齐苗率与0～20 cm播后初始土壤盐度之间存在着极显著的相关关系。可见，在试验灌溉条件下，耕层土壤盐度是决定棉花成苗的重要因素。

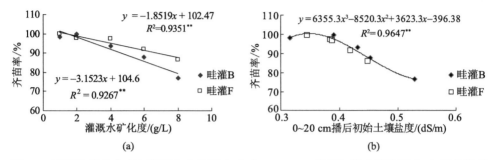

图 4.5　不同处理齐苗率与灌溉水矿化度（a）和0～20 cm播后初始土壤盐度（b）间的关系

4.3　咸水造墒对不同质地土壤下棉花出苗及幼苗生长的影响

出苗及幼苗阶段是棉花耐盐能力最弱的阶段。为了研究不同土壤质地下咸水造墒植棉的适宜灌溉水矿化度，本研究于 2010 年和 2011 年采用坑栽土培法研究了 3 种土壤质地下不同灌溉水矿化度咸水造墒对棉花出苗率和幼苗生长的影响。

4.3.1　不同土壤质地咸水造墒对棉花出苗的影响

由表4.4可知，2010 年当灌溉水矿化度为 2.5 g/L 时，3 种土壤质地的处理对棉籽萌发出苗均没有产生明显的影响；当造墒水矿化度为 5.0 g/L 时，砂壤土处理的出苗率受到较严重的影响，而重壤土和中壤土处理所受影响相对小一些，棉花出苗率较砂壤土高 6.6 个百分点，甚至当造墒水矿化度达到 7.5 g/L 时出苗率仍在60%以上，明显高于砂壤土 46.7%的出苗率，但是当造墒水矿化度达到 5.0 g/L 以后 3 种土壤质地的处理都会推迟出土时间、延长出全时间，尤其是重壤土处理；当造墒水矿化度达到 10 g/L 时，各种土壤质地处理棉花的出苗率、出土时间和出全时间都受到明显抑制。

此外，在 3 种土壤质地下，低造墒水矿化度处理棉花的死苗率高于较高造墒水矿化度处理，这是因为 2010 年棉籽播后 6～7 d 经历了一次降雨降温过程，造墒水矿化度为 1.0 g/L 和 2.5 g/L 处理的棉花因出苗早,受到危害程度较高,而高造墒水矿化度处理的棉花由于出土时间推迟,从而避开了此次降温的影响,其死苗率低于前者。2011 年棉花出苗率整体上比 2010 年低,这可能与 2011 年播种棉籽数(6 个/坑)比 2010 年(15 个/坑)少有关;不同土壤质地处理间的出苗率差异更加明显,重壤土最大,其次是中壤土,砂壤土最小;此外,2011 年的死苗率没有表现出明显的规律。

表 4.4 不同处理棉花出苗情况

土壤质地	灌水矿化度/（g/L）	2010 年				2011 年	
		出苗率/%	死苗率/%	出土时间/d	出全时间/d	出苗率/%	死苗率/%
重壤土	1.0	100	33.3	4	8	88.9	33.3
	2.5	95.6	16.3	4	9	83.3	25.0
	5.0	73.3	9.1	9	20	83.3	0
	7.5	60.0	0	9	20	61.1	0
	10.0	40.0	16.7	9	20	33.3	66.7
中壤土	1.0	100	33.3	4	9	75.0	40.0
	2.5	93.3	21.4	4	9	77.8	25.0
	5.0	73.3	9.1	5	13	66.7	53.3
	7.5	66.7	10.0	8	20	61.1	0
	10.0	46.7	14.3	9	20	16.7	0
砂壤土	1.0	93.3	35.7	4	9	61.1	44.4
	2.5	95.6	32.6	4	9	61.1	38.9
	5.0	66.7	40.0	5	13	58.3	33.3
	7.5	46.7	14.3	8	20	38.9	0
	10.0	40.0	16.7	8~9	20	22.2	25.0

注:出全时间是指在出苗调查期内出苗率达到最大值时的播后天数。

4.3.2 咸水造墒对不同土壤质地棉花幼苗生长的影响

由表 4.5 可以看出,2010 年重壤土和中壤土处理棉花幼苗的株高随着造墒水矿化度的增加先基本稳定,甚至有所增加,之后明显减小,但砂壤土处理整体上表现出递减趋势。单株地上部鲜质量、地上部干物质量也表现出与株高基本一致的规律,说明当造墒水矿化度为 2.5 g/L 时抑制棉苗生长的程度很小,有时甚至会促进其生长。重壤土和中壤土处理的干鲜比表现出随造墒水矿化度的增加而降低的趋势,其原因可能是高矿化度处理的棉花生长延迟,纤维化程度较低,导致茎叶含水率较高。此外,在同一造墒水矿化度处理下,中壤土和重壤土处理受到的影响较小,棉苗长势好,而砂壤土处理的棉苗长势较差。鉴于 2010 年研究成果,2011 年主要针对当地重壤土进行了分析,结果显示出与 2010 年相似的规律,只是生长指标的最大值出现在 5.0 g/L 对应的处理,这与 2011 年苗期的水、热条件较好有关。综上所述,就棉花幼苗的生长情况而言,重壤土和中壤土的灌溉水矿化度最好控制在 5.0 g/L 以下,砂壤土最好控制在 2.5 g/L 左右。

表 4.5　不同处理棉花幼苗生长状况

土壤质地	灌水矿化度/(g/L)	2010 年				2011 年			
		株高/cm	地上部鲜质量/g	地上部干物质质量/g	干鲜比/%	株高/cm	地上部鲜质量/g	地上部干物质质量/g	干鲜比/%
重壤土	1.0	14.32	1.80	0.22	12.22	9.06	1.99	0.30	15.08
	2.5	18.91	3.39	0.39	11.50	9.53	2.22	0.31	13.96
	5.0	11.61	1.81	0.19	10.50	9.73	2.5	0.35	14.00
	7.5	8.32	0.98	0.10	10.20	4.69	0.8	0.08	10.00
	10.0	7.04	0.74	0.08	10.81	3.40	0.48	0.04	8.33
中壤土	1.0	14.32	2.21	0.28	12.67	8.17	—	—	—
	2.5	14.32	2.52	0.29	11.51	8.13	—	—	—
	5.0	11.91	1.98	0.22	11.11	9.27	—	—	—
	7.5	9.28	1.12	0.12	10.71	5.93	—	—	—
	10.0	6.32	0.66	0.07	10.61	5.35	—	—	—
砂壤土	1.0	12.28	2.21	0.28	12.67	6.00	—	—	—
	2.5	12.13	2.15	0.26	12.09	8.08	—	—	—
	5.0	6.00	0.98	0.12	12.24	4.80	—	—	—
	7.5	4.80	0.68	0.09	13.24	4.25	—	—	—
	10.0	5.52	0.53	0.06	11.32	1.73	—	—	—

2011 年 0～40 cm 土层土壤含水率(图 4.6)的调查结果表明,在灌水量和降水量相同的条件下,重壤土的保水性要明显高于中壤土,砂壤土最差,也就是说 3

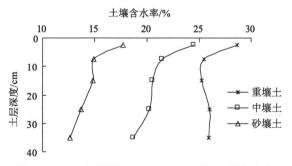

图 4.6　2011 年播后 7 d 0～40 cm 剖面土壤含水率

种土壤质地的处理中重壤土的水分条件最好，0～40 cm 土层平均土壤含水率为 26.2%，其次是中壤土（21.1%），砂壤土最差（14.8%）。因此，可以认为水分条件是不同土壤质地处理间棉花出苗率及幼苗生长状况形成显著差异的主要原因。此外，各种土壤质地的处理均受到地膜覆盖的影响，表层土壤含水率大幅高于下层土壤含水率，从而不同程度地提高种子萌芽土层（埋深为 2～3 cm）的水分条件。

4.3.3 由棉花出苗率决定的造墒水矿化度指标

灌溉水矿化度特征值是通过拟合灌溉水矿化度与相对出苗率计算得出的。相对出苗率指标是盐分抑制区出苗率与正常区出苗率的比值，常可作为棉花苗期的耐盐指标，为了消除年际影响因素的差异，本研究定义各年、各土壤质地的 1.0 g/L 处理的相对出苗率为 100%。将灌溉水矿化度（x）与各种土壤质地的相对出苗率（y）做相关性分析（表 4.6），结果显示出两者极显著的相关关系。通过计算得到 3 种供试土壤质地 2010 年和 2011 年的灌溉水矿化度指标如表 4.7 所示。

表 4.6 灌溉水矿化度与各种土壤质地的相对出苗率做相关性分析

土壤质地	2010 年		2011 年	
	相关方程	r	相关方程	r
重壤土	$y = -6.8064x + 109.17$	0.9948^{**}	$y = -0.9605x^2 + 3.8729x + 94.791$	0.9922^{**}
中壤土	$y = -5.7974x + 106.15$	0.9901^{**}	$y = -1.5552x^2 + 9.0723x + 90.736$	0.9782^{**}
砂壤土	$y = -7.3179x + 111.43$	0.9701^{**}	$y = -0.5617x^2 - 1.0865x + 103.19$	0.9974^{**}

** 相关关系达到极显著水平 $P < 0.01$。

表 4.7 2010 年和 2011 年不同相对出苗率对应的造墒水矿化度指标　　（单位：g/L）

土壤质地	2010 年相对出苗率				2011 年相对出苗率				两年相对出苗率均值			
	90%	80%	70%	60%	90%	80%	70%	60%	90%	80%	70%	60%
重壤土	2.8	4.3	5.8	7.2	5.0	6.4	7.5	8.4	3.9	5.4	6.6	7.8
中壤土	2.8	4.5	6.2	8.0	5.9	6.8	7.6	8.2	4.3	5.7	6.9	8.1
砂壤土	2.9	4.3	5.7	7.0	4.0	5.5	6.8	7.9	3.5	4.9	6.2	7.4

某种土壤质地对应的造墒水矿化度特征值越大，说明咸水在该种土壤上可灌溉的矿化度越高，计算结果表明（表 4.7），2010 年 3 种土壤质地条件下，相对出苗率为 80% 和 90% 时对应的灌溉水矿化度指标差异很小；相对出苗率为 70% 和 60% 时中壤土对应的造墒水矿化度指标最大，其次是重壤土，砂壤土略小于重壤

土。2011 年相对出苗率为 80%和 90%时，中壤土对应的造墒水矿化度指标最大，其次是重壤土，而砂壤土明显降低；相对出苗率为 70%和 60%时中壤土对应的造墒水矿化度指标与重壤土基本一致，两者都大于砂壤土。以上两年数据分析表明，与 2010 年相比，2011 年播后即降雨增加表层土壤含水率，提高棉花苗期的造墒水矿化度指标，但随着相对出苗率的降低，两年之间差距呈降低趋势。从两年试验的造墒水矿化度均值来看，重壤土、中壤土和砂壤土对应的灌溉水矿化度分别为 3.9 g/L、4.3 g/L 和 3.5 g/L 时可以保证 90%的相对出苗率，达到 5.4 g/L、5.7 g/L 和 4.9 g/L 时可以保证 80%的相对出苗率。

4.4　出苗阶段小结与讨论

（1）畦灌和沟灌造墒条件下棉花的齐苗率整体上当灌溉水矿化度超过 2.0 g/L 以后才降低，2010～2011 年微坑试验棉花的出苗率也表现出相似的变化趋势，这与以往关于不同矿化度咸水造墒对棉花苗期影响的研究结果一致（李科江等，2011）。此外，与微坑试验相比，大田试验较高矿化度咸水造墒时棉花的出苗率（齐苗率）有所提升，这除与土壤质地差异有关外，主要是因为大田试验中以齐苗率代表棉花的出苗情况，棉花播种时实际上每个坑穴点播 3～4 粒种子，从而提高齐苗率，而坑栽试验是计数出苗率。

（2）不同造墒方式下不同矿化度咸水造墒试验和不同初始土壤盐度下使用相同矿化度的咸水造墒试验结果表明，棉花齐苗率整体上随耕层土壤盐度的增大而降低，因此只要土壤盐度呈累积趋势，长期咸水灌溉对棉花成苗的影响就会存在累积效应。

（3）咸水沟灌造墒处理因灌水沟沟底的地温和土壤质量低于畦灌造墒处理，在一般情况下畦灌造墒较沟灌造墒更有利于棉花成苗。但是因为相同灌溉水矿化度时沟灌处理的土壤盐度更低，所以当灌溉水矿化度较高时，采用沟灌造墒较畦灌造墒有利于幼苗生长。因此，建议当灌区浅层地下水矿化度较低时采用畦灌方式造墒；当浅层地下水矿化度较高时最好不要使用畦灌方式，在不得不使用的情况下可采用沟灌方式。在保证 90%相对齐苗率的情况下，畦灌和沟灌造墒的适宜灌溉水矿化度上限应该分别控制在 2.2～5.5 g/L 和 2.7～4.8 g/L，且灌溉水矿化度越低齐苗保证率越高。

（4）微坑试验结果表明，中壤土和重壤土由于持水性好，利于棉花出苗和幼苗生长，较砂壤土更加适合于咸水造墒播种。从两年试验的耐盐适宜值平均情况来看，重壤土和中壤土在灌溉水分别为 3.9 g/L 和 4.3 g/L 时可以保证 90%的相对出苗率，并且此时不会显著影响棉花出苗过程和苗情指标，当灌溉水矿化度分别达到 5.4 g/L 和 5.7 g/L 时可以保证 80% 的相对出苗率，但是会推迟棉花出土时间和出全时间，导致苗高和地上部干物质质量显著降低。此外，土壤质地不同，其土壤有效水分含量也不同，土壤溶液浓度也可能存在差异，因此综合考虑土壤有效水分含量和土壤盐度对棉花苗期生长的影响还有待深入研究。

（5）微坑试验结果还表明，虽然棉花的出苗率随着造墒水矿化度的增加而降低，但是 10.0 g/L 咸水灌溉时仍然获得 40% 左右的相对齐苗率，因此，在不得不利用较高矿化度咸水灌溉时可以通过提高播量，从而获取更高的齐苗率。

4.5 不同造墒方式下咸水灌溉对棉花生育进程的影响

生育阶段天数可以直观地表现出咸水灌溉对棉花生育进程的影响，同时是进行棉田阶段耗水量计算的基础。3 年棉花各生育阶段天数调查结果显示（表 4.8），盐分胁迫首先是延长了苗期时间，其中 B2、B3、B4 和 B5 的 3 年均值分别比 B1 延长了 0.3 d、1.3 d、2.0 d 和 5.7 d，F2、F3、F4 和 F5 处理的 3 年均值分别比 F1 推迟 1.0 d、2.0 d、2.3 d 和 3.0 d；其次，蕾期时间长短基本没有受到盐分胁迫的影响，仅 2010 年 B5 处理反应明显，延长了 4 d；再次，花铃期长短在不同年份表现出不同的反应，其中 2010 年畦灌处理随着盐分胁迫程度增加而延长，2011 年处理均没有受到显著影响，而 2012 年畦灌、沟灌处理均随着盐分胁迫程度的增加而缩短；由于吐絮期计数的最后 1 d 为同一天，因此其长短只受到前 3 个生育阶段时间的影响。可见，咸水造墒灌溉对棉花生育进程的影响主要是延长苗期的时间，综合咸水灌溉对棉花出苗时间的影响可以发现，延长的苗期时间应该是由于出土时间被推迟；不同年份对蕾期和花铃期时间的影响差异应该与当年的降雨情况密切相关。

表 4.8　2010～2012 年不同处理棉花各生育阶段天数调查表　（单位：d）

处理	2010 年				2011 年				2012 年			
	苗期	蕾期	花铃期	吐絮期	苗期	蕾期	花铃期	吐絮期	苗期	蕾期	花铃期	吐絮期
B1	41	19	48	60	42	22	55	59	43	23	48	79
B2	41	19	48	60	43	22	54	59	43	23	48	79
B3	43	19	51	55	42	23	53	60	45	22	47	79
B4	43	20	51	54	44	24	53	57	45	23	46	79
B5	45	23	55	45	49	20	56	53	49	21	44	79

处理	2010 年				2011 年				2012 年			
	苗期	蕾期	花铃期	吐絮期	苗期	蕾期	花铃期	吐絮期	苗期	蕾期	花铃期	吐絮期
F1	41	19	49	59	43	23	54	58	43	23	48	79
F2	42	18	49	59	44	23	52	59	44	22	48	79
F3	43	19	48	58	44	23	52	59	46	21	47	79
F4	44	20	48	56	44	22	52	60	46	22	46	79
F5	45	21	48	54	44	23	52	59	47	22	45	79

注：生育阶段天数计数方法是以小区 50%的棉花表现出进入下一阶段作为前一阶段的结束。

4.6　不同造墒方式下咸水灌溉对历年棉花生长指标的影响

4.6.1　不同造墒方式下咸水灌溉对历年棉花株高的影响

表 4.9 显示历年不同处理棉花的最终株高。可以看出，畦灌造墒方式下，随灌溉水矿化度的递增，2007 年、2008 年和 2010 年棉花株高表现为先升后降，2009 年、2011 年和 2012 年为直线降低趋势，说明较低程度盐分胁迫在一定程度上会促进株高生长，但超过一定水平后则会产生抑制作用，且抑制程度随灌溉水矿化度的增加而增大。在同一灌溉水矿化度、同一供试品种条件下，'衡棉 4 号'2008 年的株高整体高于 2007 年、2009 年和 2010 年，且当灌溉水矿化度大于 2 g/L 后，差异增大，尤其是高矿化度处理 B5 的株高随灌溉年数增加呈降低趋势；'冀棉 616'仅 2011 年 B1 处理的株高大幅高于 2012 年，其余处理年际差异较小。

沟灌造墒方式下，2007～2010 年棉花株高表现为随灌溉水矿化度的递增先升后降，经过多年灌溉后，2011～2012 年表现为直线降低的趋势。在同一灌溉水矿化度、同一供试品种条件下，'衡棉 4 号'2007～2010 年 F1、F2 和 F3 处理的株高均较高且差异不显著，而 F4 和 F5 处理则在 2008 年较高，2007 年、2009 年和 2010 年基本一致；'冀棉 616'2012 年的株高整体低于 2011 年，但差异并不大，且两年都是当灌溉水矿化度达到 4 g/L 时与较低矿化度处理形成显著性差异。

表 4.9　不同处理历年棉花最终株高　　　　（单位：cm）

处理	2007 年	2008 年	2009 年	2010 年	2011 年	2012 年
B1	94.9^a	97.3^a	93.1^{bc}	91.9^b	90.4^a	81^{ab}
B2	97.7^a	99.2^a	89.5^c	88.1^{bc}	80.7^c	78.4^b
B3	90.4^b	100^a	89.3^c	95.4^{ab}	76.8^d	74.2^c
B4	86.2^{bc}	97.0^a	81.1^d	85.9^c	64.6^f	67.1^d
B5	79.6^c	90.7^b	74.0^e	68.1^d	56.8^g	56.0^e
F1	92.3^{ab}	95.6^a	100.2^a	96.6^{ab}	87.5^{ab}	84.3^a
F2	96.2^a	97.1^a	105.8^a	100.6^a	83.4^{bc}	82.4^a
F3	90.2^b	99.9^a	97.2^{ab}	93.9^{ab}	77.4^d	76.7^b
F4	87.9^{bc}	97.9^a	89.1^c	88.3^c	77.2^d	73.6^c
F5	86.1^{bc}	96.5^a	82.2^d	91.5^b	74^e	71.3^{cd}

通过对比两种造墒方式可以发现，当灌溉水矿化度不大于 2 g/L 时，相同灌溉水矿化度对应畦灌和沟灌处理的株高互有大小，但是当灌溉水矿化度达到 4 g/L 后，沟灌处理的株高大于相应的畦灌处理，说明当使用较高矿化度咸水造墒时，沟灌对株高的影响小于畦灌。究其原因：一是沟灌技术灌水定额小，带入土壤中的盐分少；二是沟灌技术土壤蒸发强度小，地表返盐程度轻；三是沟灌的集雨优势更明显，沟底淋洗效果更佳。

4.6.2　不同造墒方式下咸水灌溉对历年棉花最终果枝数的影响

表 4.10 显示不同处理历年棉花的最终果枝数。可以看出，畦灌造墒方式下，随灌溉水矿化度的递增，2007~2010 年棉花果枝数表现为先升后降，2011 年和 2012 年为降低趋势，说明较低程度盐分胁迫不会抑制果枝数有时还会起到促进作用，但超过一定水平后则会产生抑制作用。由显著性分析可知，除 2007 年、2010 年和 2012 年的 B5 处理显著降低外，其余年份各处理之间不存在显著性差异。在同一灌溉水矿化度、同一供试品种条件下，'衡棉 4 号'2008 年的果枝数整体高于 2007 年、2009 年和 2010 年，但是差异并不大；'冀棉 616'2012 年的果枝数整体高于 2011 年，平均多 1.6 个果枝。

沟灌造墒方式下，2007 年、2008 年、2009 年和 2011 年棉花果枝数表现为随灌溉水矿化度的递增先升后降，而 2010 年和 2012 年表现为小幅降低的趋势。由显著性分析可见，除 2011 年 F5 处理显著降低外，其余年份各处理之间不存在显著性差异。在同一灌溉水矿化度、同一供试品种条件下，'衡棉 4 号'仅 2009 年果枝数较低，其余 3 年的差异不大；'冀棉 616' 2012 年的果枝数整体高于 2011 年，平均多 1.9 个果枝。

对比两种造墒方式发现，仅 2008 年沟灌处理的果枝数显著低于畦灌处理，其余年份无显著性差异，这说明造墒方式的差异并没有显著影响果枝数。

表 4.10　不同处理历年棉花最终果枝数　　　　（单位：个）

处理	2007 年	2008 年	2009 年	2010 年	2011 年	2012 年
B1	12.8^a	13.1^a	11.5^{ab}	12.9^a	12.5^a	14.1^a
B2	13.0^a	13.3^a	11.6^{ab}	13.2^a	11.9^{ab}	14.1^a
B3	12.4^a	14.0^a	12.6^a	13.0^a	12.1^a	13.3^a
B4	12.4^a	13.6^a	12.7^a	12.7^a	11.1^b	13.3^a
B5	11.7^b	13.3^a	11.6^{ab}	12.1^b	11.5^b	12.1^b
F1	12.6^a	12.1^b	11.5^{ab}	12.9^a	12.1^a	14.1^a
F2	13.2^a	12.2^b	12.3^a	12.7^a	12.3^a	14.1^a
F3	12.6^a	12.1^b	11.6^{ab}	12.7^a	12.3^a	14.1^a
F4	12.0^{ab}	11.7^b	11.3^{ab}	12.7^a	12.4^a	13.8^a
F5	12.2^a	12.0^b	10.8^b	12.7^a	11.4^b	13.7^a

4.6.3　不同造墒方式下咸水灌溉对历年棉花最终茎粗的影响

表 4.11 显示不同处理 2010～2012 年棉花的最终茎粗。可以看出，在畦灌造墒方式下，随着灌溉水矿化度的增加，2010 年的最终茎粗先增后降，而 2011 年和 2012 年为递减趋势，3 年中与 B1 处理形成显著差异的最低灌溉水矿化度处理分别为 B5、B4 和 B3 处理。在沟灌造墒方式下，随着灌溉水矿化度的增加，2010 年的最终茎粗在处理间不存在显著差异，2011 年的最终茎粗先是基本稳定之后降低，而 2012 年为降低趋势，2011 年和 2012 年仅 F5 处理与 F1 处理之间的差异达到显著水平。说明较低程度盐分胁迫不会抑制最终茎粗，有时还会起到促进作用，但超过一定水平后则会产生抑制作用。

对比两种造墒方式发现，当灌溉水矿化度小于等于 2 g/L 时，仅 2010 年 F1 和 F2 处理的最终茎粗高于 B1 和 B2 处理，2011 年和 2012 年 F1 和 F2 处理的最终茎粗均小于 B1 和 B2 处理，但是差异都未达到显著水平。当灌溉水矿化度达到 4 g/L 后，各年沟灌处理的最终茎粗分别大于相同灌溉水矿化度下的畦灌处理。这说明当灌溉水矿化度较低时造墒方式的差异并没有显著影响到最终茎粗，但是当灌溉水矿化度较高时沟灌造墒方式对最终茎粗的影响更小。

表 4.11　不同处理 2010～2012 年棉花最终茎粗、最大 LAI 和最大干物质质量

处理	最终茎粗/mm			最大 LAI			最大干物质质量/g		
	2010 年	2011 年	2012 年	2010 年	2011 年	2012 年	2010 年	2011 年	2012 年
B1	1.440[ab]	1.475[a]	1.608[a]	2.83[ab]	2.94[a]	2.67[a]	186.34[b]	193.3[a]	206.3[a]
B2	1.448[ab]	1.472[a]	1.603[a]	2.88[a]	2.86[a]	2.65[a]	195.06[a]	187.5[b]	178.1[c]
B3	1.465[ab]	1.432[ab]	1.345[c]	2.90[a]	2.39[c]	2.59[a]	196.93[a]	185.4[b]	160.7[d]
B4	1.397[b]	1.406[b]	1.333[c]	2.73[b]	2.39[c]	2.02[c]	150.77[d]	157.1[d]	143.6[e]
B5	1.227[c]	1.219[c]	1.275[d]	1.95[d]	1.69[d]	1.76[d]	121.65[f]	127.7[f]	107.9[g]
F1	1.490[a]	1.447[ab]	1.558[ab]	2.82[ab]	2.89[a]	2.63[a]	186.27[b]	171.2[c]	191.6[b]
F2	1.490[a]	1.441[ab]	1.526[ab]	2.83[ab]	3.00[a]	2.53[a]	187.16[b]	167.7[c]	188.6[b]
F3	1.486[a]	1.447[ab]	1.516[ab]	2.94[a]	2.74[b]	2.55[a]	171.86[c]	168.4[c]	167.3[cd]
F4	1.489[a]	1.413[b]	1.500[b]	3.03[a]	2.72[b]	2.35[b]	150.87[d]	160.0[d]	142.9[e]
F5	1.429[ab]	1.242[c]	1.258[d]	2.33[c]	2.40[c]	2.01[c]	134.41[e]	136.7[e]	131.5[f]

4.6.4　不同造墒方式下咸水灌溉对历年棉花 LAI 的影响

从表 4.11 还可以看出，在畦灌造墒方式下，随着灌溉水矿化度的增加，2010年的最大 LAI 先增后降，而 2011 年和 2012 年为递减趋势，与 B1 处理形成显著差异的最低灌溉水矿化度处理分别为 B5、B3 和 B4 处理。在沟灌造墒方式下，随着灌溉水矿化度的增加，2010 年和 2011 年的最大 LAI 先增后降，而 2012 年为降低趋势，与 F1 处理形成显著差异的最低灌溉水矿化度处理分别为 F5、F3 和 F4处理。说明较低程度盐分胁迫不会抑制最大 LAI，有时还会起到促进作用，但超过一定水平后则会产生抑制作用。

对比两种造墒方式发现，当灌溉水矿化度小于等于 4 g/L 时，仅 2011 年 F3 处理的最大 LAI 显著高于 B3 处理，其余年份畦灌各处理的最大 LAI 与相同灌溉水矿化度沟灌处理无显著差异；当灌溉水矿化度达到 6 g/L 时，各年 F4 和 F5 处理的最大 LAI 分别大于相应的 B4 和 B5 处理。这说明当灌溉水矿化度较低时造墒方式的差异并没有显著影响到最大 LAI，但是当灌溉水矿化度较高时沟灌造墒方式对最大 LAI 的影响更小。

4.6.5　不同造墒方式下咸水灌溉对历年棉花干物质质量的影响

2010～2012 年不同处理的棉花最大干物质质量见表 4.11。可以看出，在畦灌和沟灌造墒方式下，随着灌溉水矿化度的增加，2010 年的最大干物质质量先增后

降，而 2011 年和 2012 年为递减趋势，与 B1 处理形成显著差异的最低灌溉水矿化度处理分别为 B2、B2 和 B2 处理，与 F1 处理形成显著差异的最低灌溉水矿化度处理分别为 F3、F4 和 F3 处理。说明较低程度盐分胁迫不会抑制干物质的形成，有时还会起到促进作用，但超过一定水平后则会产生抑制作用，且随受抑程度的增加而显著降低。

对比两种造墒方式发现，当灌溉水矿化度小于等于 4 g/L 时，仅 2012 年 F2 和 F3 处理的最大干物质质量分别高于 B2 和 B3 处理，其余年份 F1、F2 和 F3 处理的最大干物质质量均小于相同灌溉水矿化度畦灌处理，当灌溉水矿化度达到 6 g/L 时，F4 和 B4 处理的最大干物质质量相似；当灌溉水矿化度达到 8 g/L 后，F5 处理的最大干物质质量显著大于 B5 处理。上述结果说明，当灌溉水矿化度较低时两种造墒方式的差异并没有显著影响到最大干物质质量，但是当灌溉水矿化度较高时沟灌造墒对最大干物质质量的影响更小。

4.7 咸水不同灌溉方式下棉花生长指标的形成过程

4.7.1 咸水不同灌溉方式下棉花株高形成过程

由图 4.7 可以看出，在畦灌造墒方式下，B1 和 B2 处理的株高始终长势相近；B3 和 B4 处理的苗期株高基本一致，且低于 B1 处理，进入蕾期后 B3 处理的生长速度明显快于 B4 处理，且最终株高成为所有处理中的最大值，而 B4 处理显著低于 B1 处理；B5 处理始终显著小于 B1 处理，且在调查期内始终处于相对缓慢的增长状态，说明使用 4 g/L 及以下矿化度的咸水畦灌造墒虽然会影响到棉花苗期株高，但不会对最终株高产生抑制。在沟灌造墒方式下，F1 和 F2 处理的株高在前期长势一致，之后 F2 处理的增长速度快于 F1 处理，最终 F2 的株高大于 F1 处理；

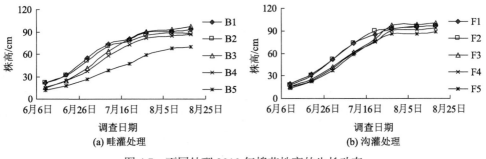

图 4.7 不同处理 2010 年棉花株高的生长动态

F3、F4 和 F5 处理的株高在前期显著小于 F1 处理，经过后期的补偿生长，最终仅 F4 处理降幅较大，但是仍未达到显著水平，说明使用 4～8 g/L 的咸水沟灌造墒虽然会显著抑制棉花前期的株高，但对最终株高的影响并不显著。从棉花整个生育期来看，高矿化度咸水造墒对棉花株高的影响效应有随着生育进程的推进而减小的趋势，这是由于咸水灌溉带入土壤中的盐分经过雨季淋洗，降低土壤盐度，进而缓解作物的受害程度。

4.7.2 咸水不同灌溉方式下棉花果枝形成过程

图 4.8 显示不同矿化度咸水造墒处理棉花单株果枝数的动态变化过程。不难看出，在畦灌造墒方式下，B1 和 B2 处理的果枝数一直保持一致；B3 和 B4 处理的果枝数也基本一致，但是在前期显著低于 B1 处理，而在后期快速追上，这是由于采用咸水造墒导致盐分胁迫，延缓棉花的生育进程，之后伴随土壤脱盐，棉花出现补偿生长效应；B5 处理生育进程延缓的程度更大，所以在前期的降幅更加明显，但最终畦灌方式下各处理间单株果枝数差异并不显著。在沟灌造墒方式下，F1 和 F2 处理的果枝数始终保持一致；F3、F4 和 F5 处理的果枝数也基本一致，受到生育进程延缓的影响，在前期显著低于 F1 处理，但是最终果枝数在处理间无显著差异。

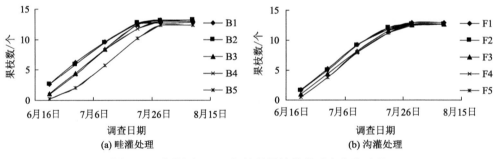

图 4.8 不同处理 2010 年棉花果枝数的动态变化过程

4.7.3 咸水不同灌溉方式下棉花茎粗形成过程

图 4.9 显示 2010 年咸水畦灌和沟灌造墒条件下不同灌溉水矿化度对棉花茎粗影响的变化过程。可以看出，B1 和 B2 处理的茎粗始终长势相近；B3 处理在 7 月 10 日之前明显低于 B1 处理，进入蕾期后生长速度加快，并于 7 月 29 日调查时反超 B1 处理成为所有处理中的最大值； B4 处理也表现出与 B3 相似的生长过程，最终仅比 B1 小 3%；B5 处理始终显著小于 B1 处理，说明使用 6 g/L 及以下矿化

度的咸水畦灌造墒虽然会影响到棉花苗期茎粗，但不会对最终茎粗产生抑制。在沟灌造墒方式下，F1 和 F2 处理茎粗的长势基本一致，于 7 月 29 日前后趋于稳定；F3 和 F4 处理茎粗的长势基本一致，在 7 月 29 日之前显著低于 F1 处理，但经过后续生长，于 8 月 9 日与 F1 持平；F5 处理的茎粗始终小于其余处理，但经过补偿生长最终仅比 F1 处理小 4.1%，说明使用 4～8 g/L 的咸水沟灌造墒虽然会显著抑制棉花前期的茎粗，但对最终茎粗的影响并不显著。从棉花整个生育期来看，高矿化度咸水造墒对棉花茎粗的影响效应有随着生育进程的推进而减小的趋势，这也是因为咸水灌溉带入土壤中的盐分经过雨季淋洗，降低土壤盐度，进而缓解作物的受害程度。同时，也进一步说明高矿化度咸水适宜采用沟灌方式灌溉。

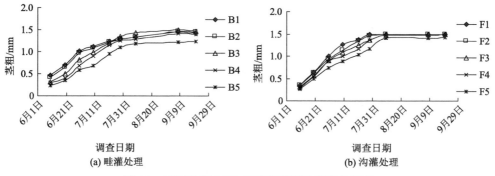

图 4.9　不同处理 2010 年棉花茎粗动态变化过程

4.7.4　咸水不同灌溉方式下棉花 LAI 动态

由图 4.10 可以看出，所有处理棉花生育期内 LAI 的变化过程都是苗期缓慢增加，进入蕾期后快速增加，在花铃盛期达到最大值之后快速下降，均近似呈抛物线形。统计结果显示，各处理的 LAI 随生育期的变化规律符合作物普适增长函数。在畦灌造墒方式下，B1 和 B2 处理的 LAI 变化趋势基本一致，在达到最大值之前大于其余处理；B3 处理的 LAI 在 7 月 21 日之前显著低于 B1 处理，但之后迅速增长，并于 8 月 9 日调查时成为所有处理中的最大值并一直保持到 9 月 20 日；B4 处理的 LAI 在 7 月 29 日调查时仍显著低于 B1、B2 和 B3 处理，但之后快速增长，并于 8 月 9 日达到最大值，仅比 B1 处理小 3.8%；B5 处理的 LAI 在 8 月 29 日调查之前一直显著低于其余各处理。说明咸水造墒会抑制棉花的 LAI，尤其是在生长前期，但是之后随着降雨对土壤水分的补充和对土壤中盐分的淋洗，棉花受到的危害得到缓解，B3 和 B4 处理出现补偿生长的现象，进而减小处理间的差异，但是当灌溉水矿化度达到 8 g/L 之后，LAI 受抑制程度没有明显缓解。

在沟灌造墒方式下，6 月 30 日之前 LAI 随灌溉水矿化度增加而降低，7 月 10 日～

8月29日调查期间F1、F2和F3处理间无显著差异，之后由于F3处理叶片脱落较缓慢，到9月20日时已明显大于F1和F2处理；F4处理在7月10日之前显著低于F1、F2和F3处理，之后快速增长，并于8月9日调查时成为所有处理中的最大值，并一直保持到8月29日；F5处理的LAI在9月20日调查之前一直显著低于其余各处理。

就灌溉方式而言，在LAI降低之前，F1和F2处理分别小于B1和B2处理（仅7月29日调查时F1和F2处理分别大于B1和B2处理），但是差异仅为3.9%和6.5%，而F3、F4和F5处理分别大于B3、B4和B5处理，且差异分别达到39.2%、58.7%和93.3%。当灌溉水矿化度小于等于4 g/L时，沟畦灌处理的最大LAI基本一致，说明当灌溉水矿化度较低时，畦灌和沟灌处理LAI相当，当底墒水矿化度较高时，沟灌处理棉花的LAI明显高于畦灌处理。其原因是沟灌处理底墒水灌水定额小，相同矿化度灌溉水带入土壤中的盐分较少，盐分的潜在危害小于畦灌处理；另外，沟灌方式为局部湿润，且湿润处覆盖地膜，有利于显著减少土壤蒸发，抑制盐分表聚，进而降低盐分对作物的危害。

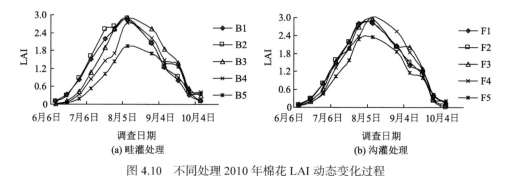

图 4.10　不同处理 2010 年棉花 LAI 动态变化过程

4.7.5　咸水不同灌溉方式下棉花干物质质量形成过程

以2010年为例，试验过程中分别在棉花苗期（6月7日）、蕾期（7月2日）、花铃盛期（7月26日）、花铃后期（8月25日）和吐絮期（9月7日）取样测定不同处理棉花地上部干物质质量，结果见图4.11。不同灌溉方式下，与B1（F1）相比，B2（F2）对棉花干物质质量影响不大，甚至有促进作用；当造墒水矿化度大于2 g/L时，棉花各生育阶段的干物质质量随底墒水矿化度的增大而减小，其中B3和F3处理后期补偿生长效应明显，最终与B1和F1处理间的差异较小；当灌溉水矿化度达到6 g/L后与B1（F1）处理的差异一直很大，但相差幅度呈下降趋势。此外，由折线图（图4.11）表现出的斜率可以看出，花铃盛期之前造墒水矿化度小于等于2 g/L处理干物质的累积速率大幅高于较高灌溉水矿化度处理，当进入花铃后期之后造墒水矿化度大于2 g/L处理干物质的累积速率与B1（F1）处理基本一致。各处理棉花地上部干物质质量在生育期内的表现可能与以下两方面有关：一方面，初始土壤盐度值较大，后期经过降雨淋洗降低。另一方面，棉花前期的耐盐能力较差，并且高盐度处理的棉花大部分是移栽过来的，经历一段时间的"缓苗"过程。因此，棉花的前期受到的影响最大，之后随着生育进程的发展和耐盐性的逐渐增强，高盐度处理的棉花地上部干物质在中后期获得较多的补偿生长。此外，地上部干物质在不同时期的处理间均呈现出显著的差异，说明盐分胁迫影响棉花地上部干物质质量的效果显著。然而，从高盐度处理棉株不同生育阶段的地上部干物质质量始终显著低于低盐度处理来看，说明棉花的耐盐性及补偿生长程度是有一定限度的。

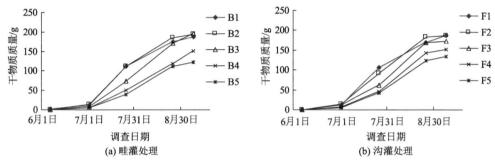

图 4.11　不同处理 2010 年不同取样时期棉花单株干物质质量

4.7.6　不同造墒方式下咸水灌溉对棉花干物质质量分配的影响

植株干物质在各器官分配的比例能较好地表征作物的生长发育状况，是研究作物生长发育状态的良好载体。图 4.12 显示不同灌溉方式下底墒水矿化度对棉花干物质分配状况的影响。可以看出，苗期不同处理棉花叶片占比（叶片干重/地上部干物质重）最大，随着生育进程的推进，叶片占比逐渐降低，茎秆占比表现为先升后降，而蕾花铃占比逐渐增大。之所以出现这种占比变化，原因是苗期棉花处于营养生长阶段，叶茎比大的植株有利于光合产物的合成，进而促进植株生长发育；蕾期棉花开始进入生殖生长与营养生长并进的阶段，随着叶面积继续增长对株高增长的要求，以及茎秆增粗和果枝的出现，叶茎比必然会减小，此时棉蕾占比很低；花铃期棉花随着果枝的生长及干物质向生殖器官的转移，叶片、茎秆占比进一步减小；至吐絮期时，随着株高和茎粗的稳定，叶片脱落、叶面积减小，以及棉铃成熟对养分的需求大，蕾花铃的占比达到最大。

畦灌造墒方式下，各生育阶段棉花干物质质量向蕾花铃分配的比例均随灌溉水矿化度的增加而表现为先基本稳定再降低的趋势，而沟灌造墒方式下，花铃盛期时棉花干物质质量向蕾花铃分配的比例随灌溉水矿化度增加而降低，到花铃后期和吐絮期，蕾花铃占比随着灌溉水矿化度的增加先是基本稳定，而后呈现出下降趋势。调查时发现，与低盐度处理相比，高盐度处理的棉铃仍处于形成中的比例更高，致使高矿化度咸水灌溉处理的蕾花铃占比较小，说明较高的土壤盐度不仅延缓棉花的生育进程，而且抑制营养器官和生殖器官的生长。

通过对比两种造墒方式可以发现，在花铃盛期以前畦灌和沟灌处理各器官分配比例基本一致，在花铃后期和吐絮期时畦灌叶片和茎秆的分配比例整体低于沟灌处理，而蕾花铃的分配比例高于沟灌处理，说明沟灌处理在协调干物质向生殖器官分配方面不如畦灌处理好。

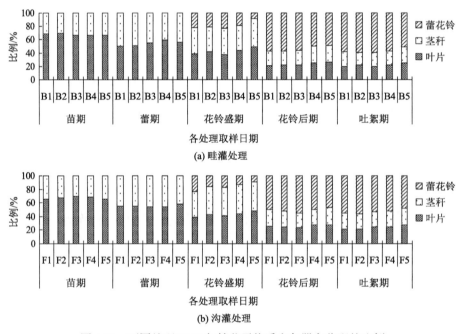

图 4.12 不同处理 2010 年棉花干物质在各器官分配的比例

4.8 不同生育阶段咸水灌溉对棉花生长的影响

以往关于盐分胁迫对棉花苗期或全生长期生长影响的研究丰富，也有一些涉及咸淡水轮灌对棉花生长影响的研究，然而关于生育前期无盐分胁迫，而在生育中后期采用不同矿化度咸水灌溉对棉花生长影响的研究及不同生育阶段、不同程度盐分胁迫对棉花不同器官干鲜比或者含水率影响的研究较少，特别是涉及棉花不同器官受到盐分胁迫影响时其水分调节机制研究鲜见。为此，本节通过在棉花苗期、蕾期和花铃期分别灌溉不同矿化度的咸水,并调查对应时期内各处理棉花的形态指标和生理指标,旨在验证棉花各生育阶段盐分胁迫对棉花生长、生理指标的影响,探索棉花不同器官受到盐分胁迫影响时是否存在水分调节机制,为棉花咸水灌溉提供理论依据。

4.8.1 盐分胁迫对棉花形态指标的影响

1. 苗期盐分胁迫对棉花生长的影响

由表 4.12 可以看出,棉花苗期受到盐分胁迫时,株高增长量随灌溉水矿化度的增加先增后减,而叶面积增长量和茎粗增长量均随灌溉水矿化度的增加而降低,三项指标与 CK 处理构成显著差异时对应的灌溉水矿化度依次为 4 g/L、2 g/L 和 2 g/L,这说明苗期株高受到的抑制程度小于叶面积和茎粗。此外,S2、S4 处理苗期结束时间与 CK 处理一致,但 S6 和 S8 处理的苗期结束时间(第一个果枝和蕾出现的日期)分别比 CK 处理推迟 4 d 和 6 d,这是因为高矿化度咸水灌溉导致棉花出土时间推迟,且生长缓慢。

表 4.12 不同生育阶段盐分胁迫对棉花生长指标的影响

处理	株高增长量/cm	叶面积增长量 /cm²	茎粗增长量/mm	蕾/铃数增长量	生育阶段结束时间
CK	37.00ᵃ	604.79ᵃ	8.370ᵃ	0	6 月 17 日
S2	37.60ᵃ	503.42ᵇ	7.560ᵇ	0	6 月 17 日
S4	33.65ᵇ	402.56ᶜ	6.815ᶜ	0	6 月 17 日
S6	27.25ᶜ	223.85ᵈ	5.600ᵈ	0	6 月 21 日
S8	15.95ᵈ	142.06ᵉ	4.650ᵉ	0	6 月 23 日
CK	29.5ᵇ	2306.41ᵇ	3.62ᵃ	16.0ᵃ	7 月 6 日
B2	32.5ᵃ	2525.46ᵃ	3.67ᵃ	15.0ᵃ	7 月 6 日
B4	30.0ᵇ	2044.11ᶜ	2.74ᵇ	15.5ᵃ	7 月 6 日
B6	27.9ᶜ	2021.77ᶜ	2.56ᵇ	14.5ᵃ	7 月 6 日
B8	25.5ᵈ	1680.25ᵈ	2.52ᵇ	14.5ᵃ	7 月 6 日
CK	21.50ᵃ	2034.99ᵃ	2.26ᵃ	18.0ᵃ	8 月 18 日
F2	20.25ᵃ	1978.60ᵃ	1.27ᵇ	19.0ᵃ	8 月 18 日
F4	18.50ᵇ	1976.23ᵃ	1.06ᶜ	20.0ᵃ	8 月 16 日
F6	17.75ᵇ	1924.54ᵃ	0.98ᶜ	15.5ᵇ	8 月 15 日
F8	16.50ᶜ	896.47ᵇ	0.96ᶜ	10.0ᶜ	8 月 15 日

注:S、B、F 分别代表苗期、蕾期和花铃期。

同一生育阶段、同列不同字母表示处理间差异达到 0.05 显著水平。

2. 蕾期盐分胁迫对棉花生长的影响

棉花蕾期受到盐分胁迫时（表 4.12），株高增长量、叶面积增长量和茎粗增长量均表现出随灌溉水矿化度增加而先增后减的趋势，最大值都出现在 B2 处理，与 CK 处理构成显著差异时对应的灌溉水矿化度依次为 2 g/L、2 g/L 和 4 g/L。蕾数增长量 B2 处理小于 B4 处理，其余处理蕾数增长量均小于 B2 处理，但处理间无显著差异。这说明蕾期少量的盐分不仅不会对棉花营养生长产生抑制作用，反而会起到促进作用，但营养生长过旺可能会对其生殖生长产生负面作用。此外，结果还显示蕾期咸水灌溉没有推迟生育期，这可能是由该阶段棉花耐盐能力增强和盐分带入量少共同导致的。

3. 花铃期盐分胁迫对棉花生长的影响

棉花花铃期受到盐分胁迫时（表 4.12），株高增长量、叶面积增长量和茎粗增长量均表现出随灌溉水矿化度增加而降低的趋势。但株高增长量和茎粗增长量分别在 F4 和 F2 处理时就显著低于相应的 CK 处理，而叶面积增长量在 F8 处理时才与其他处理形成显著差异，说明花铃期 6 g/L 及以下矿化度咸水灌溉不会对叶面积产生显著影响，但是会抑制株高和茎粗的生长。铃数增长量在灌溉水矿化度为 4 g/L 及以下时呈递增趋势，之后显著降低。此外，花铃期 4 g/L 及以上矿化度咸水灌溉存在缩短生育期、促使棉桃提前吐絮的趋势。

试验同时观测到，花铃期 8 g/L 咸水灌溉对棉花产生很大影响，初次灌溉便使得其中 1 个重复的棉花于灌后第 2 d 死亡，1 个重复的叶片虽未脱落但色黄并且软化并伴随蕾铃脱落，随后补充的 1 个重复在灌水后叶片萎蔫、脱落并伴随蕾铃大量脱落，直到花铃期开始后的第 12 d 状况稳定。

4.8.2 盐分胁迫对棉花叶片叶绿素相对含量的影响

由表 4.13 可以看出，随灌溉水矿化度的增加，叶绿素相对含量在苗期时呈递增趋势，S2、S4、S6 和 S8 处理分别比 CK 处理大 7.1%、11.9%、13.9% 和 14.2%；蕾期时呈先增后减趋势，S2、S4、S6 和 S8 处理分别比相应的 CK 处理大 1.2%、6.7%、10.5% 和 5.8%；花铃期呈递减趋势，S2、S4、S6 和 S8 处理分别比对应的 CK 处理小 9.3%、14.1%、16.2% 和 32.5%。对比不同生育阶段的叶绿素相对含量可以发现，CK 处理基本稳定，但其余矿化度咸水灌溉处理均随生育进程的推进而降低。这与 Carter 和 Cheeseman（1993）和辛承松等（2007）报道的叶绿素含量会随盐分胁迫程度增加而降低的研究结果存在很大差异，因为后者结论是在全生长期受到盐分胁迫条件下得出的，而叶绿素含量可能受到叶片生长速率、生长阶段和盐分胁迫的多重影响，只有在花铃期叶片成熟后盐分胁迫才会对叶绿素相对含量产生抑制作用，这方面的研究有待验证。

表 4.13　不同生育阶段盐分胁迫对棉花生理指标的影响

处理	叶绿素相对含量/%			气孔阻力/（s/cm）		
	苗期	蕾期	花铃期	苗期	蕾期	花铃期
CK	48.12^c	46.48^c	48.79^a	2.67^e	2.76^d	1.78^d
S2	51.56^b	47.04^c	44.27^b	2.95^d	3.35^c	1.89^d
S4	53.83^a	49.59^b	41.90^c	3.25^c	3.60^c	3.48^c
S6	54.80^a	51.34^a	40.91^c	3.66^b	4.13^b	5.12^b
S8	54.93^a	49.16^b	32.95^d	4.00^a	5.00^a	6.75^a

注：同一指标数字后不同字母代表处理间差异达到 0.05 显著水平。

4.8.3　盐分胁迫对水分生理指标的影响

1. 盐分胁迫对棉花叶片气孔阻力的影响

如表 4.13 所示，随灌溉水矿化度的增加，苗期、蕾期和花铃期棉花叶片的气孔阻力均呈增大趋势，其中 S2、S4、S6 和 S8 处理分别比 CK 处理大 10.5%、21.7%、37.1% 和 49.8%，S2、S4、S6 和 S8 处理分别比相应的 CK 处理大 21.4%、30.4%、49.6% 和 81.2%，S2、S4、S6 和 S8 处理分别比对应的 CK 处理大 6.2%、95.5%、187.6% 和 279.2%。可见，随着生育进程的推进，4 g/L 及以上矿化度咸水灌溉处理与 CK 处理之间的差距不断增大。

2. 盐分胁迫对棉株干鲜比的影响

随灌溉水矿化度的增加，棉花苗期、蕾期和花铃期的叶片干鲜比在处理间并无显著差异，而其余所有器官干鲜比（除 F8 外）均随之增大，且在处理间存在显著性差异（表 4.14）。其中苗期茎的干鲜比与 CK 处理形成显著差异水平时的灌溉水矿化度为 6 g/L；蕾期茎、蕾和果枝的干鲜比与 CK 处理形成显著差异水平时的灌溉水矿化度分别为 2 g/L、4 g/L 和 2 g/L；花铃期茎、果枝和铃的干鲜比与 CK 处理形成显著差异水平时的灌溉水矿化度分别为 2 g/L、2 g/L 和 6 g/L。苗期各器官的干鲜比处理均值表现为茎＞叶片；蕾期表现为茎＞蕾＞果枝＞叶片；花铃期表现为茎＞果枝＞铃＞叶片。

表 4.14　不同生育阶段盐分胁迫对棉株干鲜比的影响　　（单位：%）

处理	叶片	茎	果枝	蕾/铃	地上部
CK	21.616[a]	24.993[c]	—	—	22.811[b]
S2	21.982[a]	25.283[c]	—	—	23.192[b]
S4	21.998[a]	25.469[c]	—	—	23.225[b]
S6	22.296[a]	26.799[b]	—	—	23.948[a]
S8	22.484[a]	28.082[a]	—	—	24.075[a]
CK	22.333[a]	28.141[c]	20.653[d]	22.748[c]	23.619[b]
B2	22.033[a]	28.991[b]	21.538[c]	23.247[bc]	23.795[b]
B4	22.250[a]	29.341[b]	23.098[b]	23.562[b]	24.213[b]
B6	22.403[a]	31.568[a]	25.584[a]	24.947[a]	25.217[a]
B8	22.501[a]	31.758[a]	25.155[a]	25.230[a]	25.223[a]
CK	25.833[a]	37.173[d]	34.025[b]	25.757[c]	27.467[c]
F2	25.951[a]	41.481[b]	36.537[a]	26.099[c]	28.433[b]
F4	26.271[a]	42.564[a]	36.848[a]	26.117[c]	28.578[b]
F6	26.295[a]	42.859[a]	37.100[a]	28.360[a]	30.066[a]
F8	25.691[a]	38.205[c]	34.692[b]	27.138[b]	28.557[b]

注：同一生育阶段、同列不同字母表示处理间差异达到 0.05 显著水平。

在调查时期内，棉花茎和叶片的干鲜比随生育进程的推进而增加，其中茎的干鲜比一直大于叶片，并且差异随生育进程不断增加。此外，花铃期其他器官的干鲜比也比蕾期高，平均增幅表现为果枝＞蕾/铃。结合棉花生长发育进程可以发现，从苗期到花铃期，叶片的干鲜比在所有器官中最低，其次是苗期的茎、蕾期的果枝和蕾（二者很接近）、花铃期的铃，即棉花各生育阶段优先生长的器官干鲜比较低，相应的含水率较高。

4.9　生长指标小结与讨论

（1）从多年大田咸水造墒灌溉棉花生长指标可以看出，随灌溉年份的增加，土壤中盐分累积程度在 2011 年之前呈增加趋势，但所有生长指标并非随之逐年降低，而是表现为不同幅度的年际波动，这可能与气温、降雨分布等气象因素有关。从单个棉花生长季生长指标情况可以看出，随灌溉水矿化度的增加，棉花的生育进程被不同程度推迟，各项生长指标因为耐盐能力有所差异或是先增后降，或是直线降低，整体来说较高矿化度咸水灌溉处理的棉花生长受到抑制。说明生长指标的年际差异主要是由气象因素决定的，其影响大于土壤盐度变化的影响，而单个生长季棉花生长指标处理间的差异主要是由土壤盐度因素决定的。

（2）棉花本身具有较强的耐盐性，因此在咸水灌溉时并非所有指标都会受到抑制，其中棉花苗期的株高增长量，蕾期的株高增长量、叶面积增长量、茎粗增长量和蕾数表现为低盐促进、高盐抑制，而其余形态指标受到抑制的程度随灌溉水矿化度增加而增大，这与以往研究（Rathert，1983；冯棣等，2011）基本一致。总体而言，当灌溉水矿化度达到 4 g/L 后就会抑制棉花营养生长，但对生殖生长（蕾期和花铃期）的影响不显著。随灌溉水矿化度的增加，叶绿素相对含量在苗期时呈递增趋势、蕾期时呈先增后减趋势、花铃期呈递减趋势。

（3）研究表明，盐胁迫显著降低除叶片外所有器官的含水率，且增大叶片气孔阻力，显示出棉花受到盐分胁迫时的一种水分调节机制，即优先供给叶片水分，保证其相对稳定的含水率、防止灼伤，同时为了避免叶片过多的蒸腾耗水，增大叶片气孔阻力。盐胁迫下之所以优先保证叶片相对稳定的干鲜比是因为叶片是光合产物合成最重要的器官，维持叶片正常的生长活力意义重大。李悦等（2011）曾报道，翅碱蓬幼苗经盐分胁迫处理 50 d 后的地上部和根部的相对含水量都随着盐浓度的增加而减少，与本研究中棉花地上部的表现相似。李维江等（1997）研究了不同矿化度咸水灌溉对 3 个品种棉花叶片含水量（出苗后 40 d）的影响，结果表明，随灌溉水矿化度的增加叶片含水量均不断增加，但增幅很小，与本研究中苗期采样结果一致。如前面所述，以往关于生育中后期咸水灌溉对棉花生长影响的报道较少，因此这方面的研究结果还有待验证。气孔阻力增大在降低蒸腾耗水的同时也会降低 CO_2 的吸收量，进而减少光合产物的合成（Brugnoli and Lauteri，1991），这不利于棉花生长和产量的形成，因此气孔阻力增大对棉花生长而言具有两面性。本章仅讨论盐分胁迫对棉花植株含水率和气孔阻力的影响，没有考虑蒸腾速率、叶水势和叶片渗透势等较为常用的水分生理指标。此外，关于盐分胁迫下棉花茎流和根压的研究较少，为了系统地了解盐分胁迫下棉株的水分调节机制，有待进一步开展更加全面的研究。

4.10　咸水造墒对棉花产量及构成要素的影响

以往学者认为，作物出苗和成苗对盐分最敏感，并且可能是影响盐渍化农田作物产量的主要原因（Ahmad et al.，2002；Ashraf and Ahmad，2000；Hemmat and Khashoel，2003）。本研究采用移栽补苗措施以排除齐苗率对产量的影响。在一定程度上可以更加直接地体现出由盐分胁迫导致棉花生长受抑而对产量形成的影响。

4.10.1 不同造墒方式下咸水灌溉对历年棉花成铃数的影响

棉花单株成铃数是产量的主导因素之一，表 4.15 列出不同处理历年棉花的最终成铃数。可以看出，畦灌造墒方式下，随灌溉水矿化度增加，历年成铃数都表现为先基本稳定再降低的趋势，其中 2008 年和 2009 年各处理间不存在显著性差异，2007 年和 2010 年当灌溉水矿化度达到 8 g/L 后与 B1 处理形成显著差异，2011 年当灌溉水矿化度达到 6 g/L 后与 B1 处理形成显著差异。在同一灌溉水矿化度、同一供试品种条件下，'衡棉 4 号'2007～2010 年的成铃数的年际差异并不大；'冀棉 616'高、低矿化度处理成铃数的差距相对较大。

沟灌造墒方式下，随灌溉水矿化度增加，成铃数或是降低（2007～2008 年）、或是先升后降（2009～2011 年），其中 2008 年和 2011 年各处理间不存在显著性差异，2009～2010 年当灌溉水矿化度达到 6 g/L 后与 F1 处理形成显著差异，2007 年当灌溉水矿化度达到 8 g/L 后与 F1 处理形成显著差异。在同一灌溉水矿化度、同一供试品种条件下，'衡棉 4 号'仅 2009 年成铃数较低，其余 3 年（2007 年、2008 年、2010 年）的差异较小；'冀棉 616'2011 年的成铃数较高。

对比两种造墒方式发现，当灌溉水矿化度不高于 6 g/L 时，历年各处理在不同的造墒方式下无显著差异；当灌溉水矿化度达到 8 g/L 时，仅 2009 年沟灌处理低于畦灌处理，其余年份沟灌处理的成铃数均大于等于畦灌处理，这说明当灌溉水矿化度较低时造墒方式的差异并没有显著影响成铃数，但是当灌溉水矿化度较高时沟灌造墒方式具有一定的优势。

表 4.15 不同处理历年棉花最终成铃数 （单位：个）

处理	2007 年	2008 年	2009 年	2010 年	2011 年
B1	15.4^a	15.4^a	14.4^b	15.0^{ab}	17.1^a
B2	15.2^a	15.1^a	14.4^b	15.2^{ab}	16.9^a
B3	15.1^a	14.9^a	14.2^b	15.1^{ab}	17.1^a
B4	14.7^a	14.5^a	14.6^b	14.9^b	15.6^b
B5	13.2^b	14.5^a	13.9^{bc}	13.3^d	13.7^c
F1	15.4^a	15.3^a	14.7^b	15.5^a	15.8^{ab}
F2	15.3^a	15.3^a	15.5^a	16.1^a	17.7^a
F3	15.3^a	15.3^a	14.4^b	15.8^a	15.7^{ab}
F4	14.6^{ab}	14.7^a	13.6^c	14.9^b	15.9^{ab}
F5	13.7^b	14.6^a	13.3^c	14.0^c	15.1^b

注：同列不同字母代表处理间差异达到 0.05 显著水平。下同。

4.10.2 不同造墒方式下咸水灌溉对棉花成铃过程的影响

图 4.13 给出不同处理棉株蕾花铃总数动态变化过程。由图 4.13 可以看出，在畦灌造墒方式下，B1 和 B2 处理的蕾花铃总数从开始进入蕾期便迅速增长，到 7 月 21 日前后达到最大值，之后由于气候及棉株自身因素的影响，蕾和幼铃脱落率高于生成率，总数降低直至全部转化为铃数；B3 和 B4 处理由于生育进程延后，在蕾期显著低于 B1 处理，但从 7 月 10 日开始快速增加，并于 7 月 29 日前后达到最大值（B3 处理大于 B1 处理但无显著差异），之后降低直至稳定；B5 处理的蕾花铃总数同样受到生育进程延后的影响，最大值出现在 7 月 29 日前后，因为总数小，所以降低的幅度也更小。沟灌造墒方式下，所有处理的蕾花铃总数虽然在处理间存在差异，但是总体生长趋势基本一致，都是在 7 月 29 日前后达到最大值，之后蕾铃脱落，总数降低直至全部成铃。就灌溉方式而言，由于沟灌方式灌水定额小、盐分胁迫效应低于畦灌处理，故同一底墒水矿化度条件下，沟灌方式的棉株成铃数大于畦灌方式，但是增幅较小，其值介于 0.4%～6.1%。

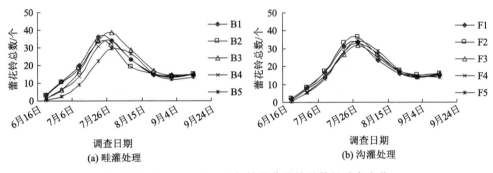

图 4.13　不同处理 2010 年棉花蕾花铃总数的动态变化

4.10.3 不同造墒方式下咸水灌溉对棉花"三桃"比例的影响

表 4.16 给出不同咸水灌溉方式对棉花单株"三桃"数目及其比例的影响。由表 4.16 可以看出，在畦灌造墒方式下，B1 和 B2 处理间伏前桃数量无显著差异，但显著高于 B3、B4 和 B5 处理，这是因为高矿化度咸水造墒抑制棉株的生长发育，延迟棉花的生育进程；B1、B2、B3 和 B4 处理间伏桃数并无显著差异，但均显著高于 B5 处理；秋桃数随灌溉水矿化度增加而增大，其中 B5 处理最大，显著高于 B1 和 B2 处理；此外，伏前桃、伏桃和秋桃比例与其数目的表现基本一致，其中伏桃的比例最大，其次为秋桃，伏前桃比例最小（仅 B1 处理秋桃

比例最小）。在沟灌造墒方式下，各处理间"三桃"数目及其比例的变化规律与畦灌造墒基本一致。

就灌溉方式来说，沟灌方式下 F1～F4 处理的伏前桃数低于相同矿化度的畦灌处理，但伏桃和秋桃数却高于（不显著）相应的畦灌处理；而 F5 处理伏前桃数和伏桃数均大于（不显著）B5 处理，秋桃数相同，说明沟灌造墒在一定程度上推迟生育进程，但是当灌溉水矿化度过高时，由盐分胁迫所引起的延迟效应会大于造墒方式所造成的延迟效果。

表 4.16　不同处理 2010 年棉花"三桃"数目及其比例

处理	成铃数/个	伏前桃数/个	伏桃数/个	秋桃数/个	伏前桃比例/%	伏桃比例/%	秋桃比例/%
B1	15.0^{ab}	1.3^a	12.8^a	0.9^c	8.9	85.3	5.8
B2	15.2^{ab}	1.4^a	12.3^a	1.5^b	9.2	81.1	9.6
B3	15.1^{ab}	0.5^b	12.5^a	2.1^{ab}	3.1	82.8	14.1
B4	14.9^b	0.3^{bc}	12.3^a	2.3^a	2.2	82.5	15.2
B5	13.3^d	0.1^c	10.4^b	2.8^a	0.5	78.4	21.1
F1	15.5^a	0.7^b	13.0^a	1.9^{ab}	4.3	83.7	12.0
F2	16.1^a	0.6^b	13.4^a	2.1^{ab}	3.7	83.1	13.2
F3	15.8^a	0.4^{bc}	12.9^a	2.5^a	2.5	81.4	16.0
F4	14.9^b	0.1^c	12.4^a	2.4^a	0.9	83.0	16.1
F5	14.0^c	0.2^c	11.0^b	2.8^a	1.4	78.6	20.0

4.10.4　不同造墒方式下咸水灌溉对历年棉花单铃重的影响

单铃重是棉花产量的主导因素之一。由表 4.17 可以看出，畦灌造墒方式下，随灌溉水矿化度增加，历年单铃重整体上表现为先增大后减小，其中 2008 年和 2010 年各处理间不存在显著性差异。在同一灌溉水矿化度、同一供试品种条件下，'衡棉 4 号' 2007～2010 年的成铃数的年际差异较大，其中 2007 年和 2010 年单铃重高于 2008 年和 2009 年。沟灌造墒方式下，随灌溉水矿化度增加，单铃重仅在 2007 年存在降低的趋势，其余年份处理间没有形成显著差异。在同一灌溉水矿化度、同一供试品种条件下，'衡棉 4 号'的年际变化表现与畦灌处理基本一致。

对比两种造墒方式发现，相同灌溉水矿化度条件下，历年各畦灌处理的单铃重与相应的沟灌处理之间不存在显著差异。

表 4.17　不同处理历年棉花平均单铃重　　　　（单位：g）

处理	2007 年	2008 年	2009 年	2010 年	2011 年
B1	6.70^{ab}	5.12^{a}	5.66^{ab}	6.16^{a}	5.44^{ab}
B2	6.76^{ab}	5.20^{a}	5.77^{ab}	6.10^{a}	5.61^{a}
B3	6.81^{a}	5.28^{a}	5.88^{a}	6.26^{a}	5.68^{a}
B4	6.71^{ab}	5.36^{a}	5.85^{a}	6.19^{a}	5.55^{a}
B5	6.63^{b}	5.28^{a}	5.46^{b}	6.06^{a}	5.33^{b}
F1	6.85^{a}	5.18^{a}	5.65^{ab}	6.17^{a}	5.45^{ab}
F2	6.87^{a}	5.23^{a}	5.62^{ab}	6.05^{a}	5.45^{ab}
F3	6.85^{a}	5.15^{a}	5.78^{ab}	6.17^{a}	5.65^{a}
F4	6.76^{ab}	5.34^{a}	5.86^{a}	6.16^{a}	5.73^{a}
F5	6.59^{b}	5.21^{a}	5.64^{ab}	6.09^{a}	5.46^{ab}

4.10.5　不同造墒方式下咸水灌溉对历年籽棉产量的影响

从表 4.18 可以看出，在同一造墒方式下，畦灌处理的籽棉产量除 2008 年各处理间不存在显著差异外，其余年份均表现出随灌溉水矿化度增加先增后减的变化趋势，显著性差异发生在 B5 处理。从 5 年籽棉产量的平均水平来看，B3＞B2＞B4＞B1＞B5。说明通过结合育苗补栽，使用 6 g/L 以下矿化度的咸水畦灌造墒灌溉不但不会降低籽棉产量，反而还有小幅的增产。沟灌处理籽棉产量与灌溉水矿化度之间的关系与畦灌处理类似，2008 年处理间的籽棉产量不存在显著差异，其余年份处理间的籽棉产量都存在显著差异，其中 2007 年显著差异发生在 F4处理，2009～2011 年都发生在 F5 处理。从 5 年籽棉产量的平均水平来看，F2＞F1＞F3＞F4＞F5。说明通过结合育苗补栽，使用 6 g/L 以下矿化度的咸水沟灌造墒一般不会显著降低籽棉产量，但当灌溉水矿化度大于 2 g/L 后存在减产趋势。

对比两种造墒方式发现，灌溉水矿化度相同时，与沟灌处理相比畦灌处理整体占有一定的增产优势，但是由显著性差异分析可知仅 2007 年的 B4 处理和 2011年 B1～B4 处理显著高于相应的沟灌处理，其余年份差异并不显著。

表 4.18　2007～2011 年籽棉产量调查　　　　（单位：kg/hm^2）

处理	2007 年	2008 年	2009 年	2010 年	2011 年
B1	3878.6^{a}	2869.0^{a}	2858.3^{a}	3654.3^{a}	3616.4^{a}
B2	3925.6^{a}	2818.3^{a}	2902.1^{a}	3673.4^{a}	3618.8^{a}
B3	3917.8^{a}	2873.9^{a}	2953.1^{a}	3698.0^{a}	3717.5^{a}

续表

处理	2007 年	2008 年	2009 年	2010 年	2011 年
B4	3871.6^a	2897.4^a	2955.1^a	3589.2^a	3620.5^a
B5	3487.5^c	2859.0^a	2565.6^b	3388.4^b	3279.8^c
F1	3898.8^a	2922.7^a	2860.4^a	3610.7^a	3469.5^b
F2	3903.7^a	2887.3^a	2976.1^a	3548.6^a	3486.1^b
F3	3850.4^a	2859.9^a	2871.6^a	3525.1^a	3432.1^b
F4	3622.5^b	2884.2^a	2727.4^{ab}	3442.5^{ab}	3382.6^{bc}
F5	3472.2^c	2757.4^a	2533.8^b	3408.0^b	3257.3^c

4.10.6 籽棉产量年际波动原因分析

由表 4.18 还可以看出，相同处理不同年份的产量差异很大，并非随着灌水次数的增加或土壤盐度的增加而降低，而是表现出较大的年际波动。这与各年的供试品种、初始土壤盐度和天气状况有关。但即使在供试品种不同的情况下，产量指标年际变化也较大，尤其是淡水灌溉处理表现出的年际变化本应与土壤初始盐度相关性很小。为了解释这一现象，本研究分析历年棉花不同生育阶段的平均气温，发现籽棉产量整体较高的年份 2007 年、2010 年和 2011 年的全生长期平均气温高于籽棉产量整体较低的 2008 年和 2009 年（表 2.2）。对各生育阶段平均气温对棉花产量构成的影响分析发现，2007 年、2010 年和 2011 年花铃期的平均气温明显高于 2008 年和 2009 年，说明花铃期光照情况和平均气温是影响籽棉产量高低的重要气象因素。大量研究结果表明，花铃期是棉花生殖生长最旺盛的时期，也是产量品质形成的关键阶段，该期平均气温较高时有利于棉花开花和棉铃发育，适宜的气温为 25～30℃，气温过低会降低棉花的光合作用，而过高则会妨碍棉花正常光合作用，在适宜的温度范围内，平均铃重随温度的增加而增加（中国农业科学院棉花研究所，2013），这与本研究结果基本一致，稍有不同的是 2011 年的单铃重也较低，但是成铃数增多，使得最终产量并不显著低于 2010 年。

4.10.7 不同造墒方式下咸水灌溉对霜前花率的影响

咸水灌溉不仅会影响籽棉产量，还会影响棉花的产量构成，进而影响棉花的价格，因为霜前花品质好，收购价格高，而霜后花品质较差，收购价格较低。

由表 4.19 可以看出，在畦灌处理条件下，除 2008 年霜前花率在处理间不存在显著差异外，2007～2011 年霜前花率在高低矿化度处理间存在显著差异，其中 2007 年与 B1 处理形成显著差异的处理为 B5，2009 年与 B1 处理形成显著差异的处理为 B4 和 B5,而 2010 年和 2011 年仅 B2 和 B1 处理间不存在显著差异。在沟灌条件下,2007~2010 年与 F1 处理形成显著差异的处理都是 F4 和 F5,2011 年仅 F5 处理与 F1 处理差异达到显著水平。这说明,当灌溉水矿化度较高时会显著推迟棉花吐絮的进程,并且推迟效应会随着土壤盐度的增加而进一步增强。

对比两种造墒方式可以发现,在相同灌溉水矿化度时,2007~2009 年几乎所有畦灌处理的霜前花率都大于相应的沟灌处理,但是仅 B4 和 F4 处理之间的差异都达到显著水平,而 2010 年和 2011 年当灌溉水矿化度达到 6 g/L 后沟灌处理的霜前花率大于畦灌处理,且基本达到显著水平。说明当土壤盐度较低时,畦灌处理受到除水盐外一些因子的影响,其霜前花率较高,但是当土壤盐度较大后,盐分胁迫成为影响霜前花率的主要因素,所以较高矿化度的灌溉水处理表现为沟灌处理的霜前花率更高。此外,霜前花率受到品种和积温的影响很大,因此在年际也存在很大差异。

表 4.19 2007~2011 年棉花霜前花率调查　　　　　　　（单位：%）

处理	2007 年	2008 年	2009 年	2010 年	2011 年
B1	98.14[a]	92.9[a]	90.55[a]	91.68[a]	84.69[a]
B2	97.32[a]	92.8[a]	90.21[a]	92.58[a]	85.25[a]
B3	97.01[a]	91.8[a]	90.19[a]	83.15[c]	81.06[b]
B4	96.52[a]	91.1[a]	85.96[b]	81.55[cd]	71.08[d]
B5	94.55[b]	90.2[a]	82.07[c]	71.16[e]	60.06[e]
F1	98.10[a]	91.7[a]	89.92[a]	87.38[b]	79.51[b]
F2	97.92[a]	91.1[a]	88.92[a]	86.64[b]	79.43[b]
F3	96.75[a]	90.8[a]	87.63[ab]	87.79[b]	78.21[b]
F4	94.91[b]	90.2[b]	82.31[c]	83.89[c]	77.44[bc]
F5	94.85[b]	89.4[b]	82.48[c]	77.53[d]	75.78[c]

4.11 棉田耗水量及水分利用效率

4.11.1 不同处理棉田阶段耗水量

从表 4.20 可以看出,由于生育阶段的计数天数有所不同,因此两种造墒方式下的耗水量并没有在处理间表现出一致的规律。两年内花铃期的耗水量最大,其余生育阶段的耗水量大小并无一致规律,只有在前期降雨较多的 2011 年蕾期耗水量显著高于苗期和吐絮期。另外,两年棉田耗水量存在一定的差异,其原因主要是气候因素变化。通过对比两种造墒方式可以发现，2010 年和 2011 年同一灌溉水矿化度条件下畦灌棉花全生长期的耗水量整体上略大于沟灌处理，B1、B2、B3、B4、B5 处理两年的平均值分别比沟灌方式下相同矿化度处理增加 9.9%、5.8%、6.0%、12.4%、1.1%。通过比较两种造墒方式苗期的耗水量差异和全生长期的耗水量差异，可见当灌溉水矿化度低于 8 g/L 时沟灌棉花的耗水量显著降低，这主要是沟灌处理通过起垄减小苗期耗水量所致。

表 4.20 2010 年和 2011 年棉花各生育阶段耗水量 （单位：mm）

处理	2010 年					2011 年				
	苗期	蕾期	花铃期	吐絮期	全生长期	苗期	蕾期	花铃期	吐絮期	全生长期
B1	75.0	70.8	210.4	71.1	427.3	79.4	111.0	188.8	58.6	437.8
B2	66.9	66.6	216.1	84.5	434.1	81.6	109.1	185.8	45.1	421.6
B3	68.4	66.9	203.7	90.7	429.7	77.5	109.3	197.7	44.2	428.7
B4	64.7	76.2	215.6	84.5	441.0	74.6	112.6	206.4	46.4	440.0
B5	72.2	76.4	198.7	79.4	426.7	61.0	99.8	212.7	56.4	429.9
F1	33.7	73.3	211.7	83.5	402.2	58.5	105.1	169.6	51.6	384.8
F2	38.8	71	221.5	91.9	423.2	57.0	109.1	176.0	43.1	385.2
F3	53.9	73.2	206.7	85	418.8	55.8	110.8	179.2	45.0	390.8
F4	44	61.7	214.2	81.3	401.2	50.3	107.4	178.0	46.7	382.5
F5	63.8	57.7	229.1	84.9	435.5	56.1	111.9	184.1	60.0	412.1

4.11.2 不同处理棉田耗水强度分析

阶段日耗水强度是阶段耗水量与阶段天数之比。由表 4.21 可见，畦灌处理 2010 年花铃期的日耗水强度最大，其次是蕾期，苗期和吐絮期的日耗水强度接近且较小；2011 年所有处理都是蕾期日耗水强度最大，其次是花铃期，吐絮期最小。沟灌处理 2010 年日耗水强度花铃期最大，其次是蕾期，苗期最小；2011 年日耗水强度大小顺序与当年畦灌处理表现一致。综合降雨分布图（图 2.1）和平均气温（表 2.2）可知，由于降雨和气温等因素的影响，同一造墒方式不同年份的日耗水强度有所差异，但都是以蕾期和花铃期的日耗水强度较大，这是因为棉花苗期植株长势较小，蒸腾耗水较少，棉田耗水以土面蒸发为主，故日耗水强度相对较小；随着气温的提升，蕾期棉花植株生长旺盛，由于叶片还没有全部覆盖地面，此期是蒸散发均较大的时期，日耗水强度较大；随着气温升高，花铃期棉花植株生长处于最旺盛的阶段，在降雨的充分水分供应下，棉花蒸腾耗水大大增加，因此日耗水强度较大；吐絮期，伴随气温下降，棉花叶片开始脱落，蒸腾耗水减少，并且落叶覆盖地表，土面蒸发也较小，导致日耗水强度较小。

通过对比两种造墒方式可以发现，在同一灌水矿化度下，沟灌处理在苗期的日耗水强度小于畦灌处理，并且减小幅度随着灌溉水矿化度的增加而降低，这是因为沟灌处理起垄后减少土面蒸发量，但是较高灌溉水矿化度沟灌处理的棉花长势好于畦灌，植株蒸腾耗水较多；其他生育期的日耗水强度没有表现出一致的规律。

表 4.21　2010 年和 2011 年棉花各生育阶段日耗水强度　　（单位：mm/d）

处理	2010 年				2011 年			
	苗期	蕾期	花铃期	吐絮期	苗期	蕾期	花铃期	吐絮期
B1	1.8	3.7	4.4	1.2	1.9	5.0	3.4	1.0
B2	1.6	3.5	4.5	1.4	1.9	5.0	3.4	0.8
B3	1.6	3.5	4.0	1.6	1.8	4.8	3.7	0.7
B4	1.5	3.8	4.2	1.6	1.7	4.7	3.9	0.8
B5	1.6	3.3	3.6	1.8	1.2	5.0	3.8	1.1
F1	0.8	3.9	4.3	1.4	1.4	4.6	3.1	0.9
F2	0.9	3.9	4.5	1.6	1.3	4.7	3.4	0.7
F3	1.3	3.9	4.3	1.5	1.3	4.8	3.4	0.8
F4	1.0	3.1	4.5	1.5	1.1	4.9	3.4	0.8
F5	1.4	2.7	4.8	1.6	1.2	4.9	3.5	1.0

4.11.3　不同造墒方式下咸水灌溉对 WUE 的影响

表 4.22 给出不同造墒方式下不同矿化度咸水灌溉对 WUE 的影响。可以看出，畦灌和沟灌方式下 2010 年和 2011 年仅 B5 和 F5 处理的 WUE 显著降低。这主要是因为两种造墒方式仅灌溉造墒水，棉花生育期间消耗的水分绝大部分来自降雨，故处理间水分生产效率差异不大，只是 B5 和 F5 处理由于底墒水矿化度过大，受到的盐分胁迫程度较重，产量显著低于相应的 B1 和 F1 处理，因此其水分利用效率显著降低。通过对比两种造墒方式可以发现，相同灌溉水矿化度在沟灌条件下的 WUE 整体上表现为 2010 年与畦灌基本相当，2011 年略高于畦灌。

表 4.22　2010 年和 2011 年不同处理的 WUE　　（单位：kg/m^3）

年份	B1	B2	B3	B4	B5	F1	F2	F3	F4	F5
2010	0.86[a]	0.85[a]	0.86[a]	0.81[ab]	0.79[b]	0.90[a]	0.84[a]	0.84[a]	0.86[a]	0.78[b]
2011	0.83[ab]	0.86[a]	0.87[a]	0.82[a]	0.76[b]	0.90[a]	0.90[a]	0.88[a]	0.88[a]	0.79[b]

4.12 不同造墒方式下咸水灌溉对棉花霜前花 纤维品质的影响

表4.23和表4.24显示2010年和2011年棉花霜前花纤维品质指标,可以看出,2010 年和 2011 年调查结果中两种造墒方式处理的马克隆值都表现出随灌溉水矿化度增加而增大的趋势。此外,2010 年棉花衣分率有随灌溉水矿化度增加而增大,随采摘时间延长而下降的趋势,其余指标无一致规律。

表 4.23 2010 年棉花霜前花纤维品质调查

批次	处理	衣分率/%	上半部平均长度/mm	整齐度指数/%	马克隆值	伸长率/%	断裂比强度/(cN/tex)
	B1	40.39[a]	27.84[b]	84.35[a]	4.71[b]	6.70[a]	27.45[a]
	B2	40.46[a]	27.96[b]	83.75[a]	4.67[b]	6.70[a]	27.15[a]
1	B3	41.47[a]	28.06[b]	83.55[a]	4.73[b]	6.70[a]	26.55[a]
	B4	41.64[a]	27.34[b]	83.95[a]	4.94[a]	6.70[a]	25.90[b]
	B5	41.26[a]	28.16[b]	83.25[a]	5.00[a]	6.70[a]	27.00[a]
	B1	38.31[b]	29.94[a]	84.50[a]	4.37[c]	6.70[a]	28.00[a]
	B2	38.78[b]	29.63[a]	81.80[b]	4.40[c]	6.80[a]	27.70[a]
2	B3	38.53[b]	29.21[a]	83.60[a]	4.47[c]	6.70[a]	27.30[a]
	B4	38.83[b]	29.07[a]	84.30[a]	4.65[b]	6.70[a]	27.00[a]
	B5	39.87[ab]	29.36[a]	84.70[a]	4.86[a]	6.80[a]	27.50[a]
	F1	40.64[a]	28.58[b]	84.30[a]	4.57[c]	6.70[a]	26.80[a]
	F2	40.60[a]	27.64[b]	83.55[a]	4.85[a]	6.70[a]	26.60[a]
1	F3	40.57[a]	28.24[b]	83.85[a]	4.80[a]	6.70[a]	26.65[a]
	F4	41.38[a]	28.17[b]	84.55[a]	4.87[a]	6.75[a]	27.45[a]
	F5	41.89[a]	27.89[b]	83.10[a]	4.92[a]	6.70[a]	26.60[a]
	F1	38.79[b]	28.06[b]	84.40[a]	4.55[c]	6.70[a]	26.70[a]
	F2	39.63[ab]	30.43[a]	83.70[a]	4.41[c]	6.70[a]	26.80[a]
2	F3	39.65[ab]	29.96[a]	84.10[a]	4.51[c]	6.80[a]	28.50[a]
	F4	39.03[ab]	31.04[a]	84.20[a]	4.69[b]	6.80[a]	28.50[a]
	F5	39.22[ab]	30.09[a]	85.00[a]	4.87[a]	6.80[a]	28.00[a]

因此,将纤维品质中受到影响最显著的马克隆值作为纤维品质主要控制指标,经分析可得,2010 年仅第 1 批取样时的 B5 处理的纤维品质为 C 级(马克隆值大

于等于 5.0 为 C 级，品质最差），其余畦灌和沟灌处理均为 B 级（马克隆值为 4.3～5.0）；2011 年第 1 批取样时的 B4、B5 处理和第 2 批取样时的 B3、B4、B5、F4 和 F5 处理的纤维品质均为 C 级，其余处理为 B 级棉。综上可见，在连续灌溉 5 年后，2011 年棉花纤维品质显著受到影响，从两个批次均值来看，畦灌处理中灌溉水矿化度达到 4 g/L 后会显著降低棉纤维品级；沟灌处理中灌溉水矿化度达到 6 g/L 后会显著降低棉纤维品质。

表 4.24　2011 年棉花霜前花纤维品质调查

批次	处理	上半部平均长度/mm	整齐度指数/%	马克隆值	伸长率/%	断裂比强度/（cN/tex）
1	B1	28.03^a	81.47^a	4.88^c	6.43^a	26.80^a
	B2	27.45^a	83.03^a	4.61^d	6.50^a	27.83^a
	B3	27.67^a	82.97^a	4.93^c	6.47^a	27.30^a
	B4	27.22^a	82.67^a	5.01^c	6.60^a	27.13^a
	B5	26.45^{ab}	82.77^a	5.24^b	6.63^a	26.27^a
2	B1	27.23^a	82.53^a	4.91^c	6.53^a	26.50^a
	B2	26.42^{ab}	82.83^a	4.99^c	6.47^a	26.37^a
	B3	26.99^a	82.93^a	5.17^b	6.53^a	26.77^a
	B4	25.83^b	81.97^a	5.38^a	6.70^a	25.77^a
	B5	25.92^b	82.37^a	5.56^a	6.53^a	25.87^a
1	F1	27.50^a	82.80^a	4.70^d	6.57^a	27.20^a
	F2	27.62^a	82.63^a	4.81^{cd}	6.50^a	27.27^a
	F3	27.05^a	83.30^a	4.91^c	6.47^a	27.33^a
	F4	27.88^a	83.20^a	4.87^c	6.50^a	26.77^a
	F5	27.48^a	82.57^a	4.98^c	6.53^a	27.43^a
2	F1	26.91^a	82.67^a	4.87^c	6.53^a	26.80^a
	F2	25.59^b	82.03^a	4.94^c	6.53^a	26.30^a
	F3	26.65^{ab}	82.10^a	4.84^{cd}	6.50^a	26.87^a
	F4	26.84^a	81.73^a	5.21^b	6.50^a	26.57^a
	F5	26.51^{ab}	82.53^a	5.19^b	6.60^a	26.50^a

4.13　产量和品质指标小结与讨论

（1）咸水灌溉并不一定会降低棉花的产量，但是会影响棉花的产量构成，其中主要是影响棉铃的构成。当灌溉水矿化度达到 4 g/L 时会显著降低伏前桃比率，增大秋桃比率；当灌溉水达到 6 g/L 时霜前花率显著降低，但是籽棉产量并无显著降低。咸水灌溉并没有导致籽棉产量随灌溉年份的增加而表现出降低的趋势，但年际变幅较大。通过分析发现，花铃期平均气温较高时籽棉增产，这可能是籽棉产量产生年际差异的主要原因。

（2）相同造墒方式下，各处理的耗水量差异很小；不同造墒方式下，沟灌处理的耗水量低于相应灌水矿化度的畦灌处理，而籽棉产量相近，因此 WUE 相对要高一些。

（3）以往研究表明，气象因子对棉纤维品质各指标的影响程度大于土壤因子，其中温度和光照对棉纤维品质的影响较大（余隆新等，1993；杨永胜等，2010）。2011 年棉纤维品质受到气象因子的影响，降雨较为频繁，纤维上半部平均长度明显低于 2010 年，马克隆值整体偏高也是造成该年纤维品质较差的一个因素，这与该棉花品种特性有关。在相同气象条件下，纤维品质指标在处理间的差异说明盐分胁迫对棉花纤维品质造成一定的影响，但是这种影响究竟是由盐分影响棉花生理导致纤维形成过程发生变异，还是通过影响棉铃的外部环境（如距地高度、结铃部位、通风和透光等）而改变棉花纤维的品质，尚待以后做进一步深入研究。

第5章 咸水灌溉棉花耐盐指标及安全性评价

5.1 棉花耐盐性鉴定指标的确定

5.1.1 长系列观测指标年际变幅分析

如前面所述，各项生长指标都存在一定的年际变幅，并且不完全是由盐分胁迫程度的变化引起的。为了比较各项长系列指标的年际变幅大小，本研究以2007～2010年'衡棉4号'为例，采用标准差系数（表5.1）表征各指标年际的离散程度，其值越大，说明年际变幅越大。畦灌条件下按照变幅大小进行排序，B1和B2处理为籽棉产量的 $V\sigma$ 最大，其次是单铃重，成铃数和株高的 $V\sigma$ 较小；B3、B4和B5处理是出苗率的 $V\sigma$ 最大，其次是籽棉产量，成铃数的 $V\sigma$ 最小。沟灌造墒方式下按照变幅大小进行排序，F1处理为籽棉产量的 $V\sigma$ 最大，其次是单铃重、出苗率，成铃数的 $V\sigma$ 最小；F2处理为籽棉产量的 $V\sigma$ 最大，其次是出苗率、单铃重，成铃数的 $V\sigma$ 最小；F3、F4和F5处理是出苗率的 $V\sigma$ 最大，其次是籽棉产量，成铃数的 $V\sigma$ 最小。上述结果表明，在试验条件下，当灌溉水矿化度较低时籽棉产量最易受到外界因素的影响，当灌溉水矿化度达到4 g/L后出苗率的年际变幅最高，其次是籽棉产量，成铃数的年际波动最小。通过对比两种造墒方式可以发现，F1和F2处理的出苗率 $V\sigma$ 及F5处理的籽棉产量 $V\sigma$ 大幅高于相同灌溉水矿化度的畦灌处理。

表5.1 2007～2010年'衡棉4号'各项指标4年标准差系数 $V\sigma$

处理	出苗率	籽棉产量	单铃重	霜前花率	株高	果枝数	成铃数
B1	0.033	0.138	0.099	0.031	0.021	0.050	0.026
B2	0.048	0.144	0.095	0.028	0.052	0.054	0.022
B3	0.154	0.135	0.092	0.055	0.045	0.047	0.025
B4	0.202	0.125	0.082	0.063	0.066	0.035	0.010
B5	0.268	0.123	0.086	0.105	0.107	0.056	0.038

续表

处理	出苗率	籽棉产量	单铃重	霜前花率	株高	果枝数	成铃数
F1	0.095	0.143	0.105	0.043	0.029	0.043	0.021
F2	0.109	0.125	0.103	0.046	0.038	0.034	0.022
F3	0.136	0.130	0.103	0.041	0.038	0.037	0.033
F4	0.206	0.118	0.080	0.057	0.045	0.044	0.035
F5	0.256	0.133	0.082	0.077	0.061	0.059	0.035

注：数据越大，说明其离散程度越大。

由表 5.1 还可以看出，棉花出苗率、霜前花率、株高和成铃数的标准差系数整体上随灌溉水矿化度和土壤盐度的增加而增大，说明灌溉水矿化度和土壤盐度对这些指标年际波动的影响大于气象因子；与之相反，籽棉产量标准差系数最大值分别出现在 B2 和 F1 处理，说明气象因子对籽棉产量的影响更大。

5.1.2 耐盐性鉴定指标的确定

包括籽棉产量在内各项生长指标都存在一定的年际变幅，是否存在能够用于鉴定棉花耐盐性的指标有待分析。在选择棉花耐盐性鉴定指标时，需同时满足以下两点：一是部分处理间的生长指标应存在显著性差异，二是生长指标与产量间应存在较高的相关关系。前面已经对各项生长指标做出分析，结果表明这些长系列调查指标在绝大多数年份中处理间存在显著差异，因此都可以作为备选耐盐性鉴定指标。通过对各项指标多年平均值相对值与籽棉产量多年平均值相对值之间的相关性分析（表 5.2）发现，畦灌条件下株高、成铃数、果枝数、单铃重和霜前花率与籽棉产量的相关系数都达到 0.05 显著水平，因此可以作为畦灌条件下棉花的耐盐性鉴定指标；沟灌条件下株高、成铃数、果枝数和霜前花率与籽棉产量的相关系数都达到 0.05 显著水平，因此可以作为沟灌条件下棉花的耐盐性鉴定指标。因为试验设计在播后 18 d 前后通过移栽补全棉苗，所以没有分析齐苗率与产量之间的相关关系。

表 5.2 中的相关系数展示以籽棉产量为自变量，其余指标为因变量建立的线性相关关系，方程斜率大于 1，说明该项指标对盐分的敏感性大于籽棉产量；而斜率小于 1，说明该项指标对盐分的敏感性明显小于籽棉产量。在选用耐盐性鉴定指标时，首先必须符合基本的条件，如果考虑到该指标的预测作用，其敏感性最好大于籽棉产量。由表 5.2 可以看出，畦灌条件下株高、成铃数和霜前花率的斜率均大于 1，而单铃重和果枝数明显小于 1；沟灌条件下株高和成铃数的斜率大于 1，其余 3 个指标明显小于 1。由各指标相关系数 r 可知，成铃数与籽棉产量的相关性最

高。综合可见，成铃数是预知籽棉产量趋势最可靠的指标，其次是株高。

表 5.2　各项长系列指标与相对籽棉产量之间的相关性分析

处理	项目	株高	成铃数	果枝数	单铃重	霜前花率
畦灌	r	0.8449*	0.9298*	0.9744**	0.8539*	0.8186*
	斜率	2.1148	1.4301	0.6966	0.3436	1.1824
沟灌	r	0.9304*	0.9801**	0.8899*	0.5627	0.9842**
	斜率	1.4150	1.4381	0.5524	0.1851	0.6907

* α=0.01 时，r>0.9587；** α=0.05 时，r>0.8183。

5.2　由产量决定的灌溉水矿化度指标

由图 5.1 可见，畦灌和沟灌处理的相对籽棉产量除 2008 年没有随土壤盐度增大而降低外，在其余年份均在达到某一土壤盐度后下降。通过分析相对籽棉产量与灌溉水矿化度之间的关系（图 5.2）发现，两者间整体上保持较高的一致性，并且相对籽棉产量没有表现出随灌溉次数和灌溉年限增加而降低的趋势，说明在土壤盐度较低的条件下实施咸水灌溉时，灌溉水矿化度是决定籽棉产量的关键因子。采用分段函数拟合 5 年相对籽棉产量（Y_r）均值与灌溉水矿化度（x）的相关关系式，得到畦灌处理和沟灌处理的方程分别见式（5.1）和式（5.2）：

$$\begin{cases} Y_{rB}=1 & (x\leqslant6.1\ \text{g/L}) \\ Y_{rB}=1-0.0402(x-6.1) & (6.1\ \text{g/L}<x\leqslant8.0\ \text{g/L}) \end{cases} \qquad (5.1)$$

$$\begin{cases} Y_{rF}=1 & (x\leqslant2.0\ \text{g/L}) \\ Y_{rF}=1-0.0148(x-2.0) & (2.0\ \text{g/L}<x\leqslant8.0\ \text{g/L}) \end{cases} \qquad (5.2)$$

可见，通过结合育苗移栽措施，畦灌条件下当灌溉水矿化度小于等于 6.1 g/L 时不会抑制籽棉产量；当灌溉水矿化度处于 6.1～8.0 g/L 时，每增加 1 g/L，相对籽棉产量降低 4.02%。沟灌条件下当灌溉水矿化度小于等于 2.0 g/L 时不会抑制籽棉产量；当灌溉水矿化度处于 2.0～8.0 g/L 时，每增加 1 g/L，相对籽棉产量降低 1.48%，其中灌溉水低于 6.0 g/L 时一般减产不会显著。通过对比两种造墒方式对籽棉产量的影响可以发现，在不影响籽棉产量的前提下，畦灌能够使用的灌溉水矿化度阈值更高，但是当超过阈值之后其产量降幅明显高于沟灌。综上所述，咸水畦灌和沟灌造墒处理由籽棉产量决定的灌溉水矿化度阈值分别为 6.1 g/L 和 6.0 g/L。

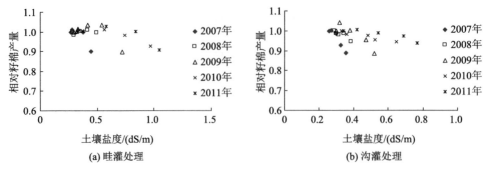

图 5.1   相对籽棉产量与 0～60 cm 土层生育期平均土壤盐度之间的关系

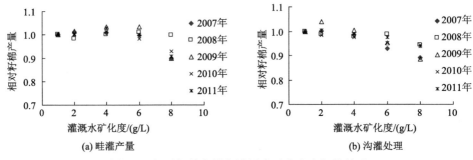

图 5.2   相对籽棉产量与灌溉水矿化度之间的关系

5.3   长期咸水灌溉对棉田生产力水平的影响

5.3.1   不同处理对籽棉产量的影响

在经过连续多年采用咸水造墒的条件下，通过对 2012 年不同处理相对籽棉产量与棉花生育期内 0～60 cm 土层平均土壤盐度做相关性分析可以发现[图 5.3(a)]，畦灌处理的相对籽棉产量与土壤盐度之间存在二次线性相关关系，也就是说土壤盐度较低时不会对籽棉产量产生抑制作用，反而存在促进作用，当土壤盐度超过一定范围时则会导致减产。而沟灌处理的相对籽棉产量与土壤盐度之间呈直线线性负相关关系，也就是说籽棉产量随土壤盐度的增加而降低。通过对比两种种植方式下的籽棉产量可以发现，当土壤盐度低于 0.91 dS/m 时，相同土壤盐度下沟灌处理的产量明显低于畦灌处理，然而当土壤盐度大于 0.91 dS/m 时，沟灌处理的产量则有超过畦灌处理的趋势。

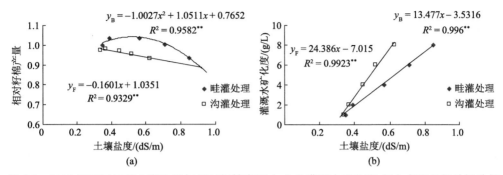

图 5.3　2012 年不同处理土壤盐度与相对籽棉产量（a）及灌溉水矿化度（b）之间的相关性分析

5.3.2　不同处理对籽棉产量构成的影响

由表 5.3 可知，随土壤盐度的增加，棉花成铃数呈下降趋势，但显著性差异只发生在 B5 和 F5 处理，并且 B5 处理显著低于 F5 处理，即当初始土壤盐度达到一定水平后，成铃数会显著降低。随土壤盐度的增加，第 1 次采摘的单铃重表现为 B2 和 F2 没有降低，其余处理随之降低，其中沟灌处理整体低于畦灌处理；第 2 次采摘的单铃重均表现为先增后降的趋势，仅 B5 处理显著减小；第 3 次采摘的单铃重整体上也表现出先升后降的趋势，其中最小值出现在 B1 处理；平均单铃重表现为畦灌处理先增后降，而沟灌处理先稳后降，说明较低的土壤盐度不会抑制单铃重，还可能存在促进作用，但是当土壤盐度过高时则会降低单铃重。因为受到成铃数和单铃重的共同影响，籽棉产量随着土壤盐度的增加表现出先增后降的趋势。霜前花率表现出显著的降低趋势，这是因为盐分胁迫推迟棉花生育期，虽然各处理第一批吐絮时间一致，但是从后期田间观察来看，高盐度处理的吐絮进程仍然延迟。通过对比两种造墒方式可以看出，畦灌 B1～B4 处理的霜前花率大于相同灌溉水矿化度时的沟灌处理，其对最终产量的影响大于成铃数均值因素，导致土壤盐度水平较高的畦灌处理籽棉产量高于沟灌处理。

表 5.3　2012 年不同处理籽棉产量构成要素

处理	成铃数	第 1 次单铃重/g	第 2 次单铃重/g	第 3 次单铃重/g	平均单铃重/g	籽棉产量/（kg/hm^2）	霜前花率/%
B1	17.57[a]	5.35[a]	5.63[a]	5.17[b]	5.38	2919.3[a]	84.0[a]
B2	17.33[a]	5.35[a]	5.69[a]	5.48[a]	5.51	3023.3[a]	83.6[a]
B3	16.77[a]	5.34[a]	5.61[a]	5.48[a]	5.48	3024.7[a]	81.6[ab]
B4	16.10[a]	5.22[a]	5.60[a]	5.37[a]	5.40	2930.1[a]	79.8[b]
B5	12.50[c]	5.05[b]	5.40[b]	5.24[ab]	5.23	2730.4[b]	76.5[c]

处理	成铃数	第1次单铃重/g	第2次单铃重/g	第3次单铃重/g	平均单铃重/g	籽棉产量/ （kg/hm²）	霜前花率/%
F1	17.30ᵃ	5.19ᵃ	5.69ᵃ	5.51ᵃ	5.46	2844.3ᵃᵇ	81.4ᵃᵇ
F2	16.77ᵃ	5.20ᵃ	5.72ᵃ	5.46ᵃ	5.46	2858.9ᵃᵇ	79.7ᵇ
F3	16.70ᵃ	5.05ᵇ	5.72ᵃ	5.26ᵃᵇ	5.34	2829.8ᵃᵇ	79.1ᵇ
F4	15.53ᵃᵇ	4.95ᵇ	5.62ᵃ	5.37ᵃ	5.31	2781.3ᵇ	78.0ᵇᶜ
F5	14.57ᵇ	4.77ᶜ	5.53ᵃᵇ	5.32ᵃ	5.21	2720.1ᵇ	77.6ᵇᶜ

注：同列数字后的不同小写字母代表显著性差异达到 5%。

5.3.3　不同处理对棉花衣分率和纤维品质的影响

由表 5.4 可以看出，畦灌条件下，第 1 批次采摘的棉花衣分率随土壤盐度增加有降低趋势，但无显著差异。第 2 批次采摘的棉花衣分率在高盐度处理中较低，其中 B5 处理显著低于其他处理。而第 3 批次采摘的棉花衣分率在低盐度处理中较低，B4 处理最大，并且有随土壤盐度增加先升后降的趋势。衣分率随采摘时间明显降低，尤其是盐度较低的处理。

表 5.4　2012 年畦灌各处理的棉花衣分率和纤维品质

批次	处理	衣分率/%	上半部平均 长度/mm	整齐度指数 /%	马克隆值	伸长率/%	断裂比强度 /（cN/tex）
	B1	40.35ᵃ	27.29ᵃ	81.63ᵃ	4.48ᵇ	4.73ᵇ	26.56ᶜ
	B2	40.23ᵃ	27.04ᵃᵇ	81.73ᵃ	4.51ᵇ	4.63ᵇ	26.23ᶜ
1	B3	39.90ᵃ	27.00ᵃᵇ	81.30ᵃ	4.76ᵃᵇ	4.73ᵇ	26.22ᶜ
	B4	39.90ᵃ	26.57ᵇ	81.97ᵃ	5.04ᵃ	4.53ᵇ	26.51ᶜ
	B5	39.09ᵃ	26.56ᵇ	82.15ᵃ	5.23ᵃ	5.00ᵃ	26.90ᶜ
	B1	38.18ᵃ	27.52ᵃ	81.70ᵃ	4.76ᵇ	4.90ᵃ	27.47ᵇ
	B2	38.91ᵃ	28.39ᵃ	83.20ᵃ	4.72ᵇ	4.87ᵃ	27.93ᵇ
2	B3	37.73ᵃ	26.94ᵇ	81.77ᵃ	5.03ᵃᵇ	4.93ᵃ	28.19ᵃᵇ
	B4	37.94ᵃ	26.73ᵇ	82.33ᵃ	5.20ᵃ	5.07ᵃ	28.55ᵃᵇ
	B5	36.94ᵇ	26.44ᵇ	82.90ᵃ	5.30ᵃ	5.10ᵃ	29.66ᵃ
	B1	35.23ᵇ	27.51ᵃ	82.63ᵃ	4.47ᶜ	5.10ᵃ	29.43ᵃ
	B2	35.61ᵇ	28.01ᵃ	83.30ᵃ	4.50ᶜ	5.03ᵃ	28.91ᵃ
3	B3	36.07ᵃᵇ	27.31ᵃ	82.43ᵃ	4.97ᵇ	5.37ᵃ	29.47ᵃ
	B4	36.55ᵃ	27.31ᵃ	82.77ᵃ	5.23ᵃ	5.37ᵃ	29.24ᵃ
	B5	36.27ᵃᵇ	27.34ᵃ	82.60ᵃ	5.37ᵃ	5.27ᵃ	29.99ᵃ

注：同一批次、同列数字后的不同小写字母代表显著性差异达到 5%。下同。

综合 3 个批次纤维品质调查可以发现，上半部平均长度、整齐度指数、伸长率和断裂比强度整体上都表现出随采摘次数增加而增大，而马克隆值表现为第 1 批次最低，第 2 批次最大。就土壤盐度差异而言，整齐度指数在处理间不存在显著差异；伸长率仅在第 1 批次调查时 B5 处理显著大于其余处理；马克隆值整体上表现出随胁迫程度增加而增大的趋势；前两批次调查中高盐度处理的上半部平均长度均受到影响而减小，最后 1 批次调查结果并无此变化趋势；高盐度处理的断裂比强度整体高于较低盐度处理，其中第 2 批次调查时达到显著水平。

由表 5.5 可以看出，沟灌条件下，前两批次的棉花衣分率随土壤盐度增加先升后降，其中第 1 批次 F3、F4 和 F5 处理的衣分率显著低于 F1 处理，而第 2 批次的棉花衣分率在 F5 处理显著低于 F2 处理。第 3 批次的棉花衣分率仅 F3 处理显著降低。衣分率随采摘时间明显降低，尤其是盐度较低的处理。

随采摘时间变化，上半部平均长度和整齐度指数基本稳定，伸长率、断裂比强度和马克隆值整体上呈增大趋势。随土壤盐度增加，棉花纤维的上半部平均长度都表现为先增后减，但处理间不存在显著差异；整齐度指数、伸长率和断裂比强度差异并不明显且无一致规律；马克隆值仅在较高盐度处理显著增加，其中第 2、第 3 批次调查时 F5 处理的马克隆值达到 5.0。马克隆值在 3 个批次调查中表现出一致的响应规律，对盐分最为敏感，故采用该指标评价土壤盐度对纤维品质的影响，由平均 3 个批次取样结果可知，畦灌条件下，当生育期平均土壤盐度超过 0.71 dS/m 时，马克隆值超过 5.0，品级下降；沟灌条件下，当生育期平均土壤盐度达到 0.63 dS/m 时，尚未降低棉花纤维品质。

表 5.5　2012 年沟灌各处理的棉花衣分率和纤维品质

批次	处理	衣分率/%	上半部平均长度/mm	整齐度指数/%	马克隆值	伸长率/%	断裂比强度/（cN/tex）
1	F1	39.94[a]	27.77[a]	82.27[a]	4.67[c]	4.77[ab]	25.97[b]
	F2	40.10[a]	27.85[a]	83.20[a]	4.61[c]	4.60[b]	26.23[b]
	F3	38.67[b]	26.99[a]	81.37[a]	4.49[d]	4.73[b]	25.15[b]
	F4	38.35[b]	26.77[a]	81.30[a]	4.56[c]	4.57[b]	25.19[b]
	F5	38.12[b]	26.70[a]	81.87[a]	4.81[b]	4.83[ab]	27.18[ab]
2	F1	37.22[bc]	27.20[a]	81.50[a]	4.62[c]	5.13[a]	29.76[a]
	F2	37.97[b]	27.76[a]	81.63[a]	4.84[b]	5.03[a]	28.75[a]
	F3	37.43[bc]	27.86[a]	82.33[a]	4.58[c]	4.87[ab]	29.33[a]
	F4	37.41[bc]	27.13[a]	82.17[a]	4.92[a]	4.93[a]	28.88[a]
	F5	36.87[c]	27.11[a]	83.03[a]	5.00[a]	5.07[a]	29.96[a]

批次	处理	衣分率/%	上半部平均长度/mm	整齐度指数/%	马克隆值	伸长率/%	断裂比强度/（cN/tex）
	F1	36.85[c]	27.85[a]	82.03[a]	4.93[a]	5.53[a]	30.94[a]
	F2	36.90[c]	27.86[a]	82.60[a]	4.65[c]	5.40[a]	29.73[a]
3	F3	35.62[d]	27.83[a]	83.67[a]	4.50[d]	5.33[a]	30.28[a]
	F4	36.64[c]	27.83[a]	82.80[a]	4.80[b]	5.37[a]	30.61[a]
	F5	36.93[c]	27.14[a]	83.30[a]	5.03[a]	5.40[a]	30.02[a]

5.3.4 土壤盐度及灌溉水矿化度指标

1. 由产量决定的土壤盐度和灌溉水矿化度指标

使用分段函数分别计算得出两种播种方式 0～60 cm 土层生育期平均土壤盐度（x）与相对籽棉产量（y_r）的关系[式（5.3）和式（5.4）]：

$$\begin{cases} Y_{rB}=1 & (x \leqslant 0.72 \text{ dS/m}) \\ Y_{rB}=1-0.496(x-0.72) & (0.72 \text{ dS/m}<x \leqslant 0.85 \text{ dS/m}) \end{cases} \tag{5.3}$$

$$\begin{cases} Y_{rF}=1 & (x \leqslant 0.42 \text{ dS/m}) \\ Y_{rF}=1-0.2154(x-0.42) & (0.42 \text{ dS/m}<x \leqslant 0.63 \text{ dS/m}) \end{cases} \tag{5.4}$$

可见，通过结合育苗移栽措施，畦灌条件下当 0～60 cm 土层生育期平均土壤盐度低于 0.72 dS/m 时不会抑制籽棉产量；沟灌条件下当 0～60 cm 土层生育期平均土壤盐度低于 0.42 dS/m 时不会抑制籽棉产量。通过对比咸水畦灌和沟灌对籽棉产量的影响可以发现，在不影响产量的前提下，畦灌处理能够耐受的土壤盐度阈值更高，但是当超过阈值之后其产量降幅明显高于沟灌处理。

由于 2012 年没有进行咸水造墒以及后期补灌，因此使用灌溉水矿化度解释籽棉产量是不合理的，然而土壤盐度增大是由灌溉水带入的盐分累积引起的，通过拟合两种播种方式处理的土壤盐度与灌溉水矿化度之间的关系[图 5.3（b）]发现其都存在着极显著的线性相关关系。计算得到畦灌和沟灌处理相应的灌溉水矿化度应分别小于 6.2 g/L 和 3.3 g/L，并且沟灌处理当灌溉水矿化度达到 8.0 g/L 时仍较 F1 处理无显著降低。可见，畦灌处理时与 2007～2011 年由产量决定的灌溉水矿化度指标近似，而沟灌处理时增加幅度较大。

2. 由经济效益决定的土壤盐度和灌溉水矿化度指标

表 5.6 显示中国棉花协会 2013 年 9 月 1 日发布的锯齿棉质量差价表。可以看

出，除市场因素外，棉花纤维质量是制定价格的重要基础，反映出调查纤维品质
指标的必要性。

表 5.6　锯齿棉质量差价表

分级	马克隆值			整齐度指数			断裂比强度			上半部平均长度	
	指标范围	分档	差价/（元/t）	指标范围/%	分档	差价/（元/t）	指标范围/（cN/tex）	分档	差价/（元/t）	长度/mm	差价/（元/t）
A	3.7～4.2	A	100	≥86	很高	100	≥32.0	很强	200	32	450
										31	300
B	3.5～3.6	B1	0	83.0～85.9	高	50	30.0～31.9	强	100	30	200
										29	100
	4.3～4.9	B2	0	80～82.9	中等	0	26.0～29.9	中强	0	28	0
C	≤3.4	C1	～500	77.0～79.9	低	−200	20.0～25.9	差	−100	27	−200
										26	−500
	≥5.0	C2	−100	≤77.0	很低	−400	≤20.2	很差	−300	25	−800

资料来源：http://www.tnc.com.cn/info/c-012001-d-3366885.html，作为小区试验不存在轧工质量和异性纤维含量
问题，且颜色洁白不存在颜色级分差，因此这几项指标在表中没有体现。

　　土壤盐渍化会推迟棉花生育进程和降低霜前花率，然而以往研究中却没有考
虑这些因素对籽棉产量构成及纤维品质的影响。本研究综合考虑分批次采摘棉花
的纤维品质及相应价格，在扣除投入后，得到各处理的收益。因为棉花价格差异
是按照皮棉质量进行划分的，所以综合考虑棉花的纤维品质，建立棉花价格模型
见式（5.5）和式（5.6）：

$$P_\text{t} = \sum_{i=1}^{n} (Y_{fi} \times a_i M + Y_{si} \times N) \tag{5.5}$$

$$P_\text{r} = P_\text{t} / P_\text{ck} \tag{5.6}$$

式中，P_t 为某处理单位面积总收入；Y_{fi} 为单位面积第 i 次采摘皮棉产量；a_i 为第 i
次采摘皮棉价格系数（$0 \leqslant a_i \leqslant 1$）；$M$ 为优质棉单价；Y_{si} 为单位面积第 i 次采摘棉
籽产量；N 为第 i 次采摘棉籽单价；P_r 为单位面积相对总收入；P_ck 为淡水处理单
位面积总收入。其中 a_i 取值主要受到棉纤维颜色、上半部平均长度、马克隆值、

整齐度指数、断裂比强度和异性纤维含量等的影响，因为试验棉花分批采摘，减小棉纤维变色概率，棉纤维颜色洁白，且无异性纤维，因此认为其仅受到马克隆值、长度整齐度、断裂比强度和上半部平均长度的影响。

对分批采摘的棉花纤维品质（表 5.4 和表 5.5）进行定价之后，按照式（5.5）计算得到棉花的收入，如表 5.7 所示。由表 5.7 可以看出，与 B1 处理相比，B2 和 B3 处理的收益分别增加 7.9%和 4.9%，而 B4 和 B5 处理分别降低 0.7%和 11.3%；与 F1 处理相比，F2 处理增加 1.7%，而 F3、F4 和 F5 处理分别降低 4.9%、8.6%和 9.6%。2012 年籽棉产量和齐苗率整体较低，导致收益整体较低。通过对比两种灌溉播种方式可知，畦灌平播处理的收益整体高于沟灌沟播处理。

表 5.7　2012 年各批次采摘籽棉产量及收入情况

处理	皮棉产量/（kg/hm²）				收入/（元/hm²）			收益 R/（元/hm²）
	第 1 批	第 2 批	第 3 批	第 4 批（霜后花）	皮棉	棉籽	合计	
B1	271.3	356.9	298.1	163.1	20324.2	4783.7	25107.9	12410.4
B2	259.8	388.8	314.6	173.1	21372.3	4910.3	26282.6	13387.6
B3	312.3	347.8	287.8	182.7	20907.0	4976.9	25883.9	13013.2
B4	309.1	366.7	243.9	182.5	20243.1	4822.4	25065.5	12328.7
B5	259.2	229.4	292.1	224.3	18444.4	4550.6	22995.0	11002.5
F1	243.2	330.5	289.7	196.4	19745.0	4668.4	24413.4	11850.9
F2	215.5	347.6	298.6	208.8	19911.4	4683.7	24595.1	12049.0
F3	184.8	315.9	320.7	212.7	19234.4	4700.1	23934.5	11275.2
F4	188.0	282.0	336.3	216.8	18950.3	4613.4	23563.7	10836.1
F5	206.5	290.2	274.3	227.1	18468.8	4520.7	22989.5	10718.3

注：皮棉产量 = 籽棉产量×衣分率；霜后花的衣分率统一定为 35%，价格系数取最低值 0.91；正常棉花价格参照计算当日皮棉参考价 19081 元/t；棉籽价格为 2.58 元/kg；移栽费为 0.05 元/棵；日常管理人工费为每人 50 元/d；采棉人工费为 1.6 元/kg；生产资料与耕播费用按照当地水平计算；收益为收入与投入之差。

采用分段函数拟合 2012 年相对收益（R_r）与 0～60 cm 生育期平均土壤盐度（EC）的相关关系式，得到畦灌处理和沟灌处理的方程分别见式（5.7）和式（5.8）：

$$\begin{cases} R_{rB}=1 & (EC \leqslant 0.67 \text{ dS/m}) \\ R_{rB}=1-0.5702(EC-0.67) & (0.67 \text{ dS/m}<EC \leqslant 0.85 \text{ dS/m}) \end{cases} \quad (5.7)$$

$$\begin{cases} R_{rF}=1 & (EC \leqslant 0.37 \text{ dS/m}) \\ R_{rF}=1-0.4282(EC-0.37) & (0.37 \text{ dS/m}<EC \leqslant 0.63 \text{ dS/m}) \end{cases} \quad (5.8)$$

由此可见，在不影响收益的前提下，畦灌处理能够耐受的土壤盐度阈值高于沟灌处理，但当超过阈值之后畦灌处理收益降幅明显较高。通过使用图 5.1（b）的拟合关系计算得出畦灌和沟灌处理对应的灌溉水矿化度阈值分别为 5.5 g/L 和 2.0 g/L，其中畦灌和沟灌处理在灌溉水矿化度分别为 6.0 g/L 和 4.0 g/L 时收益减幅较小，仅为 0.7% 和 4.9%，因此认为，畦灌和沟灌造墒的灌溉水矿化度指标最高可定为 6.0 g/L 和 4.0 g/L。

5.4　耐盐指标小结与讨论

（1）由于受到外界环境因素的影响，各项生长指标和籽棉产量都表现出一定的年际波动，其中出苗率和籽棉产量的年际变幅最大。通过分析籽棉产量与平均气温的关系发现，花铃期平均气温可能是籽棉产量年际变幅的最主要诱因。虽然各项指标都存在年际变幅，但是长系列的调查指标表明株高、成铃数、单铃重、霜前花率和果枝数都可以作为棉花的耐盐性鉴定指标，其中株高和成铃数是预知籽棉产量趋势较为可靠的指标。

（2）以往关于棉花灌溉水矿化度指标确定的报道都是以籽棉产量为目标函数。2007～2011 年畦灌和沟灌处理由籽棉产量决定的灌溉水矿化度阈值分别为 6.1 g/L 和 6.0 g/L，基本一致。

由于本研究通过结合育苗移栽技术补全棉苗，因此在提高产量的同时增加一些成本，在这种新的情形下，通过经济效益分析灌溉水矿化度的指标显得更有价值。在持续多年咸水灌溉后，2012 年作者综合考虑棉花产量构成及纤维品质的影响建立了棉花价格模型，结果显示，由收益决定的土壤盐度指标和灌溉水矿化度指标均低于由籽棉产量决定的灌溉水矿化度指标，这是因为当灌溉水矿化度达到一定水平后，棉花齐苗率下降、移栽费用增加，纤维品质下降、价格降低，致使高、低矿化度处理间的收益差距增大。

与咸水畦灌造墒相比，咸水沟灌造墒时由收益决定的灌溉水矿化度指标较低，这主要是因为当灌溉水矿化度处于 2.0～6.0 g/L 时，畦灌处理的籽棉产量较 B1 处理有所增加，而沟灌处理呈下降趋势，致使收益表现出不同反应。

综合考虑产量、收益、灌溉水量及灌溉水引入盐量，结合当地降水量和降水分布，在确保土壤相对安全和较高收益的情况下，按照最小安全定值原则，畦灌和沟灌造墒的灌溉水矿化度指标最高可定为 6.0 g/L 和 4.0 g/L，此时可以保证 90% 左右的相对齐苗率。

5.5 咸水灌溉安全性评价

环渤海低平原区淡水资源紧缺，而浅层地下咸水（含微咸水）分布广泛。抽取浅层咸水补灌，确保作物对水分的基本需求，是缓解该区淡水不足、确保农田具有较高产出的重要措施。然而，咸水灌溉将盐分离子带入农田土壤，会对土壤结构和土壤理化性状产生重大影响，如果取用不合理，势必产生"饮鸩止渴"的后果。因此，评价咸水灌溉对土壤理化性状、土壤酶活性和生产力的影响，对科学开发利用咸水资源和保障农田生态环境可持续发展具有重要意义。

为此，作者于 2012 年采用雨养方式，研究了不同播种方式下由长期咸水灌溉导致的盐渍化水平、土壤容重、有机质含量、EC、pH、土壤转化酶、土壤碱性磷酸酶和土壤脲酶，以及棉花产量的响应，对长期咸水灌溉的安全性进行了初步探讨。

5.5.1 咸水安全灌溉问题的由来

干旱缺水是全世界很多国家面对的共同难题，也促使劣质水成为后备灌溉资源，包括再生水和浅层地下咸水。再生水的利用受到水质复杂和区域局限性的影响，而浅层地下咸水分布广泛，且易于提取，因此浅层地下咸水是相对更为重要的灌溉水源。但是在水质淡化技术尚未发展到大规模推广水平（需要满足低耗能、高效、快速）前，咸水直接灌溉或混合淡水灌溉仍是唯一途径。以往众多研究表明，开展咸水灌溉首先应该配置排水沟，然而在中国，农田被分产到户，在已经划分的土地上分割出大面积的排水沟将牵扯太多人的利益，因此并非易事，从而使得部分区域咸水灌溉只能在无排水措施的条件下实行。

通过调查研究发现，开展浅层地下咸水灌溉的地区具有普遍的特点，即现在是盐碱地，或者曾经是盐碱地。以黄淮海平原为例，历史上该地区大面积盐碱地都是通过开采地下水、降低地下水位、切断地下水向地表的盐分补给实现土壤改良，也就是说该地区依靠降雨和科学地开展低矿化度的浅层水灌溉可以推动盐分垂直淋洗，实现上层土壤脱盐，将盐分控制在一定的范围内，并控制在一定深度以下。

这一实践对未设置排水沟的地区意义重大。以华北地区为例，目前深层地下淡水已经严重超采，而浅层地下水一般为微咸水或者咸水，这部分水源正在成为人们不得不选择的灌溉水。利用这部分水有利于进一步降低浅层地下水位，但是也会给上层土壤带入盐分。虽然从区域而言并没有给土壤引入新的盐分，总体上盐分仍保持整体平衡状态，但是咸水灌溉改变盐分在土壤剖面上的分布，一旦降雨不足以将盐分淋至耕层以下便会影响作物产量，甚至破坏上层土壤环境，而土壤环境一旦遭到破坏，土壤修复过程将历时较长。

由上述各种矛盾催生出一种疑惑：咸水灌溉是否存在安全性，即上层土壤盐分是否可以处于可控范围内？随之而来的问题是：能否利用咸水灌溉、采用什么灌水方式、灌什么水质的水、灌多少、什么时候灌？这些问题的解决需要借助模型，但是更需要实践的检验。针对"咸水安全灌溉"或"安全高效灌溉"的研究已不断展开，其中"十一五"国家科技支撑计划项目"环渤海低平原区咸水安全灌溉技术集成研究与示范"通过整合一套措施取得了节水和增产的效果。虽然前人针对咸水灌溉的安全性做出了许多不同角度的分析，但是并没有对"安全灌溉"给出明确的界定。

5.5.2　咸水安全灌溉的原则及有待解决的问题

综合以往研究结果和实践发现，咸水灌溉需要考虑作物和土壤两方面，其中种植作物的选择除受到经济价值和地域适应性的影响外，尤其需要考虑其耐盐性。作物的耐盐能力受到物种、品种和生育阶段的影响。土壤方面包含以下几个对立项：根层与深层、长期与短期、外源与内源、排水与不排水、土壤干与湿。在作物选定的情况下，咸水灌溉是否安全取决于作物产量和土壤质量两方面，而作物产量本身也是土壤质量反映的一个方面，因此可以认为就是土壤质量问题。土壤质量既要关心短期效应，又要重视长期效应，且应该以长期效应为标尺。以此为基础，提出咸水安全灌溉的原则：咸水灌溉后，与不灌溉相比作物大幅增产，与淡水灌溉相比无显著减产，短期内不会恶化土壤环境，长期看土壤临界层以上盐分不累积。该原则不会受到排水沟设置与否的影响。

"咸水灌溉后，与不灌溉相比作物大幅增产，与淡水灌溉相比无显著减产"，主要通过调节盐分在根层和深层的分布与运移，从而错开作物耐盐能力较弱的生育阶段来实现。"短期内不会恶化土壤环境"指土壤盐度处于相对较低的水平，土壤理化指标（土壤孔隙度、pH、团聚体等）和生物活性等在不用咸水灌溉后容易自然恢复。"长期看土壤临界层以上盐分不累积"指经过一个相对完整的水文年之后，土壤临界层以上的土壤盐度较灌溉之初无显著增加，这里"灌溉之初"有两个标准：一是灌溉前土壤的调查值（随机值），二是灌溉前土壤较为干旱情况时（此时土壤盐度相对最高）的调查值。可见，以土壤较为干旱情况下的土壤盐度作为初始值时更易实现安全灌溉。

这里提到的"土壤临界层"是一个预防土壤质量退化、人为界定的土层厚度，其概念与地下水临界深度的概念有相似之处。地下水临界深度是盐渍土改良和防止土壤次生盐渍化的重要技术参数，一般认为是土壤毛管水强烈上升高度加一个安全高度。刘有昌（1962）研究认为，地下水临界深度主要受到土壤质地及其层次排列、地下水矿化度、农业生产活动和作物生长状况的影响，并初步提出轻质土壤的临界层深度为 2.0~2.2 m。王洪恩（1964）对鲁西北地区不同土壤质地下的地下水临界深度做了分析，发现随土壤质地由轻变重，临界深度减小。与地下水临界深度有所不同的是，土壤临界层不仅需要考虑地下水埋深的影响，还需要考虑土壤脱盐能力的影响。因为只有在脱盐效果好且不存在地下水补给的条件下，才能实现盐分不累积的目标。当采用浅层地下水灌溉时，在较深的土层剖面内（潜水位以下）可能是平衡的，但是土壤临界层在地下浅水位以上时，临界层深度取决于土壤质地及其分层、地下水埋深、降雨和作物耗水状况等条件，并且临界层深度越大实现盐分不累积的难度越大，因此确定合理的临界层深度仍需要系统地研究和分析。

5.6 长期咸水灌溉后土壤次生盐渍化和潜在次生盐渍化情况

5.6.1 长期咸水灌溉后土壤次生盐渍化水平

前面已经谈到 2012 年棉花生长季的土壤盐度水平及剖面分布情况，可知随着 I/P 的降低，在降雨的淋洗下，各处理土壤盐度出现一定程度的降低，参考我国土壤盐渍化分级标准，0~20 cm 耕层土壤盐度及盐渍化水平分级如表 5.8 所示。可以看出，由于当年播前降雨，畦灌处理初始耕层土壤盐度较低，B1 和 B2 处理均恢复到非盐渍化水平，而 B3、B4 和 B5 处理为轻度盐渍化水平；在棉花生育期内，表层土壤整体处于低含水率状况，所以土壤盐度有所增加，B1~B5 处理的土壤盐度均处于轻度盐渍化水平；经过雨季淋洗，试验结束时所有处理的土壤盐度都大幅降低，其中 B1、B2 和 B3 都恢复到非盐渍化水平，B4 和 B5 处于较低的轻度盐渍化水平。沟灌处理初始耕层土壤盐度均处于轻度盐渍化水平，但是 F1、F2 和 F3 处理的初始土壤盐度分别大于相同灌溉水矿化度处理的 B1、B2 和 B3 处理，这是因为当时耕层土壤盐度处于脱盐状态，土壤盐度随土层深度增加而增大，导致部分沟灌处理开沟后沟底的耕层土壤盐度整体大于畦灌处理的耕层土壤盐度；棉花生育期内的平均土壤盐度与初始值相比有小幅降低，这可能与沟灌处理垄沟

的淋盐效果更好有关，所有处理都处于较低的轻度盐渍化水平；试验结束时所有
沟灌处理均发生大幅脱盐，F1～F4 都恢复到非盐渍化水平，F5 处理也仅是刚刚达
到轻度盐渍化水平。

表 5.8　2012 年不同时期 0～20 cm 耕层土壤盐度及盐渍化水平分级

处理	试验初始		生育期内均值		试验结束	
	土壤盐度/%	盐渍化水平	土壤盐度/%	盐渍化水平	土壤盐度/%	盐渍化水平
B1	0.076	非盐渍化	0.104	轻度盐渍化	0.064	非盐渍化
B2	0.085	非盐渍化	0.108	轻度盐渍化	0.074	非盐渍化
B3	0.129	轻度盐渍化	0.147	轻度盐渍化	0.082	非盐渍化
B4	0.177	轻度盐渍化	0.175	轻度盐渍化	0.127	轻度盐渍化
B5	0.206	轻度盐渍化	0.217	轻度盐渍化	0.141	轻度盐渍化
F1	0.106	轻度盐渍化	0.109	轻度盐渍化	0.057	非盐渍化
F2	0.119	轻度盐渍化	0.110	轻度盐渍化	0.062	非盐渍化
F3	0.131	轻度盐渍化	0.126	轻度盐渍化	0.070	非盐渍化
F4	0.155	轻度盐渍化	0.141	轻度盐渍化	0.086	非盐渍化
F5	0.173	轻度盐渍化	0.161	轻度盐渍化	0.101	轻度盐渍化

5.6.2　长期咸水灌溉后潜在次生盐渍化问题

由土壤盐分的深层剖面分布情况可知，被淋洗出耕层的盐分在下层聚积，并
且聚积深度随灌溉水矿化度的增加而上移，因此灌溉水矿化度越高潜在盐渍化威
胁越大。然而，这个信息并不能从耕层的土壤盐渍化水平分级中获取，且往往会
造成误判，因为咸水灌溉不会导致土壤盐渍化。为了更加全面、客观地评估咸水
灌溉对土壤的影响，还需要了解其潜在次生盐渍化问题。在明确潜在盐渍化水平
时首先需要明确其度量深度。以往研究表明，均壤质土壤水的毛管强烈上升高度
在 1.2～1.5 m（中国土壤学会盐渍土专业委员会编，1989），其中黄淮海平原推荐
的潜在次生盐渍化的度量深度定为 2.0 m（魏由庆等，1994）。土壤次生盐渍化水
平分级参照土壤盐渍化水平的分级标准，具体结果如表 5.9 所示。

从表 5.9 可以看出，两种灌水方式处理在各时期的土壤盐度都随着灌溉水矿化
度的增加而增大，除 B5 处理已经到中度盐渍化水平外，其余处理均处于轻度盐渍
化水平。可见，在这种灌溉和降雨条件下各处理都存在一定的潜在盐渍化威胁，

尤其是 B5 处理已经达到中度潜在盐渍化水平，一旦遇到干旱年份，土壤水毛管上升强烈，若未及时灌溉很容易造成耕层土壤次生盐渍化。

表 5.9　2012 年不同时期 0～2.0 m 土层土壤含盐量及潜在盐渍化水平分级

处理	试验初始		生育期内均值		试验结束	
	土壤盐度/%	盐渍化水平	土壤盐度/%	盐渍化水平	土壤盐度/%	盐渍化水平
B1	0.146	轻度盐渍化	0.155	轻度盐渍化	0.152	轻度盐渍化
B2	0.169	轻度盐渍化	0.177	轻度盐渍化	0.171	轻度盐渍化
B3	0.211	轻度盐渍化	0.228	轻度盐渍化	0.230	轻度盐渍化
B4	0.271	轻度盐渍化	0.268	轻度盐渍化	0.271	轻度盐渍化
B5	0.332	中度盐渍化	0.318	中度盐渍化	0.304	中度盐渍化
F1	0.123	轻度盐渍化	0.117	轻度盐渍化	0.112	轻度盐渍化
F2	0.155	轻度盐渍化	0.149	轻度盐渍化	0.139	轻度盐渍化
F3	0.180	轻度盐渍化	0.177	轻度盐渍化	0.165	轻度盐渍化
F4	0.215	轻度盐渍化	0.204	轻度盐渍化	0.196	轻度盐渍化
F5	0.238	轻度盐渍化	0.229	轻度盐渍化	0.216	轻度盐渍化

5.7　长期咸水灌溉对土壤理化性质的影响

5.7.1　咸水灌溉对耕层土壤化学性状和有机质的影响

表 5.10 为 2012 年实测的 0～20 cm 土层土壤理化性状结果，其中土壤盐度和 pH 都与灌溉水矿化度呈正相关。与试验初期相比，试验结束时畦灌和沟灌各处理的土壤盐度大幅降低，而 pH 有增加趋势，但畦灌和沟灌各处理的增幅较小，分别为 1.7%～5.1% 和 1.4%～3.9%。畦灌处理的土壤盐度和 pH 整体上大于相应的沟灌处理，这应该是由历年灌水量不同导致的。

畦灌和沟灌处理的土壤有机质含量在各自处理内部并无显著变化规律。与试验初期相比，畦灌所有处理的土壤有机质含量在试验结束时无显著变化，而沟灌 F3、F4 和 F5 处理显著降低。此外，畦灌各处理的土壤有机质含量在试验初期和结束时分别比相应的沟灌处理高 8.9%～16.0% 和 13.8%～19.4%，这应该与播种方式不同有关。

表 5.10　2012 年 0～20 cm 土层土壤理化性状

处理	取样日期	土壤容重/（g/cm³）	总孔隙度/%	盐度/（dS/m）	pH	有机质含量/%
B1		1.39[c]	47.49	0.36	8.32	1.83[a]
B3	5 月 4 日	1.40[c]	46.99	0.41	8.6	1.81[a]
B4	（试验初期）	1.55[a]	41.39	0.50	8.67	1.90[a]
B5		1.56[a]	41.06	0.67	8.97	1.89[a]
B1		1.41[c]	46.92	0.14	8.46	1.90[a]
B3	11 月 7 日	1.42[c]	46.51	0.23	8.78	1.88[a]
B4	（试验结束时）	1.53[a]	42.26	0.26	9.11	1.85[a]
B5		1.52[a]	42.60	0.30	9.25	1.84[a]
F1		1.47[b]	44.37	0.36	8.2	1.68[b]
F3	5 月 4 日	1.51[a]	43.16	0.38	8.4	1.65[b]
F4	（试验初期）	1.52[a]	42.48	0.43	8.45	1.66[b]
F5		1.53[a]	42.08	0.47	8.68	1.63[b]
F1		1.46[b]	44.91	0.11	8.52	1.67[b]
F3	11 月 7 日	1.51[a]	42.98	0.12	8.52	1.58[c]
F4	（试验结束时）	1.51[a]	42.98	0.13	8.65	1.55[c]
F5		1.50[a]	43.26	0.16	8.94	1.58[c]

注：同列数字后的不同小写字母代表显著性差异达到 5%。下同。

5.7.2　咸水灌溉对耕层土壤容重和孔隙度的影响

容重是土壤十分重要的物理性质之一，是土壤化学性质、颗粒构成及团聚体特征的综合反映。由不同处理土壤容重数据可见（表 5.10），经过连续多年咸水灌溉后，畦灌处理 0～20 cm 土层的土壤容重均表现出随土壤盐度增加而增大的趋势，且在高、低盐度处理间存在显著差异，其中在 2012 年试验初期和试验结束时 B5 处理比 B1 分别高出 12.2% 和 7.8%。沟灌处理的土壤容重在试验初期也表现出与畦灌相似的趋势，但实验结束时仅 F1 处理显著低于其他处理，两次调查结果显示 F5 比 F1 处理分别高 4.1% 和 2.7%。此外，因为沟灌小区沟播时 0～20 cm 土层实际为畦灌处理的 20～30 cm 土层，参考表 2.1 数据可知，相近土壤盐度下沟灌处理的土壤容重更大。

由表 5.10 可知，土壤孔隙度表现正好与容重相反，其随土壤容重的增加而降低。其中仅 B4 和 B5 处理的降幅最大，与 B1 处理相比，试验初期分别降低 12.8% 和 13.5%，试验结束时分别降低 9.9% 和 9.2%。相近土壤盐度下沟灌处理的总孔隙度更小。

表 5.11 显示试验结束时不同处理 0~60 cm 土层土壤容重和总孔隙度,可以看出,调查剖面内以耕层土的处理间差异最大,畦灌处理 20~40 cm 土层也受到显著影响,而沟灌处理耕层以下土层差异不显著。总体来看,畦灌处理 0~60 cm 土层均值有一定的增加趋势,但不显著,而沟灌处理间几乎没有差异。

表 5.11 试验结束时不同处理 0~60 cm 土层土壤容重和总孔隙度

处理	土壤容重/(g/cm³)					总孔隙度/%				
	0~10 cm	10~20 cm	20~40 cm	40~60 cm	0~60 cm	0~10 cm	10~20 cm	20~40 cm	40~60 cm	0~60 cm
B1	1.38^c	1.43^d	1.47^c	1.36^b	1.41^a	47.81^a	46.04^a	44.49^b	48.57^a	46.68^a
B2	1.40^c	1.45^d	1.51^b	1.38^b	1.44^a	47.36^a	45.43^a	42.98^{bc}	47.89^a	45.77^a
B3	1.40^c	1.44^d	1.58^a	1.37^b	1.46^a	47.32^a	45.70^a	40.39^d	48.23^a	45.02^a
B4	1.44^b	1.62^a	1.53^b	1.37^b	1.48^a	45.51^a	39.02^e	42.38^c	48.26^a	44.34^a
B5	1.48^b	1.56^b	1.53^b	1.39^{ab}	1.46^a	44.08^c	41.13^d	42.30^c	47.62^{ab}	44.75^a
F1	1.44^b	1.48^c	1.42^d	1.44^a	1.44^a	45.74^b	44.08^b	46.26^a	45.70^b	45.66^a
F2	1.46^b	1.53^b	1.38^d	1.44^a	1.44^a	44.83^{bc}	42.42^c	47.81^a	45.66^b	45.85^a
F3	1.47^b	1.55^b	1.41^d	1.41^a	1.44^a	44.57^{bc}	41.40^d	46.79^a	46.68^{ab}	45.74^a
F4	1.51^a	1.51^{bc}	1.42^d	1.42^a	1.46^a	42.91^d	43.06^c	46.49^a	46.49^{ab}	45.06^a
F5	1.52^a	1.49^{bc}	1.40^d	1.41^a	1.44^a	42.60^d	43.92^b	47.06^a	46.87^{ab}	45.74^a

5.7.3 咸水灌溉对耕层土壤酶活性的影响

由表 5.12 可以看出,畦灌处理中除试验初期的土壤脲酶活性随着土壤盐度的增加而降低外,土壤转化酶活性、碱性磷酸酶活性和试验结束时的脲酶活性均表现为随土壤盐度增加呈先增后减的趋势。试验结束时所有处理 3 种酶活性平均比试验初期增加 47.2%、16.8%和 3.8%,说明在畦灌条件下,土壤转化酶的恢复能力最强,脲酶最稳定。从处理间比较结果来看,B5 处理的土壤转化酶、碱性磷酸酶和脲酶活性在试验初期分别较 B1 处理低 25.9%、7.0%和 26.7%,在试验结束时比 B1 处理分别低 33.2%、0 和 35.6%。

沟灌处理中试验初期的土壤转化酶活性和碱性磷酸酶活性随着土壤盐度的增加而降低,F5 较 F1 处理分别低 4.4%和 17.5%,而脲酶活性在处理间无显著变化;试验结束时的碱性磷酸酶活性随着土壤盐度的增加先降后升,F5 较 F1 处理高 6.8%,而土壤转化酶活性和脲酶活性在处理间无明显差异。与试验初期相比,试验结束时所有处理土壤转化酶活性平均增加 52.3%,而碱性磷酸酶表现为 F1 和 F2

分别降低 9.3% 和 8.0%，F4 不变，F5 增加 17.5%，土壤脲酶活性基本没变。说明在沟灌条件下，仍然是土壤转化酶活性的恢复能力表现最强，脲酶活性最稳定。

通过对比畦灌和沟灌处理 3 种酶活性结果可以发现，与有机质含量的表现相似，在相同的土壤盐度水平下，畦灌处理的酶活性整体高于沟灌处理。

表 5.12 2012 年 0~20 cm 土层土壤酶活性　　　（单位：mg/g）

处理	取样日期	转化酶活性	碱性磷酸酶活性	脲酶活性
B1		5.06^d	1.00^{bc}	10.80^b
B3	5 月 4 日	5.12^d	1.06^b	9.84^c
B4	（试验初期）	4.65^e	1.01^{bc}	9.36^d
B5		3.75^g	0.93^c	7.92^f
B1		7.76^b	1.07^b	10.80^b
B3	11 月 7 日	8.09^a	1.31^a	11.52^a
B4	（试验结束时）	6.32^c	1.22^a	10.08^c
B5		5.18^d	1.07^b	6.96^g
F1		4.3^f	0.97^{bc}	8.16^e
F3	5 月 4 日	4.25^f	0.87^{cd}	8.16^e
F4	（试验初期）	4.17^f	0.84^d	8.06^{ef}
F5		4.11^f	0.80^d	8.16^e
F1		6.46^c	0.88^{cd}	8.16^e
F3	11 月 7 日	6.40^c	0.80^d	7.97^f
F4	（试验结束时）	6.38^c	0.84^d	7.92^f
F5		6.40^c	0.94^c	8.16^e

5.8　咸水灌溉对耕层土壤质量影响的综合评价

可持续发展农业指采取某种合理使用和维护自然资源的方式，实行技术变革和机制性改革，以确保当代人类及后代对农产品需求可以持续发展的农业系统。咸水安全灌溉就是利用劣质水源实现可持续发展农业，按可持续农业发展的要求，需要权衡 3 方面，即合理利用浅层地下水、维护土壤质量和确保棉花产量。其中，合理利用浅层地下水既是目标又是手段，在既定的试验中主要是作为开源替代淡水的手段，而维护土壤质量和确保棉花产量是目标。不同历史时期人类的诉求有所差异，在一般情况下，维护土壤质量才是更重要的，因为它既是可持续发展的基本条件又是保证作物产量的直接原因。遇到持续特别干旱的时期，粮棉生产会对灌溉水的要求更高，一旦淡水不足，则不得不利用劣质水灌溉，此时为了满足人类最基本的生存需要，土壤质量的权重就会变小，这属于特殊情况。因此，只有科学合理地权衡土壤与作物之间的相互作用关系，才能有效地指导咸水灌溉并保障其安全性。

5.8.1 评价目标及指标体系

棉花产量既是农业生产的追求目标又是土壤质量的重要表现，所以将其作为土壤质量的评价目标是权衡土壤与作物之间相互关系的适宜手段。以往研究表明，土壤入渗率主要取决于有效孔隙度，孔隙度增大将会提高土壤的导水能力，所以在试验区土壤质地相同的条件下将孔隙度作为其中的 1 个管理目标。本研究为小区试验，故土壤侵蚀问题可以忽略。又因为土壤盐度是土壤次生（潜在次生）盐渍化的衡量标准，所以将土壤盐度作为 1 个管理目标。综上所述，本研究共确定 3 个量化目标，即棉花高产、高孔隙度和低土壤盐度。

一般认为土壤质量指标应具有代表性和普适性，另外还应具有敏感、易于观测、可靠的特点。就咸水灌溉而言，评价盐分对土壤质量的影响时，土壤质量评价指标除应具有代表性、普适性、易于观测、相对敏感和可靠的特点外，还应该包括较难恢复的指标用于评价。这个标准既允许土壤质量有所降低，但同时又能保证其较快地恢复，从而不会导致土壤质量恶化。本研究用于土壤质量指标最小数据集（MDS）的备选指标采用试验结束时（2012 年 11 月 7 日）的土壤容重、盐度、pH、有机质含量和土壤酶活性等，详见表 5.10 和表 5.12。

5.8.2 评价方法

采用因子分析法处理各项土壤指标，通过降维，利用较少的数据能够较为全面地说明问题。通过式（5.9）计算各处理的 SQI：

$$\text{SQI} = \sum_{i=1}^{n} W_i \times S_i \qquad (5.9)$$

式中，W 为主成分权重；S 为每个变量 i 的指标得分；n 为 MDS 中变量的数目。使用这个方程时需要确定 S 和 W。

指标是按升序还是降序排序，取决于更高的取值对土壤功能而言是好还是坏。对于越大越好的指标（如土壤酶活性），每个观测值除以最大值，因此最大观测值得分为 1，而其余观测值的得分小于 1。对于越小越好的指标（如土壤容重、pH

和盐度），最小值除以每个观测值，因此最小值得分为 1，而其余观测值得分小于 1。计算完每个 MDS 指标的得分之后，每部分采用主成分分析的结果分配权重。每个主成分占 MDS 中变量的一定贡献率（%），当这个贡献率除以所有变量（特征值大于 1）所占的总贡献率，便可在主成分给定时赋予选定的变量权重。然后每个处理的 SQI 就可以通过式（5.9）计算得来，得分越高说明土壤质量越高。

5.8.3 土壤质量指标最小数据集的确定

表 5.13 显示特征值大于 1，且累计比例占到 92.76% 的两个主成分的数据统计结果，其中主成分 1 主要在土壤容重、有机质含量和土壤酶活性这 5 个变量上有较大的负荷，这几个因子从不同侧面反映土壤的活性状况，可以称为土壤活性因子；主成分 2 主要在土壤盐度和 pH 两个变量上的负荷较大，可以称为土壤化学因子。

因为土壤容重主要反映土壤的物理性状，且负荷较高，因此留在 MDS 内。由表 5.14 可见，土壤转化酶活性和脲酶活性的相关性较高（$r = 0.883$），且土壤脲酶活性的负荷最大（表 5.13），所以土壤脲酶活性留在 MDS 内。土壤有机质含量和碱性磷酸酶活性的相关性较高（$r = 0.865$），负荷相近，为了更加全面地体现土壤质量指标，将有机质含量留在 MDS 内。土壤盐度与 pH 相关性较高（$r = 0.889$），

表 5.13 土壤质量指标的主成分负荷分析结果

数据统计值	PC 1	PC 2
特征值	3.6036	2.8896
方差贡献	3.6037	2.8897
比例/%	51.4800	41.2800
累计比例/%	51.4800	92.7600
因素负荷		
变量		
土壤容重	**−0.7603**	0.5398
土壤盐度	0.3138	**0.9385**
pH	−0.0547	**0.9744**
有机质含量	**0.8305**	0.4069
转化酶活性	**0.7955**	−0.5579
碱性磷酸酶活性	**0.8468**	0.5125
脲酶活性	**0.9406**	−0.1689

注：PC 代表主因子，每列加粗的数字认为是变量负荷较大项。

且 pH 的负荷（表 5.13）更大，又因为本研究土壤盐度恢复能力较强（试验结束时各处理土壤盐度低于试验之初所有处理），不符合作为评价指标的标准，所以将 pH 留在 MDS 内。因此，最终的 MDS 包括土壤容重、pH、脲酶活性和有机质含量。

使用这 4 个 MDS 指标作为独立的变量分别与前面提到的 3 个管理目标做多元回归分析。土壤孔隙度、棉花产量和土壤盐度的决定系数（R）分别为 0.999（$P<0.0001$）、0.9413（$P<0.09$）和 0.9886（$P<0.008$）。这些回归结果显示出 MDS 与管理目标土壤孔隙度和土壤盐度之间显著的相关性，但与棉花产量回归方程的置信度较低，这是因为显著影响棉花产量的土层厚度不限于耕层。

表 5.14　各指标的皮尔逊相关系数

变量	土壤容重	土壤盐度	pH	有机质	转化酶	碱性磷酸酶	脲酶
土壤容重	1.000	0.252	0.563	−0.470	−0.863	−0.341	−0.703
土壤盐度	0.252	1.000	0.889	0.638	−0.268	0.744	0.118
pH	0.563	0.889	1.000	0.292	−0.554	0.469	−0.204
有机质	−0.470	0.638	0.292	1.000	0.348	0.865	0.650
转化酶	−0.863	−0.268	−0.554	0.348	1.000	0.411	0.883
碱性磷酸酶	−0.341	0.744	0.469	0.865	0.411	1.000	0.736
脲酶	−0.703	0.118	−0.204	0.650	0.883	0.736	1.000

注：相关系数临界值，$a=0.05$ 时，$r=0.7067$；$a=0.01$ 时，$r=0.8343$。

5.8.4　土壤质量指数的计算与分析

采用式（5.1）计算各处理的 SQI，MDS 中 4 个变量的权重分别为土壤容重 0.167、土壤有机质含量 0.183、土壤尿酶活性 0.207（PC 1）和土壤 pH 0.238（PC 2）。得分 S 及最终 SQI 计算结果如表 5.15 所示。各处理的 SQI 计算结果显示，B3＞B1＞B4＞F1＞F3＞F4=F5＞B5，即同一播种方式下土壤质量随灌溉水矿化度增加而降低，通过对比两种灌水（播种）方式可知，当灌溉水矿化度低于或等于 6 g/L 时畦灌平播处理的土壤质量高于沟灌沟播处理，当灌溉水矿化度达到 8 g/L 时沟灌处理的土壤质量好于相同灌溉水矿化度下的畦灌平播处理，说明沟灌沟播种植模式的土壤质量本身较畦灌平播差，但是在灌溉水矿化度较高、土壤盐度值较大的情况下可以体现出一定的提高土壤质量的优势。各指标对土壤质量的相对贡献以土壤溶液 pH 最大（29.9%），之后依次为土壤脲酶活性（26.0%）、土壤有机质含量（23.0%）和土壤容重（21.1%）。

表 5.15　土壤质量指标最小数据集中 4 个变量的得分及最终 SQI

处理	各主要变量得分 S				SQI
	土壤容重	pH	有机质含量	脲酶活性	
B1	1.000	1.000	1.000	0.938	0.782
B3	0.992	0.964	0.989	1.000	0.783
B4	0.919	0.929	0.974	0.875	0.734
B5	0.925	0.915	0.968	0.604	0.674
F1	0.963	0.993	0.879	0.708	0.705
F3	0.931	0.993	0.832	0.692	0.687
F4	0.931	0.978	0.816	0.688	0.680
F5	0.935	0.946	0.832	0.708	0.680

5.9　安全评价小结与讨论

（1）本研究表明，沟畦轮灌处理沟灌时的盐分淋洗效率高于畦灌处理，并且因沟畦轮灌下盐分带入量少，土壤盐度水平也更低，从而为棉花生长提供更低的土壤盐度环境，这与 Wang 等（2004）和 Malash 等（2008）报道的沟灌较漫灌淋洗效果更好的结果基本一致。虽然棉花收获后各处理土壤盐度较棉花播种时不同程度降低，但土壤 pH 有所增加，这可能与土壤离子组成有较大关系（张余良等，2006）。随土壤盐度增加，0～20 cm 土层的土壤容重表现出增加的趋势，这是长期咸水灌溉的盐分离子改变土壤结构所致，因为容重在短期、小额淋洗条件下不会显著降低（吴乐如等，2006），所以它能表征盐分对土壤的长期作用。此外，因播种方式差异和土壤分层的原因，沟灌处理的土壤容重大于畦灌处理。

（2）土壤酶由微生物、植物根系分泌和土壤动物产生（Singh and Kumar，2008），因此抑制土壤酶活性有两个主要途径：减少来源和降低活性。咸水灌溉导致土壤盐度增加，从而抑制植物根系生长，降低根系分泌酶（周玲玲等，2010；Ghollarata and Raiesi，2007），还会降低土壤中活性微生物的种群数量，从而减少土壤酶的合成（Rietz and Haynes，2003）。此外，土壤盐度较高时会抑制蛋白的溶解，造成蛋白质失活而降低酶活性（Yuan et al.，2007），最终导致土壤酶活性与土壤盐度呈负相关。土壤容重也可能导致土壤酶活性降低，因为土壤容重的增加降低土壤的孔隙度，从而抑制土壤中微生物和根系的呼吸作用（王群等，2012）。

不同取样时期不同土壤盐度对土壤酶活性的影响主要分为酶活性基本不变、降低和升高 3 种情况。本研究结果表明，两种处理的土壤转化酶活性的恢复能力最强，脲酶活性最稳定。不同土壤酶活性受到影响的程度之所以不同，是因为不同土壤酶的来源和耐盐能力均有所差异。此外，Dick 等（1988）和王群等（2012）研究表明土壤酶活性随着土层深度的增加而降低，因此很可能同样受到播种方式差异的影响，导致沟灌沟播处理调查的 3 种土壤酶活性整体低于畦灌平播处理。

（3）由第 3 章土壤盐度年际变化和本章土壤盐渍化与潜在盐渍化水平可知，短期看当灌溉水矿化度达到 6.0 g/L 左右后对耕层土壤质量造成影响，深层土壤盐度也大幅增加，但整体可以控制在轻度盐渍化水平。经历 2012 年棉花生长季后，土壤质量指标也有所恢复，各处理的土壤盐度均有大幅降低。2013 年遇到棉花生长季丰水年，试验结束时所有处理的土壤盐度都大幅降低，降至 2008 年的水平，可见只要将灌溉水矿化度控制在一定范围内，利用咸水进行补灌可行。综合而言，该区咸水灌溉可行，但存在导致土壤盐度增加的风险。由于试验年限尚短，没有经历一个相对完整的水文年周期，所以长期看是否安全还有待考证。

（4）综合考虑以上指标，认为在环渤海低平原盐度较低的区域短期内开展咸水灌溉是可行的。沟灌处理的土壤盐度更低，棉花产量的降幅也更小，但是总体上棉花产量低于畦灌处理，这是由沟灌处理的土壤质量整体较低造成的。依据土壤质量指标推荐的咸水灌溉使用模式为 6.0 g/L 及以下的咸水采用畦灌平播模式植棉，达到 8.0 g/L 后采用沟灌沟播模式植棉，在这种情况下土壤盐渍化和潜在盐渍化水平都能控制在轻度盐渍化水平。

第一部分 总结与展望

1. 总结

环渤海地区水资源严重不足，限制地区农业和经济发展，然而该区浅层地下咸水储量丰富，尚未有效加以利用。为了缓解水资源供需矛盾，本书研究咸水灌溉对棉田土壤水盐演变、土壤理化性状、土壤酶活性的影响机制，以及对棉花出苗、生长、产量、纤维品质和收益的影响效应，探讨该区咸水安全灌溉的原则和有待进一步解决的问题，通过整合棉花齐苗率、产量、经济效益和对土壤质量评价所确定的灌溉水矿化度指标，得出适于该区的适宜灌溉水矿化度指标的阈值。主要结论如下。

（1）咸水造墒在提高土壤含水率的同时，可以为棉花出苗提供短期的、相对较低的盐度环境。沟灌处理因造墒灌溉水量小于畦灌处理，导致其返盐时间早于畦灌处理，但是沟灌处理在雨季可以充分发挥集雨效果好的优势，起到更好的脱盐效果（沟底）。2010 年棉花生育期内畦灌处理和沟灌处理沟底 0~1.0 m 土层的土壤盐度降幅表现分别为 3.1%~24.4%（其中 B3 处理出现盐分累积）和 17.1%~43.6%；2012 年分别为 1.7%~15.7% 和 1.2%~27.6%。降雨作为棉花生育期内唯一的供水源，对当地棉花生产起着极为重要的作用。

（2）通过分析覆膜对畦灌处理和沟灌处理棉田土壤水盐的影响，结果表明覆膜仅对畦灌处理棉花苗期和蕾期表层 0~20 cm 土壤含水率有显著的保墒作用，较行间裸地提高 7.0%，但在全生长期内起到显著的抑制盐分表聚作用；覆膜对沟灌处理全生长期内所有土层的土壤含水率都起到大幅提升作用，其中 0~40 cm 土壤含水率提高幅度最大，生育期均值为 23.2%，并且抑制盐分表聚的效果也更加显著。

（3）0~1.0 m 土层内盐分变化与水文年型及降水年内分配关系密切。2006~2011 年各处理呈积盐趋势，2012 年和 2013 年脱盐。B1、B2、B3、B4、B5 处理随灌溉水带入盐分的最终脱盐率（RID）分别为 114.76%、99.16%、88.40%、91.92%、87.17%，F1、F2、F3、F4、F5 处理的 RID 分别 116.07%、108.45%、96.98%、93.20%、86.43%；与 2006 年试验初始值土壤盐分相比，最终 B1、F1 和 F2 处理分别出现 11.8%、8.7% 和 10.1% 的脱盐，B2 处理基本持平，其余处理出现积盐，B3、B4、B5 和 F3、F4、F5 处理分别增加 41.0%、42.9%、90.8% 和 7.3%、24.5%、65.2%，可见沟畦轮灌处理的积盐情况显著低于畦灌处理。

（4）由于受到土壤夹层和地下毛管上升水的影响，0~6.6 m 剖面土壤水盐分布存在 3 个突变界面。由 2012 年不同时期取样结果可知，在连雨季上层土壤湿润的条件下，土壤剖面内存在水分深层渗漏，被淋洗出 1.0 m 土层的盐分已经随深层渗漏的水流运移至 3.0 m 以下土层；2013 年试验结束时 86% 以上灌溉水带入的盐分被淋出 1.0 m 土层，B1、B2、B3、B4 和 B5 处理盐峰分别出现在 2.3 m、2.1 m、1.9 m、1.7 m 和 1.5 m 处，F1、F2、F3、F4 和 F5 处理盐峰分别出现在 2.1 m、2.1 m、1.9 m、1.9 m 和 0.7 m 处，随着灌溉水矿化度的增加，盐峰值在剖面内有上移趋势。

（5）从单个棉花生长季的生长指标来看，随灌溉水矿化度的增加，棉花的生育进程有不同程度的推迟，各项生长指标因为耐盐能力有所差异或是先增后降，或是直线降低，整体上较高矿化度咸水灌溉处理的棉花生长受到抑制。咸水灌溉并不一定会降低棉花的产量，但是会影响棉花的产量构成，尤其影响棉铃的构成，当灌溉水矿化度达到 4.0 g/L 时会显著降低伏前桃比例，增大秋桃比例；当灌溉水达到 6.0 g/L 时霜前花率显著降低，但是籽棉产量并无显著降低。随灌溉年份的增加，土壤中盐分累积程度在 2011 年之前呈增加趋势，但所有生长指标并非随之逐年降低，而是表现为不同幅度的年际波动，这可能与气温、降雨分布等气象因素有关。花铃期平均气温较高时籽棉增产，因此花铃期平均气温可能是籽棉产量产生年际差异的主要原因。此外，在相同造墒方式下，各处理的耗水量差异很小，但是沟灌处理的耗水量整体上低于畦灌处理。

（6）采用标准差系数表征各指标年际的离散程度，值越大表示年际变幅越大，得到棉花齐苗率、霜前花率、株高和成铃数的标准差系数整体上随灌溉水矿化度和土壤盐度的增加而增大，说明灌溉水矿化度和土壤盐度对这些指标年际波动的影响大于气象因子；与之相反，籽棉产量标准差系数最大值都出现在低矿化度处理，说明气象因子对籽棉产量的影响更大。虽然这些指标存在不同程度的年际变幅，但分析结果显示株高、成铃数、果枝数和霜前花率等都可以作为棉花的耐盐性鉴定指标，其中株高和成铃数是预知籽棉产量趋势较为可靠的指标。

（7）在 2010 年和 2011 年棉花霜前花纤维品质调查结果中，两种造墒方式处理的马克隆值都表现出随灌溉水矿化度增加而增大的趋势，其中 2011 年畦灌和沟灌处理的灌溉水矿化度分别达到 4.0 g/L 和 6.0 g/L 后，马克隆值超过 5.0，纤维品质降低；此外，棉花衣分率有随灌溉水矿化度增加而增大、随采摘时间延长而下降的趋势，其余指标无一致规律。

（8）综合考虑产量、收益、灌溉水量及灌溉水引入盐量，结合当地降水量和降水分布，在确保土壤相对安全和较高收益的情况下，按照小值最为安全取值的原则，畦灌和沟灌造墒的灌溉水矿化度指标最高可定为 6.0 g/L 和 4.0 g/L，此时可以保证 90% 左右的相对齐苗率。并且当灌溉水矿化度超过阈值之后，畦灌处理各项指标的降幅大于沟灌处理。

（9）连续多年咸水灌溉后（2012 年），0～20 cm 的土壤盐度、容重和 pH 随灌溉水矿化度的增加而增加；畦灌处理的土壤盐度、pH、土壤有机质含量等整体高于相应的沟灌处理，但容重较低。在相同的土壤盐度水平下，畦灌处理的土壤酶活性整体高于沟灌处理。通过计算土壤质量指数，结果表明同一灌溉方式下土壤质量随灌溉水矿化度增加而降低；不同灌水方式下，当灌溉水矿化度不高于 6.0 g/L 时畦灌处理的土壤质量优于沟灌处理，当灌溉水矿化度达到 8.0 g/L 时沟灌处理的土壤质量好于畦灌处理。

（10）综合考虑经济效益和土壤质量，认为在环渤海低平原盐度较低的区域短期开展咸水灌溉是可行的。在咸水造墒播种结合育苗补栽措施条件下最好使用畦灌平播方式植棉，适宜灌溉水矿化度指标的阈值为 6.0 g/L。

2. 展望

（1）为了探寻适宜的灌溉水矿化度指标，本研究设置 5 种灌溉水矿化度，邻近区域的浅层地下水矿化度较为单一（2 g/L 左右），所以本研究中所用咸水由深层地下水与海盐配制而成，其中钠离子和氯离子浓度较当地地下水更高。以往研究表明，钠离子和氯离子浓度过高会导致棉花营养失衡和离子毒害，对棉花生长造成极大影响，因此当地适宜灌溉水矿化度指标可能会比推荐值更高。

（2）试验观测指标项主要集中在土壤水、盐和棉花形态指标，对棉花生理指标和土壤环境指标的观测较少，然而这方面的研究对更加全面、准确地评价土壤质量意义重大，所以这方面的研究还有待加强。

（3）开展适于环渤海低平原区的咸水灌溉制度试验，并结合数学模型（如水盐运移模型、作物吸水模型等）对多情景下的土壤盐渍化演化过程进行分析和预测，是进一步解决咸水安全灌溉问题的发展方向，该研究在张俊鹏（2015）的研究中有所体现。

（4）为了探寻咸水灌溉对农田生产要素的影响，本研究是在无防护措施的条件下展开的，结合本书分析结果与以往研究成果，推荐在采用咸水灌溉时，尤其是在灌溉水矿化度较高的条件下，首先应该规划设置排水沟，其次采取增施增大土壤有机质含量和土壤微生物活性，提高耕地质量增加土壤通透性，使用脱硫石膏等土壤调理剂减轻盐害，使用覆盖措施抑制蒸发和返盐，使用咸淡水轮灌和适时淋洗等措施。此外，还应注意提高播量、适墒播种、减少化控次数等事项。

第二部分

环渤海滨海平原区重度滨海盐碱地咸水滴灌技术

第6章 研究背景与进展

6.1 研究背景与意义

环渤海地区是中国最重要的经济圈之一，同时是华北地区重要的粮食生产基地。环渤海地区人口数量达到 3.06 亿人，居民生活、城市建设、工业和生态环境的用水量巨大。然而，该区人均水资源量仅为 514 m³，仅为全国人均的 1/4，尤其是京津冀地区更低，人均不足 300 m³（水利部，2010）。近年来，天津滨海新区、唐山曹妃甸区、河北渤海新区、江苏沿海大开发区、辽宁沿海经济带、黄河三角洲高效生态经济区等环渤海滨海地区的发展规划相继获国务院批准通过，上升为国家战略，这将促使该区发展提速，与此同时用水量也会进一步增加。因此，亟须寻求补充水源用以弥补固有淡水资源的严重不足。幸好，在该区储藏着大量的、存在巨大开发潜力的浅层咸水资源，仅河北平原可开发的浅层咸水储量就有 $3.5×10^9$ m³/a（Qian et al., 2014）。合理开发利用浅层咸水资源不仅可以缓解该区淡水紧缺局面，还能起到降低地下水位、防治土壤盐碱化的作用。

盐碱地是一类重要的土地资源，遍及全世界各大洲的干旱和半干旱地区。截至 2000 年，全球各类盐渍化土地总面积约为 10^9 hm²。我国约有 $9.9×10^7$ hm²（将近 15 亿亩①）的盐碱地，其主要分布在内蒙古及东北西部、银川平原、新疆、山西盆地、华北平原、西藏地区。我国盐碱土分为盐土和碱土两大类，细分为滨海盐土、草甸盐土、潮盐土、沼泽盐土、碱化盐土、典型盐土、洪积盐土、残余盐土，以及草甸碱土、草原碱土、龟裂碱土和镁质碱土。滨海盐碱地区多是退海之地，其土壤大部分为滨海盐碱土，是直接在滩涂盐渍淤泥上发生发展的。这类盐碱地不仅土壤表层积盐重，而且心底土盐度也很高，土壤钠吸附比很高，加上形成于盐渍淤泥，土壤质地黏重、结构差、透气性不良，同时养分条件差，除耐盐性极强的少数盐生植物外，常见的农作物和一般草木本植物均不能生长（王遵亲，1993）。滨海盐碱地在我国大陆沿海一带广泛分布，其中沿江苏到辽宁 6000 km 的海岸线盐碱地面积约为 10000 km²（俞仁培和陈德明，1999），其中天津滨海新

---

① 1 亩≈666.7m²。

区重度盐碱地和含盐度更高的盐土面积多达 1214.0 km²、曹妃甸区重度盐碱地面积达 1943.7 km²。然而，滨海地区城市化的快速发展对土地的需求巨大，因此改良滨海地区盐碱地不仅可以增加耕地面积，弥补城市建设和工业用地对既有耕地的占用损失，还可以改善该区生态环境质量。

综上可见，探讨科学合理的浅层咸水灌溉方法和适宜的滨海地区盐碱地改良措施对保证环渤海滨海地区经济、社会可持续发展具有十分重要的意义。

6.2　研　究　进　展

6.2.1　咸水滴灌研究进展

国内外关于咸水灌溉方面的实践有着悠久的历史，随着节水灌溉技术的发展，咸水的利用方式也越发多样。从灌溉水利用方式而言包括咸水直接灌溉、咸水和淡水按照一定比例混合灌溉、咸水和淡水交替灌溉，其中在咸水和淡水交替灌溉方式下，作物生长前期抗逆性较差，适宜采用淡水灌溉，随着植物耐盐能力增强，采用咸水灌溉（Chanduvi，1997；Pasternak and de Malach，1993；Rhoades，1997）。从灌水技术而言包括常规漫灌、畦灌、沟灌、微灌、喷灌等，其中滴灌是微灌中利用最为广泛的一种灌水技术，可在滴头附近土壤形成良好的水分环境和脱盐区，有利于作物的生长（Elfving，1982；Batchelor et al.，1996；Ayars et al.，1999；王全九和徐益敏，2002），被认为是最适于利用咸水的灌溉系统（Malash et al.，2008）。以下主要介绍咸水滴灌水盐调控机制、作物生长响应和滴头防堵塞措施。

1. 咸水滴灌水盐调控机制

滴灌具有点水源扩散的特点，具有小流量、长历时、高频率的灌溉特点，不仅在灌溉过程中对土壤结构影响很小防止堵塞土壤孔隙，而且可以维持作物主根区较高的土壤基质势来弥补因土壤溶液及灌溉水中含盐量增加而降低的土壤渗透势，此外对土壤温度影响也很小，从而保证作物根区良好的水、气、热环境，有利于作物根系吸水和呼吸（Goldberg et al.，1984；Nakayama and Bucks，1991）。此外，地表滴灌点水源扩散的特点，可以将盐渍化土壤中的盐分离子淋洗到作物根系分布范围以外，从而在作物根系周围形成一个低盐区，该区适宜作物生长。滴灌在水盐调控方面具有明显优势，所以以中国科学院地理科学与资源研究所康跃虎研究团队为代表的众多学者尝试将其用于多个类型盐碱地的改良研究（王全九等，2000；雷廷武等，2003；谭军利等，2008；Wan et al.，2012；Liu et al.，

2013；Zhang et al.，2013；Li et al.，2015a，2015b），其也被证明具有非常好的改良效果。

2. 咸水滴灌对作物生长的影响

前人通过长期咸水灌溉的研究发现，不同作物的耐盐能力存在较大差异，并将其划分为有耐盐性、适度耐盐、适度敏感和敏感四个等级（Maas，1986）。针对特定的作物，众多学者研究了不同盐度咸水灌溉对作物生长影响的研究，发现灌溉水电导率较低一般不会抑制作物（除敏感作物外，如菜豆、胡萝卜、洋葱和草莓等）生长，有时还会出现促进作用，尤其是耐盐性作物（如棉花、大麦和黑麦等），但是当灌溉水盐度超过一定水平后便会抑制作物出苗、生长和产量（Pascale and Barbieri，1995；Barroso and Alvarez，1997；Sadeh and Ravina，2000；Malash et al.，2005；Wan et al.，2007；Chen et al.，2009；Wan et al.，2010；Kang et al.，2010；Feng et al.，2015）。此外，咸水灌溉还会影响作物的品质，据报道称咸水灌溉可以增加番茄的甜度、风味、表皮硬度、酸度、滴定酸度、维生素 C 含量和有机酸含量等品质指标（Shalhevet and Yaron，1973；Mizrahi et al.，1988；Lapushner et al.，1986；Pasternak et al.，1986；Mitchell et al.，1991；Abdel Gawad et al.，2005；Petersen et al.，1998；Sato et al.，2006；Wu and Kubota，2008；Prazeres et al.，2013a，2013b，2014，2016），但同时会伴随减产（Ho et al.，1987；Shalhevet and Yaron，1973）。

在淡水资源短缺的背景下，中国政府鼓励使用浅层地下咸水开展农业灌溉，主要试验区域包括环渤海平原区、河套灌区和新疆地区。由于环渤海地区淡水资源尤为短缺，因此开展了大量的相关研究。Wan 等（2007，2010）、Chen 等（2009）和 Kang 等（2010）通过大田咸水滴灌试验表明，当使用滴头正下方 20 cm 处的土壤基质势控制在–20 kPa 以上指导灌溉时，可用于灌溉西红柿、油葵、糯玉米和黄瓜的灌溉水盐度分别达到 4.9 dS/m、10.9 dS/m、4.9 dS/m 和 4.0 dS/m。可见，有关咸水滴灌水质指标的研究证明了在环渤海地区开展咸水灌溉的可行性。

3. 咸水滴灌滴头防堵塞措施研究

咸水滴灌具有一定的优势，但是当灌溉水盐度超过 4.5 dS/m 之后滴头会出现严重的堵塞现象（Capra and Scicolone，1998），并且在使用咸水滴灌过程中发现滴头堵塞现象普遍且较淡水滴灌更加严重，该问题尚未解决。已有环渤海地区滨海地下咸水水质调查结果显示，Na^+ 和 Cl^- 是最主要离子，其次是 HCO_3^-、SO_4^{2-}、Mg^{2+} 和 Ca^{2+}。以往研究表明 Ca^{2+}、Mg^{2+} 和 HCO_3^- 是导致滴头化学堵塞的最主要离子（Hill et al.，1989）。针对此类水质，主要有 3 个措施用于预防滴头堵塞（Bucks et al., 1979），包括采取严格的过滤措施，以防止物理堵塞；将灌溉水 pH 控制在 7 以下，以降低滴头化学堵塞程度（Ahmadaali et al., 2009; Nakayama et al., 2007; Pitts et al., 2003）；此外，采取管道冲洗措施，以清除管道中的絮凝沉淀物、减轻滴头堵塞程度。

为实现有效的管道冲洗，需要较高的冲洗频率和适宜的流速才能将管道中的絮凝沉淀物清理出去（Nakayama et al., 2007）。以往涉及管道冲洗频率的研究中对污水和再生水滴灌的关注较多。Ravina 等（1997）使用再生水滴灌时发现，每天冲洗 1 次和每两周冲洗 1 次的处理间滴头堵塞情况无明显差异。Hills 等（2000）发现每月冲洗两次且流速为 2 m/s 时比每周冲洗 1 次但流速较低条件下的滴头流量表现更好。Puig-Barguès 等（2010a）发现当冲洗流速为 0.6 m/s 时，每月冲洗 1 次和仅在灌溉结束时冲洗 1 次即可将管道中絮凝堵塞物清除，但是冲洗频率越高灌溉水均匀度越高。Li 等（2015）研究发现再生水滴灌系统中，管道冲洗流速为 0.45 m/s 可以有效降低滴头堵塞程度，并且每两周冲洗 1 次的效果比每周或每 3 周冲洗 1 次更好。然而，使用地下咸水滴灌时冲洗频率对滴头堵塞的影响尚不明确，亟待找到解决措施以减轻滴头堵塞程度。

6.2.2　滨海盐碱地改良措施

长期以来，人类一直致力于改良盐碱地，并总结了一些成功的措施，包括排设置排水系统、冲洗盐分、灌溉淋盐、平整土地、培肥抑盐改土、深翻改土、种稻改良及水旱轮作、适应性种植及合理耕作、生物排盐、化学改良剂改良碱化土壤（主要是工业三废，如磷石膏、石膏、脱硫石膏、亚硫酸钙、风化煤、糠醛渣、黑矾等）。其中设置排水系统、冲洗盐分、灌溉淋盐、平整土地和深翻改土（对于土壤容重较高的盐碱土）是盐碱地改良的基础措施。其他措施的特点：培肥抑盐改土措施最好是在采取基础措施之后，包括秸秆还田和施用有机肥、绿肥、菌肥等，改善效果明显；种稻改良措施需要丰富的淡水资源，一旦停止种稻土壤会出现返盐；适应性种植只起辅助作用并没有改良盐碱土；生物排盐是通过种植盐生植物从土壤中萃取盐分并转移，土壤改良较慢，一般需要几年的时间，并且收割的植物需要得到妥善处置以防止二次污染；化学改良剂主要用于碱土改良，原理是用钙离子置换钠离子或进行酸碱中和，可以加速土壤盐分淋洗，上述措施在各类盐碱地的改良中具有较好的通用性，但是只有在基础措施的支撑下才能起到好的改良效果。近年来，针对滨海盐碱地植被构建的研究不断开展，主要采取选育耐盐碱植物以及微区改土、客土、抬田、暗管排盐、铺设隔盐层、地面覆盖、化学改良等治理措施（王遵亲，1993），但滨海重度盐碱地原土植被构建难度依然较大。为解决这一难题，Sun 等（2013）在天津静海研究铺设砂砾石隔盐层条件下滴灌水盐调控，发现滴灌可以大幅降低根区土壤盐度，为植物根区创造良好的水盐环境，保证植物较高的成活率，被淋洗出根区土层的盐分通过砂砾石隔盐层排出田间进入排水沟。Li 等（2015a，2015b，2016）在曹妃甸开展铺设砂砾石隔盐层条件下咸水滴灌水盐调控滨海重度盐碱地研究，发现在粉质和沙壤质盐渍土上初始几天采用淡水强化淋洗，之后采用咸水滴灌，月季成活率均随灌溉水盐度的增加而降低，与粉质盐渍土相比，沙壤质盐渍土更有利于土壤脱盐和月季成苗。

　　盐碱地植被构建投入高且只关心植物的成活率及景观效应，而农业利用不仅要考虑低投入，还需要考虑作物的成活率、产量和品质，因此开展咸水滴灌水盐调控重度滨海盐碱地农业利用研究专业性很强。一旦研究成功既可以增加耕地面积，又可为作物优质高产提供途径。此外，Maas（1986）给出了众多草本作物和木本作物的耐盐阈值，为作物咸水灌溉提供了指导性建议，然而这些作物耐盐性资料主要直接适用于常规的地面（漫灌和畦灌）灌溉管理方法所灌溉的作物，在盐碱地咸水滴灌条件下的通用性有待验证。

　　综上可见，重度滨海盐碱地使用咸水滴灌开展农业生产的可行性，土壤盐分运移规律，以及作物生长、根系分布和果实产量、品质的响应尚不明确，欠缺长效的咸水滴灌模式，此外咸水滴灌适宜的滴头防堵冲洗制度尚未解决，有必要进行深入研究。

第7章　试验材料与方法

7.1　试验地概况

试验基地位于环渤海西北部海岸的河北省曹妃甸区国际生态城（39°20′N，118°54′E），距离入海口约 6 km，周边多海水养殖场和晒盐场。试验区域属于典型的半干旱季风气候区，多年平均降水量为 554.9 mm，主要集中在 6～9 月。试验基地存在两种水源，即深层地下淡水和浅层地下咸水。深水井深 200 m，水盐度为 0.7 dS/m。较浅水井深 60 m（静水位约为 4 m），水盐度高达 70.2 dS/m。按照美国土壤质地分类，试验区土壤属于粉土，120cm 深剖面初始土壤饱和泥浆萃取液电导率（EC$_e$）、钠吸附比（SAR）和 pH 均值分别为 38.3 dS/m、54.9（mmol/L）$^{0.5}$ 和 7.87（呈弱碱性），土壤容重为 1.62 g/cm^3（表 7.1）。

表 7.1　试验初始土壤情况

土层/cm	土壤颗粒机械组成/%			土壤质地	土壤容重 / (g/cm^3)	EC$_e$ / (dS/m)	SAR / (mmol/L)$^{0.5}$	pH
	<0.002 mm	0.002～0.05 mm	>0.05 mm					
0～10	0.8	79.9	19.3	粉土	1.34	57.65	69.81	7.83
10～20	0.6	79.9	19.6	粉土	1.51	41.36	60.54	7.84
20～30	0.9	77.3	21.8	粉壤土	1.58	35.38	52.44	7.89
30～40	0.7	80.7	18.6	粉土	1.71	29.11	48.42	7.93
40～60	0.3	82.9	16.8	粉土	1.62	33.97	51.09	7.85
60～80	0.6	80.9	18.5	粉土	1.79	34.89	51.43	7.90
80～100	0.6	80.6	18.8	粉土	1.62	34.98	51.76	7.82
100～120	1.1	78.9	20	粉壤土	1.62	39.22	53.37	7.87

7.2　试　验　设　计

7.2.1　试验 1

1. 试验方案

由于盐碱地原状土的容重很大，土壤致密，土壤入渗率极低，即使该土壤不存在盐碱化植物根系也难以正常呼吸，因此试验开始第一年采用机械深翻土地至60 cm 深，增加土壤孔隙度，并在底部埋设暗管以排出被淋洗出土层的盐分。Abdel Gawad 等（2005）发现采用 8 dS/m 的咸水灌溉番茄可以取得约淡水灌溉 50%的产量，可见研究过高盐度咸水灌溉的意义较小。为了更好地显示水质梯度下番茄生长表现，本研究以 7.8 dS/m 为上限设置 5 种灌溉水质(0.7 dS/m、3.2 dS/m、4.7 dS/m、6.2 dS/m、7.8 dS/m) 处理，分别标记为 T1、T2、T3、T4 和 T5。灌溉水采用当地深层地下淡水和咸水按比例掺兑而成，水质指标如表 7.2 所示。每个处理 3 次重复，共计 15 个小区，小区长 4.8 m、宽 4.8 m，采取完全随机区组试验设计。小区内含6 条垄，垄长 4.8 m，垄肩宽 20 cm，垄高 20 cm，两垄中心距 80 cm。选择番茄'欧特娇'为供试作物。于 2015 年 6 月 8 日将三叶期秧苗移栽至垄顶中间，番茄株距为 30 cm，具体栽培模式和滴灌带布置方式如图 7.1（a）所示。

表 7.2　灌溉水主要离子组成

灌溉水盐度/（dS/m）	主要离子浓度/（mmol/L）					pH	SAR/（mmol/L）$^{0.5}$
	Ca^{2+}	Mg^{2+}	Na^+	K^+	SO_4^{2-}		
0.7	0.35	0.17	5.77	0.02	0.37	8.50	8.04
3.2	1.07	3.05	28.64	0.47	1.97	8.47	14.12
4.7	1.22	4.26	37.51	0.66	2.64	8.40	16.03
6.2	1.72	5.96	50.74	0.92	3.46	8.35	18.31
7.8	1.96	7.66	67.67	1.34	4.26	8.10	21.82

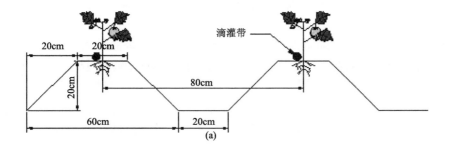

(a)

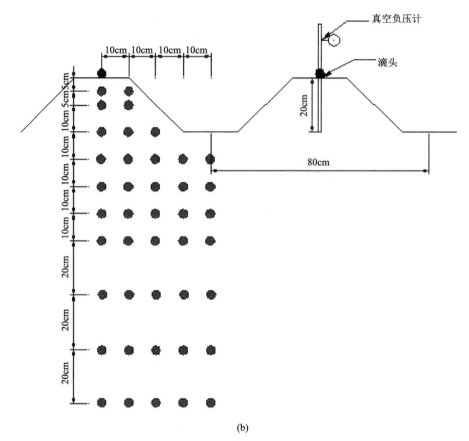

(b)

图 7.1 种植模式及土壤取样和负压计埋设方法

2. 灌溉与施肥

初期试验结果显示滴灌滴头流量控制在较低水平更有利于入渗，为方便配水和保证小流量供水，试验采用重力式滴灌，即将容积为 1 m³ 的圆形水桶放在距离地面 0.45 m 高处，实际水头为 50～135 cm，故滴头平均流量约为 0.33 L/h。每个桶可以控制同一处理 3 个小区的单次灌水。滴灌带铺设在距离番茄植株约 3 cm 处，滴头间距为 30 cm。番茄移栽后立即连续灌溉到地面出现明水后停止灌溉，待明水消失后继续灌溉，直到垄面 10 cm 内使用电导率仪测得盐度降到 3 dS/m 以下为止。之后为实现主根层土壤持续淋洗排盐的效果，参考 Sun 等（2012a，2013）的研究，控制滴头正下方 20 cm 处土壤基质势在−5kPa 以上，当土壤基质势达到下限时开始灌溉，每次滴灌 6 mm。肥料采用易于溶解的尿素和磷酸二氢钾，从负压计控制灌溉开始每次肥料随灌溉水同步施入，肥料的日施用量按番茄生长期为 100 d 计算，每次施肥量为日施肥量与灌溉间隔天数的乘积。2015 年每个处理共实际施入纯 N、P、K 分别为 174 kg/hm²、29 kg/hm²、23 kg/hm²。

7.2.2　试验 2

1. 试验水源

试验中深层地下淡水由井中直接抽取并密闭输运到滴灌系统。浅层地下咸水因盐度太高而不能直接用于灌溉，因此试验所用咸水由深层淡水和较浅层咸水在密闭的管道中混合而成，并且通过采用浮子流量计控制两种水源的水量以实现预定的试验用咸水盐度[图 7.2（a）]。预计算结果显示，咸水和淡水的掺兑比例大概是 1 : 6，在这个范围内通过测定出水口的盐度，分别在两个转子流量计管壁标记流量控制线。为降低滴灌物理堵塞程度，抽取的地下水需要通过 1 道离心过滤器、1 套 120 目的叠片过滤器（每运行 2h 启动自动反冲洗）和两道 120 目的小型网式过滤器（每 2 d 人工清洗 1 次）。

试验期间分 10 次在系统运行 30 min 左右后于毛管出水口采集水样。灌溉水盐度和 pH 在取样后迅速测定。因为灌溉水盐度和 pH 相对稳定，假设在这段较短的试验期间（100 d）地下水化学组成也相对稳定，所以试验中灌溉水离子浓度共测 3 次，测定间隔为 50 d。测定指标包括水的盐度、pH，以及 Na^+、Ca^{2+}、Mg^{2+}、SO_4^{2-}、Cl^-、HCO_3^-、Fe、Mn 和悬浮固形物的浓度。其中 EC 用电导率仪（上海雷磁 DDS-307）测定，pH 用 pH 计（上海雷磁 PHS-3C）测定，Na^+、Ca^{2+}、Mg^{2+}、SO_4^{2-}、Fe、Mn 的浓度采用等离子体发射光谱仪 ICP-OES（Optima 5300DV，美国）测定，HCO_3^- 浓度测定采取中和滴定法，Cl^- 浓度采取硝酸银滴定法，悬浮固形物浓度采取过滤称重法（鲍士旦，2008）。

过滤后的咸水和淡水的水质指标如表 7.3 所示。两种水源中阳离子均以 Na^+ 为主，其次是 Mg^{2+}，阴离子以 Cl^- 为主，其次是 SO_4^{2-}。咸水中 Na^+、Ca^{2+}、Mg^{2+}、K^+、Cl^-、SO_4^{2-}、Mn、悬浮固形物的浓度和 EC 是淡水的数倍或十几倍，然而 pH 和 Fe 浓度差异不大。根据 Capra 和 Scicolone（1998）提出的分级，试验中咸水存在潜在的轻度物理堵塞（悬浮固形物含量小于 200 mg/L），由 Fe 导致的中度化学堵塞，由 EC、pH 和 Mg^{2+} 浓度导致的重度堵塞。淡水几乎不会造成物理堵塞，但存在潜在的重度化学堵塞。由此可见，化学堵塞将是本试验滴头堵塞的关键原因。

图 7.2　滴灌试验系统

表 7.3　试验中灌溉水的主要离子浓度和滴头堵塞程度

项目	地下咸水	堵塞风险	地下淡水	堵塞风险
EC/（dS/m）	10.4±0.9	重度	0.7±0.1	轻度
pH	8.3±0.1	重度	8.5±0.1	重度
悬浮固形物/（mg/L）	102.3±5.2	轻度	6±0.7	轻度
Ca^{2+}/（mg/L）	173.9±9.7	轻度	13.9±1.1	轻度
Mg^{2+}/（mg/L）	460.8±16.6	重度	4.8±0.7	轻度
Fe/（mg/L）	0.6±0.1	中度	0.4±0.1	轻度
Mn/（mg/L）	0.6±0.1	轻度	0	

续表

项目	地下咸水	堵塞风险	地下淡水	堵塞风险
Na^+ /（mg/L）	2711.8±110.6		137.6±11.5	
Cl^- /（mg/L）	5133.8±271.2		226.2±15.2	
HCO_3^- /（mg/L）	342.9±15.4		252.9±10.3	
SO_4^{2-} /（mg/L）	605.4±30.3		37.5±2.4	

2. 试验装置

试验系统如图 7.2（b）所示，两根长 10.6 m、Φ160 mm 的 PVC 管垂直固定在铁架两侧，分别向咸水和淡水各 15 根毛管的滴灌系统供水。灌溉水首先从 PVC 管顶部注入，在重力作用下由 PVC 管下部出流向滴灌带供水。在 PVC 管高出滴灌带 10 m 处预留出水口，使超过该水位的水自由出流，从而保证 10 m 的水头（0.1 MPa）。为便于测定滴头流量，滴灌带放置在宽 3 m、长 27 m、高 0.15 m 的试验台架上。

以往研究表明，压力补偿式滴头的抗堵塞表现显著优于非压力补偿式滴头（Adin and Sacks，1991；Ahmadaali et al.，2009；Ravina et al.，1992，1997；Capra and Scicolone，1998；Li et al.，2009；Liu and Huang，2009；Pei et al.，2014）。然而，压力补偿式滴头的价格是非压力补偿式滴头的数倍（目前为 5 倍以上），考虑到经济适用性，普通的迷宫式滴头因结构简单、价格低廉而被广泛使用。试验所用毛管为 Φ16 mm 的薄壁内镶贴片式滴灌带和迷宫式非压力补偿滴头，每条毛管长 27 m，滴头间距为 30 cm，共 90 个滴头，具体参数和滴头流道结构分别如表 7.4 和图 7.3 所示。

表 7.4　滴头和毛管的关键参数

特性	指标
正常流速/（L/h）	1.08
正常压力/kPa	100
外径/mm	16
壁厚/mm	0.4
管壁出水口直径/mm	2.0
滴头间距/m	0.3
流动指数（x）	0.51
压力补偿	否

特性	指标
制造偏差系数/%	<3
流道宽度/mm	0.6
流道深度/mm	0.5
流道截面面积/mm²	0.3
流道长度/mm	42.1

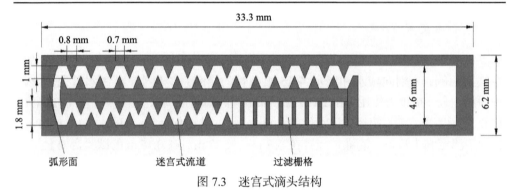

图 7.3 迷宫式滴头结构

3. 试验方案

试验包括地下咸水和地下淡水（对照）两种灌溉水水质（表 7.3），并设置 5 个滴灌管道冲洗频率（1 d、5 d、10 d、30 d、50 d 冲洗 1 次）。咸水处理分别标记为 SW1、SW2、SW3、SW4、SW5，相应的淡水处理分别标记为 FW1、FW2、FW3、FW4、FW5。每个处理 3 次重复。本试验于 2015 年 7～10 月共运行 100 d。试验期间，每种水质的滴灌系统每天运行 1 h，受到取样时间的影响，取样调查当天运行 3 h。按照设计频率启动管道冲洗，即在灌溉之初和结束时打开滴灌带末端约 3 min 直到出流为净水。管道冲洗是在正常压力下操作的，无任何其他控制措施，实测流速为 0.53 m/s。

7.3 观测项目与测定方法

7.3.1 试验 1

（1）通过试验基地内安装的自动气象站采集降雨等气象数据，记录每次灌溉和施肥数据。

（2）在每个处理中间垄的滴灌带某滴头正下方 20 cm 深度处埋设 1 支负压计，

每天 8:00 和 16:00 读取表盘数据。

（3）测定 1.2 m 深原状土的土壤容重、粒径组成及饱和泥浆萃取液的 EC_e、SAR 和 pH。试验前，开始土壤基质势控制前，控制灌溉至试验结束期间每 6～20 d 在每个小区取得土壤样品（取样间隔随试验开展而增大）。测定土壤含水率，以及饱和泥浆萃取液的 EC_e、SAR 和 pH，取样方法如图 7.1（b）所示。试验前、后，分别在埋暗管不耕作区域、埋暗管起垄不耕作区域、试验田附近的原状土取得 1 m 深土样，其中 0～60 cm 土层每 10 cm 取一个样，60～100 cm 土层每 20 cm 取一个样，3 次重复，测定 EC_e。土壤含水率测定采用烘干法，土壤原位 EC 和饱和泥浆萃取液的 EC_e 分别采用 Field Scout 原位电导率仪（Spectrum Technologies，美国）和电导率仪（DDS-11A，上海雷磁）测定，pH 采用 pH 计（上海雷磁，PHS-3C）测定，采用等离子体发射光谱仪（ICP-OES）测定溶液 Na^+、Ca^{2+} 和 Mg^{2+} 浓度，并通过式（7.1）计算得到 SAR。

$$SAR =[Na^+]/\left([Ca^{2+}] + [Mg^{2+}]\right)^{0.5} \tag{7.1}$$

式中，各离子浓度单位为 mmol/L。

（4）调查番茄成活率、株高、茎粗、干物质质量、果实数量、单果质量、早衰情况等。番茄成活率以移栽后（days after planting，DAP）12 d 调查为准；株高和茎粗在生长季共分 4 次取样调查；干物质质量分两次采样调查；番茄果实分批采摘，计数果实数量并称得单果质量，汇总得到最终实际产量；根据番茄生长实际情况连续调查番茄植株早衰情况，即存活率[存活率（%）=100%×（1–早衰株数/成苗株数）]。

（5）盛果期在每个小区选取发育状况一致的番茄样品，通过室内化学检测和问卷调查品尝评分的方式评价番茄果实品质。含酸量（%）采用酸碱中和滴定法测定，可溶性糖含量采用费林试剂滴定法。参与问卷调查的人数为 18 人，年龄跨度为 27～57 岁，被调查人包括学生、农民和工人。调查中关键环节包括：准备充足已标记的番茄样品；介绍评分指标和打分方法；分发问卷、单独打分；每个样品采取先看，再切开闻，最后品尝的顺序。

（6）在番茄盛果期在每个处理挑选连续 2 株，分别在垄上和沟底分层挖取根系，各垄上和沟底部分在垂直于滴灌带方向上各 20 cm 宽，每层取样深度为 10 cm，一直取到肉眼无法观测到根系土层为止。

7.3.2　试验 2

（1）滴头流量测定：滴头流量每 10 d 测定一次，在 1 根毛管下方从第 3 个滴头开始每间隔 5 个滴头布置 1 个标号的集水杯（锥形瓶体积为 150 ml），共取 15个点。在进行取样调查之前，滴灌系统先运行约 20 min，确保在取样过程提供稳定的条件。每个样品观测时间为 70～80 s，用电子天平（精度为 0.01 g）称水杯和水的总质量，水的密度默认为 1 g/cm³，滴头流量为单位时间内收集到的水的体积。

（2）堵塞物分析：试验结束后，采集毛管并在实验室内解剖，观察堵塞物的堵塞位置和堵塞物的类型。采集堵塞物，在 75℃烘干后研磨，称取 0.100 g 样品加入适量 HNO_3，硝煮 6 h，之后定容为 15 mL 溶液，采用等离子体发射光谱仪（ICP-OES）（Optima 5300 DV，Perkin-Elmer，美国）测定溶液离子浓度，并计算堵塞物样品中各主要离子的浓度。

（3）评价指标：相对滴头流量（q_r）以百分数表示，计算方法见式（7.2）：

$$q_r = (q/q_{ini}) \times 100\%$$ （7.2）

式中，q 为每次调查时每根滴灌带的滴头平均流量，L/h；q_{ini} 为每根新滴灌带的初始滴头平均流量，L/h。对于无压力补偿滴头，流量按照标准水头（0.1 MPa）规范。

滴灌均匀度采用 Christiansen 均匀系数（Christiansen uniformity coefficient，CU）表示，计算方法见式（7.3）（Christiansen，1942）：

$$CU = 100 \times \left(1 - \frac{\frac{1}{n}\sum_{i=1}^{n}|q_i - \bar{q}|}{\bar{q}}\right)$$ （7.3）

式中，q_i 为调查的第 i 个滴头流量，L/h；$\bar{q}$ 为单根滴灌带上所有调查滴头的平均流量，L/h；n 为每根滴灌带上调查滴头总数。

7.4 数 据 分 析

采用 SPSS Statistics 19（SPSS，Inc. an IBM Company）软件分析数据，平均值采用最小二乘法（LSD）进行比较，显著性水平为 $P<0.05$。等值线图采用 Golden Software Surfer 8.0 制作，其余图形采用 Microsoft Office Excel 2010 制作。误差线均为处理重复间的计算结果。

第8章 咸水滴灌水盐调控重度滨盐碱地土壤水盐运移规律

中国科学院地理科学与资源研究所康跃虎研究员将盐碱地原土绿化水盐调控划分为4个阶段：一是强化淋洗阶段，栽植作物后连续滴灌，将上层10 cm土壤的原位电导率控制在3 dS/m（目的在于速测）以下；二是正常盐分淋洗调控阶段，按照埋设在滴头正下方20 cm深度处负压计读数确定施肥灌溉，土壤基质势的下限控制在–5 kPa，至砂砾层以上土壤EC_e小于4 dS/m，即非盐渍土；三是适度非充分灌溉阶段；四是雨养补充灌溉阶段（Li et al., 2015c）。然而，盐碱地农业采用暗管排盐而非砂砾层，没有切断上、下层土壤连接，当水分供给小于农田耗水时存在土壤返盐的潜在威胁。综合考虑以上因素，参考前人咸水滴灌研究成果（Wan et al., 2007, 2010; Chen et al., 2009; Kang et al., 2010），总结出盐碱地原土农业水盐调控三阶段理论：一是强化淋洗阶段，在种植前表层10 cm原位电导率控制在3 dS/m以下之前，每年作物种植之初都需要采取强化淋洗措施；二是正常盐分淋洗阶段，在暗管以上土壤EC_e小于4 dS/m之前，每个作物生长季都采取正常盐分淋洗措施；三是正常咸水滴灌阶段，控制滴头正下方20 cm处的土壤基质势在–20 kPa以上指导灌溉，在获得高产的同时防止土壤积盐和返盐。参考以往同类盐碱地绿化条件下土壤盐分淋洗研究结果（Li et al., 2015b），在盐碱地利用第一年只关注强化淋洗阶段和正常盐分淋洗调控阶段。本章通过在番茄生长季内连续取样调查土壤水盐情况，探究起垄种植条件下降雨和滴灌对土壤盐分淋洗的影响，揭示土壤水盐运移、分布规律，为解释番茄植株生长响应提供依据。

8.1 作物生长季降雨和灌溉

图8.1显示番茄生长季内累积灌水量和降水量情况，可以看出不同处理间灌水量分为3个层次，T1和T2处理最高，分别为380 mm和386 mm；T4处理居中为356 mm；T3和T5处理最低，分别为296 mm和284 mm。强化淋洗阶段灌水量一

致均为 32 mm，之后从控制土壤基质势灌溉开始，T1～T5 处理的灌水频率分别为 1.6 d/次、1.6 d/次、2.1 d/次、1.7 d/次和 2.2 d/次。番茄生长季内累积降水量为 284.6 mm，与 T3 和 T5 处理的灌水量基本持平，共 6 场大于 20 mm 的降雨，首场降雨发生在番茄移栽后 2 d，降水量为 36.8 mm，此次降雨后暗管出现排水，可见对土壤剖面内盐分淋洗起到重要作用，但同时由于降雨强度大，对表层土壤结构也造成较大破坏（Quirk，2001），因此在田里表层土壤湿度适宜后采取浅耕措施，以破除表层板结。

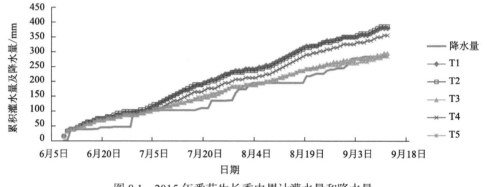

图 8.1　2015 年番茄生长季内累计灌水量和降水量

8.2　降雨对土壤盐分的影响

试验前后原状土壤、埋设暗管不种植的土壤、起垄（不）种植的土壤 EC_e 剖面分布情况如图 8.2 所示。由图 8.2 可以看出，试验前、后原状土壤 EC_e 剖面内空间变化很小[图 8.2（a）和图 8.2（b）]，1 m 内均值分别为 38.1 dS/m 和 37.9 dS/m，几乎没有变化。由图 8.2（c）和图 8.2（d）可见，经过深翻且埋暗管后初始土壤 EC_e 剖面分布相对更加均匀，试验结束时表层 0～30 cm 深土层出现显著脱盐现象，EC_e 较初始值降低 35.6%，试验前、后 1m 内均值降低 8.7%，可见通过深翻埋暗管，即使无灌溉，在有效的降雨下也可以实现土壤脱盐，只是很缓慢。由图 8.2（e）和图 8.2（f）可见，埋暗管起垄后初始土壤 EC_e 剖面分布比较均匀，试验结束时沟底因集雨效果较好，表层 0～25 cm 深土层出现显著脱盐现象，EC_e 较初始值降低 23%，垄上盐分变化不明显，试验前、后剖面内均值降低 6.3%，可见通过深翻埋暗管和起垄，即使无灌溉，在有效的降雨下也可以实现沟底土壤脱盐，只是很缓慢。之所以在降雨无灌溉条件下深翻埋暗管后土壤脱盐率很低，是因为土壤初始含水率很低，仅当降雨很大时，降水入渗后才能在土壤剖面内形成自由水、达到盐分淋洗效果，一般雨量降水无法达到盐分淋洗效果。由图 8.2（g）和图 8.2（h）可见，与初始值[图 8.2（e）]相比，T1（灌溉水电导率为 0.7 dS/m）和 T3（灌溉水电导率为 4.7 dS/m）处理均表现出显著的脱盐现象。T3 处理的总灌水量与总降水量相当，但其土壤脱盐率（34.0%）是无灌溉处理[图 8.2（f）]脱盐率（6.3%）的 5.4 倍，这是因为在土壤基质势控制下滴灌点水源灌溉特点保证主根区一直存在自由水，当发生有效降雨时，自由水量进一步增加，进而达到更好的盐分淋洗效果。综上可见，深翻和埋暗管可以利用降雨淋洗土壤盐分，只是速度很缓慢；而在土壤基质势控制条件下，滴灌可以高效地淋洗土壤，充分利用降雨，实现土壤剖面内大幅脱盐。

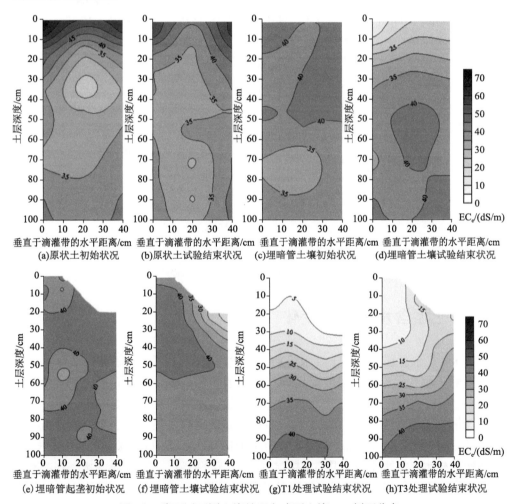

图 8.2　降雨对不同土壤处理方式下土壤 EC_e 剖面分布

8.3 不同灌水处理土壤水分动态变化

8.3.1 土壤基质势动态变化

由图 8.3 可以看出，试验设置控制滴头正下方 20 cm 深度处的土壤基质势在 −5 kPa 以上指导灌溉，但耗水强度较大，导致实际操作中在 7 月 10 日之前，几乎所有处理的土壤基质势都可以控制在−10 kPa 以上，但随着气温增加和植株生长，农田耗水强度增加，导致中间较长时间大部分处理的土壤基质势整体处于−15～−10 kPa。因为田间持水率对应的土壤基质势在−30 kPa 左右（Foth，1978），由此可知，在实际的土壤基质势控制下土壤中存在重力水，能保证上层土壤剖面内存在向下的水势梯度，利于淋洗土壤中的盐分。

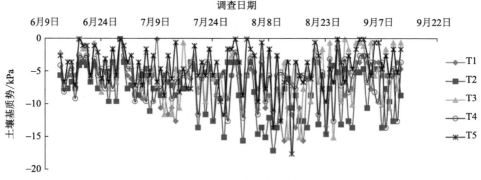

图 8.3　番茄生长季土壤基质势动态

8.3.2 土壤含水率动态变化

图 8.4 显示番茄生长季土壤水分动态变化情况，可以看出，强化阶段结束后所有处理的土壤含水率均大幅度提高。与初始值相比，各处理剖面平均土壤含水率提高约 18%，之后土壤含水率在波动中处于较高水平，平均为 21.7%，最终各处理剖面平均土壤含水率提高约 21%。主根区是依据根系在土壤剖面内的分布特征决定的，即垄侧深 0～30 cm、垂直于垄向距植株 0～20 cm 的土壤空间称为主根区。与初始值相比，各处理剖面平均土壤含水率提高约 41%，之后土壤含水率在波动中处于较高水平，平均为 21.1%，最终各处理剖面平均土壤含水率提高约 38%。综上可见，主根区土壤含水率波动相对较大，但整体水平与整个剖面内的土壤含水率基本一致，在强化淋洗阶段结束后保持在较高水平，为作物生长提供良好的水分环境。

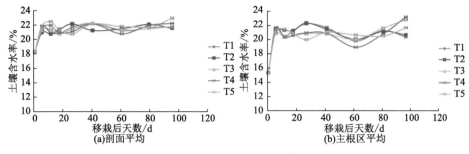

图 8.4　番茄生长季土壤水分动态变化情况

8.4　不同灌水处理土壤 EC$_e$动态变化

图 8.5 给出番茄生长季内的土壤剖面平均 EC$_e$和主根区平均 EC$_e$的变化情况，可以看出与初始值相比，强化淋洗阶段结束时整个土壤剖面的平均 EC$_e$显著降低，5 个灌溉水水质处理的降低幅度接近，降幅均值为 19.0%。在开始灌水控制以后，剖面内土壤平均 EC$_e$缓慢降低，最终 T1～T5 处理的降幅（即脱盐率）分别为 39.5%、40.3%、34.0%、47.0%和 38.0%。可见，土壤脱盐率与灌溉水盐度之间关系不明显，灌水量最多的 T1 和 T2 处理土壤剖面脱盐率相近且较高，但低于灌水量较低的 T4 处理的土壤脱盐率，这主要是由于 T4 处理植株生长状况显著差于 T1 和 T2 处理，耗水量更少，因此可以形成深层淋洗的水量更多；灌水量最低的 T3 和 T5 处理的土壤脱盐率也最低，其中 T5 处理的脱盐率之所以略大于 T3 处理，主要是由于 T3 处理植株生长状况好于 T5 处理，耗水量更多，因此可以形成深层淋洗的水量更少。灌水量与整个剖面土壤脱盐率（%）之间的相关性分析显示，两者间的相关性较差[整个剖面土壤脱盐率（%）= 0.0531 × 灌水量 + 21.709，r = 0.5367]，这是因为控制滴头正下方 20 cm 深度处的土壤基质势在–5 kPa（实际操作中为–15～–5 kPa）以上指导灌溉，不能保证更深层土壤的水分状况，再加之灌溉水水质的差异影响，灌水量与整个剖面的土壤脱盐率之间关系不密切。

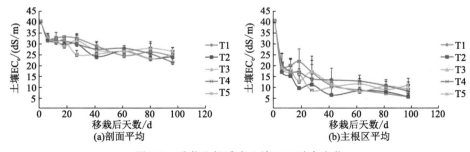

图 8.5　番茄生长季内土壤 EC$_e$动态变化

　　与初始值相比，主根区土壤平均 EC_e 在强化淋洗阶段结束后大幅降低，5 个灌水水质处理的降低幅度接近，降幅均值为 52.5%。从土壤基质势控制灌水开始，主根区平均 EC_e 缓慢降低，从移栽后约 40 d 开始趋于稳定，最终 T1～T5 处理的主根区平均 EC_e 分别为 5.5 dS/m、5.5 dS/m、9.0 dS/m、8.1 dS/m 和 10.9 dS/m，与初始值相比分别降低 86.3%、86.4%、77.7%、79.9% 和 73.1%。灌水量与主根区土壤脱盐率（%）之间的相关性分析显示，两者间存在显著（$P=0.05$）的相关关系[土壤主根区脱盐率（%）=0.1147×灌水量+41.654，$r=0.9476^*$]，这是由于试验采用滴头正下方 20cm 深度处较高的土壤基质势控制灌溉，因此可以保证主根区的土壤得到充分淋洗，最终灌水量与主根区土壤脱盐率之间存在密切的相关性。Zhang 等（2013）在研究不同水分控制对盐渍土起垄后主根区土壤盐度的影响时得出相似的结论，不同点在于他们是在同一水质灌溉条件下，而本研究采用的水质存在较大差异。灌溉水电导率与主根区土壤脱盐率（%）之间存在显著（$P=0.05$）的相关关系[土壤主根区脱盐率（%）=−1.8671×灌溉水电导率+89.109，$r=0.8878^*$]。

8.5　不同灌水处理土壤 pH 动态变化

　　图 8.6 显示番茄生长季土壤剖面平均 pH 和主根区平均 pH 的变化情况，可以看出与初始值相比，剖面内土壤 pH 在移栽后 60 d 内缓慢增高，之后迅速增高，T1～T5 处理的最终剖面平均 pH 分别为 8.04、8.03、7.99、8.05 和 8.00，处理间差异较小；主根区土壤 pH 在强化淋洗阶段结束后大幅增加，之后一直处于增加状态，T1～T5 处理的最终主根区平均 pH 分别为 8.34、8.33、8.23、8.21 和 8.15，其中 T1 和 T2 处理显著高于其余 3 个处理。可见，土壤 pH 的表现与 EC_e 恰好相反，伴随土壤脱盐，出现土壤 pH 增加的现象一方面是因为土壤的本底值呈弱碱性，pH 为 7.82，而灌溉水 pH 更高，处于 8.1～8.5，灌溉水的引入影响土壤 pH；另一方面是因为滨海重度盐渍土在脱盐过程中导致 Ca^{2+} 淋失，相应地提高 HCO_3^- 含量（陈巍等，2000；殷仪华和陈邦本，1991）。Zhang 等（2019）在盐碱地滴灌治理过程中也发现了相似的现象。

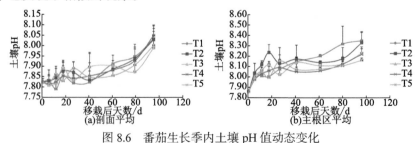

图 8.6　番茄生长季内土壤 pH 值动态变化

8.6 不同灌水处理作物生长季结束时土壤 EC$_e$、SAR 和 pH 剖面分布

8.6.1 土壤 EC$_e$

图 8.7（a）显示试验结束时各处理土壤 EC$_e$剖面分布情况。与初始值[图 8.8（a）]相比，5 种灌水水质处理出现明显的脱盐现象，土壤 EC$_e$表现为离滴头距离越近数值越小，最大值均出现在最底层土壤；T1 处理距离垄顶 60 cm 深的整个剖面内土壤 EC$_e$显著降低（以 30 dS/m 为限值），且同一高程的盐分值相近，最小值出现在沟底表土层；T2 处理在垄侧 85 cm 深、沟侧 30 cm 深土壤 EC$_e$显著降低，沟侧土壤 EC$_e$高于同一高程垄侧，最小值出现在滴头正下方 10～20 cm 处；T3 处理在垄侧 70 cm 深、沟侧 35 cm 深土壤 EC$_e$显著降低，沟侧土壤 EC$_e$高于同一高程垄侧，最小值出现在滴头正下方 0～20 cm 处；T4 处理在垄侧 85 cm 深、沟侧 55 cm 深土壤 EC$_e$显著降低，沟侧土壤 EC$_e$高于同一高程垄侧，最小值出现在滴头正下方 5～20 cm 处；T5 处理在垄侧 85 cm 深、沟侧 25 cm 深土壤 EC$_e$显著降低，沟侧土壤 EC$_e$高于同一高程垄侧，最小值出现在滴头正下方 5～20 cm 处。综上可见，所有处理在垄侧主根区（滴头下方区域）的土壤盐度水平均较低，除 T1 处理各层土壤盐度均匀降低外，其余处理垄侧土壤脱盐程度均明显好于沟侧，这是因为 T1 处理所用淡水在重度盐渍土上的入渗效果最差，当表层土壤结构被雨滴机械破坏后，部分灌溉水流入沟侧入渗，最终垄侧 30 cm 深以下土层的盐度高于其他处理，而沟侧 30 cm 深以上土层的土壤盐度低于其他处理。

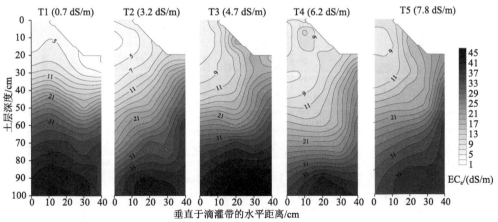

(a)

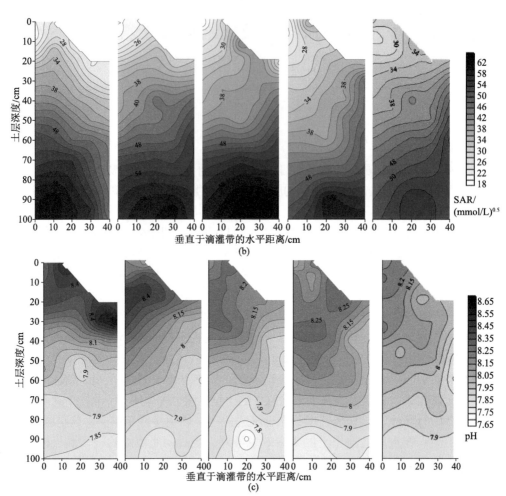

图 8.7　番茄收获后土壤 EC_e（a）、SAR（b）和 pH（c）剖面分布

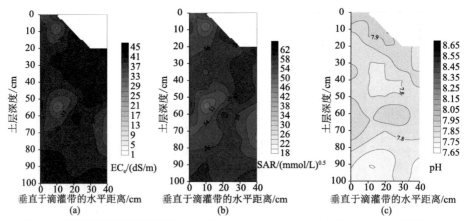

图 8.8　移栽前垂直于滴灌带方向土壤 EC_e（a）、SAR（b）和 pH（c）剖面分布

8.6.2　土壤 SAR

图 8.7(b)显示试验结束时各处理土壤 SAR 剖面分布情况。与初始值[图 8.8(b)]相比，5 种灌水水质处理的土壤 SAR 表现出明显的降低，最小值均出现在滴头正下方 0～20 cm 深度，最大值均出现在底层土壤；T1 处理在垄侧 40 cm 深、沟侧 35 cm 深土壤 SAR 显著降低（以 40（mmol/L）$^{0.5}$ 为限值），T2 在垄侧 50 cm 深、沟侧 15 cm 深土壤 SAR 显著降低；T3 处理在垄侧 55 cm 深、沟侧 15 cm 深土壤 SAR 显著降低；T4 在垄侧 65 cm 深、沟侧 10 cm 深土壤 SAR 显著降低；T5 处理是在垄侧 55 cm 深、沟侧 10 cm 深土壤 SAR 显著降低。综上可见，除 T1 处理沟侧 SAR 降低幅度大于垄侧外，其余所有处理在垄侧主根区（滴头下方区域）的土壤 SAR 均相对最低，T1～T5 处理主根区的最终平均 SAR 分别为 30.1（mmol/L）$^{0.5}$、29.4（mmol/L）$^{0.5}$、31.4（mmol/L）$^{0.5}$、29.4（mmol/L）$^{0.5}$、32.1（mmol/L）$^{0.5}$，较初始值[55.9（mmol/L）$^{0.5}$]分别降低 46.2%、47.4%、43.8%、47.4%、42.6%。

8.6.3　土壤 pH

图 8.7（c）显示试验结束时各处理土壤 pH 的剖面分布情况，其表现与土壤 EC$_e$ 几乎正好相反。与初始值[图 8.8（c）]相比，5 种灌水水质处理的土壤 pH 表现出明显的升高，除 T1 处理高 pH 在表层土壤均出现外，其余处理的最大值均出现在垄侧和垄坡的上层土壤，最小值都出现在底层土壤；T1 处理在垄侧 60 cm 深、沟侧 30 cm 深土壤 pH 显著升高（以 8.0 为限值）；T2、T4 和 T5 处理在垄侧 70 cm 深、沟侧 20 cm 深土壤 pH 显著升高；T3 处理在垄侧 60 cm 深、沟侧 15 cm 深土壤 pH 显著升高。综上可见，所有处理在垄侧主根区（滴头下方区域）的土壤 pH 均较高，建议使用工业磷酸随水滴灌作为磷肥，并将灌溉水 pH 控制在 6.5～7.0，这样既可以减轻因土壤脱盐而伴随增高的土壤 pH（Li et al.，2015b，2016；Zhang et al.，2013），又能降低滴头堵塞程度（Lamn et al.，2007；Nakayama et al.，2007）。

8.7　土壤水盐指标小结

（1）滨海盐碱地原土在雨季前、后土壤盐度无明显变化；深翻和埋暗管可以利用降雨淋洗土壤盐分，只是速度很缓慢；而在土壤基质势控制条件下，滴灌可以有效地淋洗土壤，高效利用降雨，实现土壤剖面内大幅脱盐。

（2）土壤剖面平均 EC_e 在强化淋洗阶段结束后各处理平均土壤脱盐率为 19%，随后缓慢降低，T1～T5 处理的最终土壤脱盐率分别为 39.5%、40.3%、34.0%、47.0% 和 38.0%，最终土壤 pH 较初始值有所增加；剖面土壤脱盐率与灌水量和灌水电导率之间均无显著相关关系。

（3）主根区平均 EC_e 在强化淋洗阶段结束后各处理平均脱盐率为 52.5%，最终 T1～T5 处理的主根区平均 EC_e 分别为 5.5 dS/m、5.5 dS/m、9.0 dS/m、8.1 dS/m 和 10.9 dS/m，与初始值相比分别降低 86.3%、86.4%、77.7%、79.9% 和 73.1%；T1～T5 处理主根区的最终平均 SAR 分别为 30.1（mmol/L）$^{0.5}$、29.4（mmol/L）$^{0.5}$、31.4（mmol/L）$^{0.5}$、29.4（mmol/L）$^{0.5}$、32.1（mmol/L）$^{0.5}$，较初始值[55.9（mmol/L）$^{0.5}$] 分别降低 46.2%、47.4%、43.8%、47.4% 和 42.6%；而最终土壤 pH 大幅提高分别为 8.34、8.33、8.23、8.21 和 8.15；主根区土壤脱盐率随着灌水量的增加而增大，随灌溉水电导率的增加而减小。

（4）在土壤剖面内，所有处理在垄侧主根区（滴头下方区域）的土壤 EC_e 和 SAR 水平相对较低，而 pH 较高。

第9章　重度滨海盐碱地咸水滴灌对番茄生长和产量的影响

本研究采用的盐碱地农业利用方法具有土壤改良与作物生长同步进行的特点，探究其是否可行，不仅需要对土壤环境进行检测，还需要由作物的生长状况来反映滴灌水盐调控盐碱地的效果。试验采用番茄'欧特娇'作为供试作物。番茄是世界上最重要且分布广泛的蔬菜作物之一，对盐分适度敏感（Maas，1986）。以往研究表明适度的干旱或咸水灌溉都可以提高番茄的品质（Mitchell et al.，1991），但品质改善往往伴随产量的降低，影响经济效益（Maga´n et al.，2008），因此平衡产量与品质是番茄高产优质栽培的核心内容（王峰等，2011）。

9.1　不同灌水处理对番茄成活和早衰情况的影响

由图 9.1 可以看出，番茄的成活率随着灌溉水盐度的增加而缓慢降低，两者间存在显著的相关关系。不同灌溉水电导率处理的番茄成活率分别为 99.3%、98.6%、97.2%、94.4%和 92.4%，与 T1 处理相比，T2、T3、T4 和 T5 处理的成苗率分别降低 0.7 个百分点、2.1 个百分点、4.9 个百分点和 6.9 个百分点，其中 T4 和 T5 处理的降幅达到 0.05 显著水平。综上可见，当灌溉水电导率在 7.8 dS/m 以下时，番茄成活率高达 90%以上，说明滴灌水盐调控实现盐分淋洗和成苗同步进行的目标。

番茄移栽 70 d 前后 T4 和 T5 出现早衰现象，于是在移栽后 73 d 开始定期调查番茄的存活率。由表 9.1 可以看出，T1 和 T2 处理仅在接近试验结束时出现不大于 1%的死苗现象；T3 处理在移栽 90 d 前后出现早衰现象，在试验结束时出现 4.2%的死苗现象；T4 处理从移栽后 70 d 前后开始存活率逐渐降低，最终出现 18.7%的死苗现象；T5 处理移栽后 70 d 前后开始存活率快速降低，到移栽后 90d 时已经死苗约 50%，试验结束时存活率仅有 18.8%。综上可见，当灌溉水电导率达到 6.2 dS/m 后番茄出现明显的早衰现象，并且当灌溉水电导率达到 7.8 dS/m 时番茄出现早衰的时间更早、程度更重。关于咸水灌溉对番茄早衰影响的研究比较鲜见，番茄早衰一方面可能与报道内容的侧重点有关，另一方面可能与试验所用品种有关。

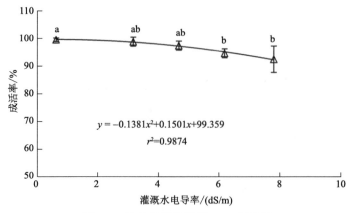

图 9.1 秧苗番茄移栽后 12 d 成活率

表 9.1 生长季末期番茄存活率（早衰情况）调查表

灌溉水电导率 / (dS/m)	处理	存活率/%			
		DAP 73	DAP 79	DAP 89	DAP 97
0.7	T1	100 ± 0^a	100 ± 0^a	99.3 ± 0.6^a	99.3 ± 0.6^a
3.2	T2	100 ± 0^a	100 ± 0^a	99.7 ± 0.6^a	99.0 ± 0.7^a
4.7	T3	100 ± 0^a	100 ± 0^a	99.0 ± 1.0^a	95.8 ± 1.6^b
6.2	T4	91.0 ± 2.6^b	87.8 ± 9.3^b	84.0 ± 11.6^b	81.3 ± 9.5^c
7.8	T5	87.5 ± 3.8^b	68.1 ± 9.7^c	53.8 ± 9.8^c	18.8 ± 5.6^d

注：DAP 为移栽后天数。

同列不同小写字母代表处理间差异达到 $P<0.05$ 显著性水平。

9.2 不同灌水处理对番茄株高和茎粗的影响

表 9.2 给出番茄生长季不同时期的株高和茎粗，可以看出移栽 37 d 内番茄的株高整体上随着灌溉水电导率的增加而降低，从移栽 49 d 开始株高随灌溉水电导率的升高先增后降，最大值出现在 T2 处理，并且 T1、T2 和 T3 处理间的差异不明显。随着植株生长，较高灌溉水电导率处理的株高与淡水处理（T1）之间的差距呈降低趋势。番茄的茎粗在移栽 49 d 内均随着灌溉水电导率的增加而降低，到移栽后 73 d 时随着灌溉水电导率升高先增加后降低，最大值出现在 T2 处理。与株高表现基本一致，随着植株生长，较高灌溉水电导率处理的茎粗与淡水处理（T1）之间的差距呈降低趋势。处理间番茄生长指标的差异随着番茄生长而减小，主要由两方面决定：一是主根区土壤盐度呈降低趋势，二是番茄的耐盐能力逐渐增强。

表 9.2　番茄生长季不同时期株高和茎粗调查表

项目	处理	调查指标				较 T1 处理降低比例/%			
		DAP 27	DAP 37	DAP 49	DAP 73	DAP 27	DAP 37	DAP 49	DAP 73
株高/cm	T1	29.6±2.8	54.0±4.2	79.3±5.0	79.2±5.3	0	0	0	0
	T2	27.4±2.7	53.2±3.2	81.1±1.8	81.0±8.2	−7.4	−1.5	2.3	2.3
	T3	25.8±1.8	46.7±4.9	80.8±5.9	78.0±6.3	−12.8	−13.5	1.9	−1.5
	T4	19.0±1.9	38.4±2.8	69.2±3.1	73.9±6.9	−35.8	−28.9	−12.7	−6.7
	T5	19.6±2.3	38.8±4.0	64.1±4.9	73.3±10.9	−33.8	−28.1	−19.2	−7.4
茎粗/mm	T1	8.68±0.76	10.23±0.87	11.11±0.87	12.80±0.98	0	0	0	0
	T2	8.13±0.63	10.01±0.77	10.88±0.95	13.52±0.89	−6.4	−2.1	−2.1	5.6
	T3	7.41±0.73	8.95±0.78	10.64±0.67	12.30±0.96	−14.6	−12.5	−4.2	−3.9
	T4	6.52±0.57	7.71±0.67	9.98±0.78	12.02±1.34	−24.9	−24.6	−10.2	−6.1
	T5	6.49±0.54	7.54±0.74	9.72±1.17	11.61±1.27	−25.2	−26.3	−12.5	−9.3

注：于移栽后 70 d 番茄打顶，株高基本停止生长。

9.3　不同灌水处理对番茄干物质质量的影响

表 9.3 显示分别以营养生长（移栽后 27 d）和生殖生长（移栽后 78 d）为主的两次番茄干物质调查结果。移栽 27 d 时，番茄的根干质量、地上部干质量和总干质量均随着灌溉水电导率的增加先增加后降低；根冠比呈现出先增加再降低的趋势，最小值出现在 T1 处理，最大值出现在 T3 和 T4 处理。可见，此时咸水滴灌对番茄地下和地上生长均产生抑制作用。移栽 78 d 时，番茄的根干质量、地上部干质量、总干质量和根冠比均随着灌溉水电导率的升高而先增后减，除根冠比外，其余指标大小顺序均表现为 T2＞T3＞T1＞T4＞T5。可见，此时 4.7 dS/m 以下的灌溉水滴灌不会抑制番茄生长，甚至可能出现促进作用，尤其会促进根系的生长；但 6.2 dS/m 及以上电导率灌溉水滴灌会抑制番茄的生长，且灌溉水电导率越高抑制程度越大。

表 9.3　不同调查时期番茄单株干物质质量调查表

处理	DAP 27				DAP 78			
	根干质量/g	地上部干质量/g	总干质量/g	根冠比	根干质量/g	地上部干质量/g	总干质量/g	根冠比
T1	0.41	4.85	5.26	0.08	5.67	56.26	61.93	0.10
T2	0.43	3.19	3.62	0.13	8.91	59.26	68.17	0.15

续表

处理	DAP 27				DAP 78			
	根干质量 /g	地上部干质量 /g	总干质量 /g	根冠比	根干质量 /g	地上部干质量 /g	总干质量 /g	根冠比
T3	0.39	2.84	3.23	0.14	7.13	58.39	65.52	0.12
T4	0.22	1.55	1.77	0.14	5.41	48.20	53.61	0.11
T5	0.14	1.48	1.62	0.09	4.02	47.48	51.50	0.08

注：地上部干质量和总干质量中不包含番茄果实；处理样品多次称重后取均值，故无标准偏差。

9.4 不同灌水处理对番茄根系分布的影响

图 9.2 显示不同处理番茄根干质量剖面分布情况，可以看出在垄侧，T1、T2、T3、T4 和 T5 处理的根干质量占总根干质量的 97.5%、92.5%、98.9%、99.4%和 97.9%，根系下扎深度分别为 50 cm、60 cm、50 cm、50 cm 和 50 cm；在 0~10 cm 土层，T1、T3、T4 和 T5 处理根干质量的 85%以上都分布在该层，而 T2 处理因根系下扎深度更大仅占 68.4%；在 0~20 cm 土层，T1、T2、T3、T4 和 T5 处理根干质量分别占该侧根干质量的 98.8%、83.9%、92.4%、95.3%和 97.4%；在 0~30cm 土层，各处理根干质量分别占该侧根干质量的 99.5%、89.1%、98.9%、98.5%和 99.9%。在沟侧，T1、T2、T3、T4 和 T5 处理的根系下扎深度分别为 40 cm、50 cm、40 cm、30 cm 和 30 cm；在 0~10 cm 土层，仅 T1 和 T2 处理的根干质量较高，且大幅高于其余 3 个处理；在 0~20 cm 土层，T1、T2、T3、T4 和 T5 处理根干质量分别占该侧根干质量的 97.2%、80.8%、61.7%、91.8%和 96.5%；在 0~30 cm 土层，各处理根干质量分别占该侧根干质量的 99.3%、89.6%、92.6%、100%和 100%。综上可见，番茄根系主要分布在垄侧，深 20~30 cm、垂直于垄向距植株 0~20 cm 的土壤空间内，这也是本研究确定主根区的依据。

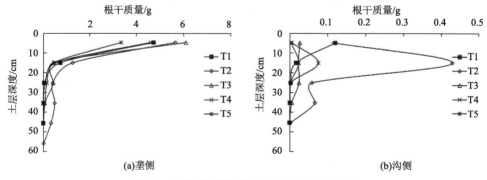

图 9.2 不同处理番茄根系干质量剖面分布

9.5　不同灌水处理对番茄产量和 IWUE 的影响

由表 9.4 可以看出，灌溉水电导率低于 3.2 dS/m 时单果质量较高，随着灌溉水电导率的进一步增加单果质量大幅降低，这与 Adams 和 Ho（1989）、Soria 和 Cuartero（1997）、Abdel Gawad 等（2005）的研究结果一致。单株果数随灌溉水电导率升高先增加后降低，但处理间不存在显著差异，这与 Shalhevet 和 Yaron（1973）盐分胁迫通过减小番茄果实大小和质量降低产量，而不是通过果数减少的结论一致。番茄产量随着灌溉水电导率的升高而先增加后降低，两者之间存在显著的相关关系[图 9.3（a）]，与 T1 处理相比，T2 处理增产 10.1%，而 T3、T4 和 T5 处理分别减产 8.6%、33.8%和 49.3%。T2 处理产量之所以高于 T1 处理主要是因其主根区 EC_e 始终小于等于 T1 处理[图 9.3（b）]。Abdel Gawad 等（2005）发现采用 8 dS/m 的咸水灌溉番茄可以取得约 50%淡水灌溉的产量，这与本研究结果一致。此外，图 9.3（b）显示，番茄产量与主根区平均土壤 EC_e 之间相关性不显著，这可能是因为在整个生长期内番茄的主根区是动态变化的，而本研究采用的固定根区土壤盐度与番茄产量进行相关分析。Shalhevet 和 Yaron（1973）报道称，当平均土壤 EC_e 超过 2 dS/m 后每增加 1.5 dS/m，产量就减少 10%，与本书咸水滴灌的研究结果存在差异，这是由滴灌的灌水形式和灌溉制度导致土壤孔隙水分与灌溉水水质更相近决定的。但根据 Shalhevet 和 Yaron（1973）的研究结果可以推测，随着土壤盐分的降低，未来番茄的产量会有所增加。综合考虑处理间单果质量和单株果数的差异，T3、T4 和 T5 处理产量降低主要是由单果质量降低导致的。灌溉水利用效率（IWUE）即作物产量与灌溉水总量之间的比值，其随着灌溉水电导率升高而先增加后降低，与 T1 处理相比，T2 和 T3 处理分别增加 8.4%和 17.4%，T4 和 T5 处理分别降低 29.3%和 32.2%。Abdel Gawad 等（2005）分别采用 1.24 dS/m、3.63 dS/m、5.55 dS/m、7.54 dS/m 的咸水灌溉番茄，发现 IWUE 随着灌溉水电导率的增加而降低。

表 9.4　番茄产量构成要素和 IWUE

处理	单果质量/g	单株果数/个	产量 kg/hm²	IWUE/[kg/（hm²·mm）]
T1	100.5±3.8[a]	8.5±0.6[a]	35008.9±1934.9[ab]	92.2±4.3[b]
T2	99.7±1.8[a]	9.4±0.1[a]	38558.0±1619.4[a]	99.9±4.2[ab]
T3	83.0±0.7[b]	9.7±0.4[a]	32003.8±1593.0[b]	108.2±5.4[a]
T4	76.5±2.8[b]	8.0±0.9[a]	23185.8±4276.7[c]	65.2±12.0[c]
T5	60.8±0.9[c]	8.0±1.6[a]	17743.5±4271.7[d]	62.5±15.1[c]

注：同列不同小写字母代表处理间差异达到 $P<0.05$ 显著性水平。

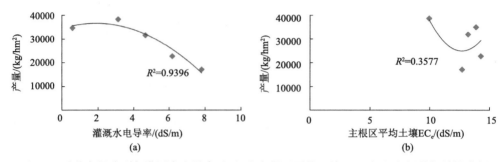

图 9.3　番茄产量分别与灌溉水电导率（a）和主根区平均土壤 EC_e（b）之间的相关性分析

9.6　不同灌水处理对番茄品质的影响

由表 9.5 可以看出，当灌溉水电导率达到 4.7 dS/m 后，番茄的颜色和大小得分明显降低，导致其卖相相应降低。灌溉水电导率较高后番茄颜色之所以变差是因为当植株吸收过多的 Na^+ 后，抑制对 Ca^{2+} 的吸收（Adams and Ho，1992；Dorais et al.，2001），果实含钙量低于 0.2%，致使脐部细胞生理紊乱，失去控制水分能力而发生坏死，导致番茄脐腐病发生概率大幅增加（Cuartero and Fernández-Muñoz，1999），影响番茄的颜色和卖相。番茄的可溶性糖含量和含酸量随灌溉水电导率的增加而增加，且分别呈二次线性相关和一次线性相关关系[图 9.4（a）和图 9.4（b）]。Abdel Gawad 等（2005）发现咸水灌溉番茄的含糖量高于淡水灌溉，与本研究结果一致。随灌溉水电导率的升高，番茄的糖酸比表现为线性降低[图 9.4（c）]，而甜酸可口度先增后降，其中 T2 处理甜酸可口度最佳，T5 处理因糖酸比较低而甜酸可口度最差（表 9.5）。番茄特有风味随灌溉水电导率的增加而越发浓郁。总体而言，4.7 dS/m 以下电导率的咸水滴灌可以获得较好的甜酸可口度，然而 4.7 dS/m 咸水滴灌处理主要因为果实偏小而卖相较淡水灌溉处理（T1）低 9.7%，但此时番茄特有风味更为浓郁。

表 9.5　番茄品质调查评分表

处理	颜色	大小	卖相	甜酸可口度	番茄特有风味
T1	9.4±0.7	9.3±0.8	9.3±1.0	8.7±1.0	8.6±1.2
T2	9.5±0.8	9.3±1.0	9.5±0.9	9.0±0.9	8.7±1.2
T3	8.7±1.2	8.1±1.4	8.4±1.3	8.9±1.0	8.9±1.3
T4	7.8±2.0	6.3±1.0	6.3±1.3	8.4±1.6	9.0±1.4
T5	6.6±2.7	5.0±1.6	4.6±2.0	8.2±1.3	9.2±1.1

注：每项指标满分为 10 分，分数越高品质越好。

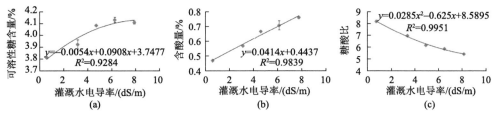

图 9.4　不同处理番茄可溶性糖含量（a）、含酸量（b）及糖酸比（c）

9.7　番茄生长响应小结

（1）滴灌水盐调控实现重度滨海盐碱地盐分淋洗和成苗同步进行，番茄的成活率随着灌溉水电导率的增加而缓慢降低，当灌溉水电导率在 7.8 dS/m 以下时，番茄成活率高达 90% 以上；当灌溉水电导率超过 4.7 dS/m 后，番茄植株存在早衰现象，且程度随电导率增加而加剧。

（2）在番茄生长前期，番茄生长指标随着灌溉水电导率的增加而降低，之后生长指标在不同电导率灌水处理间的差异随生育进程的推进而减小，在生长中后期，4.7 dS/m 以下的低电导率咸水滴灌不会抑制番茄生长，甚至可能出现促进作用，尤其会促进根系的生长，但更高电导率灌溉水滴灌会抑制番茄生长。

（3）番茄根系 92.5%～99.4% 的干物质质量分布在垄侧，最大下扎深度为 50～60 cm，89.1%～99.9% 的根系分布在 0～30 cm 土层，沟侧根系分布很少且下扎深度较浅，可见，番茄根系主要分布在垄侧，深 20～30 cm、垂直于垄向距植株 0～20 cm 的土壤空间内。

（4）在咸水滴灌正常淋洗阶段，番茄产量与灌溉水水质的相关性更高，受土壤 EC_e 的影响不明显。

（5）与淡水（T1）处理相比，T2 处理的产量和 IWUE 更高，但无显著差异，高于 Maas（1986）给出的番茄耐盐阈值；T3 处理单果质量显著降低，但通过增加单株果数，最终产量未显著降低，因灌水量低，其 IWUE 显著提高；T4 和 T5 处理的单果质量、产量及 IWUE 均显著降低。4.7 dS/m 以下电导率处理的番茄品质较好。

9.8　重度滨海盐碱地咸水滴灌番茄适宜模式研究

本书在"咸水滴灌+微垄+暗管+土壤基质势控制"水盐调控模式下，总结前人研究成果，提出重度滨海盐碱地原土农业水盐调控三阶段理论：一是强化淋洗阶段，在种植前表层 10 cm 土壤原位电导率控制在 3 dS/m 以下之前，每年作物种植之初都需要采取强化淋洗措施；二是正常盐分淋洗阶段，在暗管以上土壤 EC_e 小于 4 dS/m 之前，每个作物生长季都采取正常盐分淋洗措施；三是正常咸水滴灌阶段，控制滴头正下方 20 cm 处的土壤基质势在–20 kPa 以上指导灌溉。根据该模式，盐碱地种植作物咸水滴灌的适宜灌溉水水质指标确定方法也应该针对不同阶段特点具体划分。

9.8.1　水盐调控不同阶段适宜滴灌灌水水质确定

1. 强化淋洗阶段

在强化淋洗阶段，首先应该以迅速降低表层 10 cm 土壤盐度为主要目标，其次是保证作物成苗率。从土壤脱盐来看，因为初始土壤脱盐情况与灌水量密切相关，与灌溉水电导率之间关系不紧密，0.7～7.8 dS/m 处理在强化淋洗阶段结束时的土壤脱盐情况接近，所以用于灌溉的咸水电导率可达 7.8 dS/m，甚至可能会更高。但是为了保证较高的存活率，本书界定番茄相对成活率在 95% 以上，该阶段灌溉水电导率应该低于 6.2 dS/m。

2. 正常盐分淋洗阶段

在正常盐分淋洗阶段，土壤盐分淋洗和作物生长可以同步进行，此时应以作物产量、品质与灌溉水利用效率最佳为灌溉水电导率控制目标。前文研究结果显示，与淡水灌溉相比，4.7 dS/m 以下低电导率咸水滴灌处理的产量未受到显著影响，且品质佳、灌溉水利用效率更高。因此，正常盐分淋洗阶段的灌溉水电导率应该控制在 4.7 dS/m 以下。

3. 正常咸水滴灌阶段

在正常咸水滴灌阶段，应该以抑制土壤返盐和追求作物产量、品质与灌溉水利用效率综合效益最佳为目标。参考 Wan 等（2007）的研究，该阶段咸水滴灌番茄的灌溉水盐度应控制在 4.9 dS/m 以下，可见与本研究中正常盐分淋洗阶段的控制指标（4.7 dS/m）基本一致，保险起见，该阶段推荐的灌溉水盐度在 4.7 dS/m 以下。

9.8.2　咸水利用模式推荐

1. 盐分淋洗与作物高产同步模式

番茄种植后在强化淋洗阶段采用 6.2 dS/m 以下电导率的咸水滴灌，在正常盐分淋洗阶段采用 4.7 dS/m 以下的水质滴灌番茄，当暗管以上土壤 EC_e 低于 4 dS/m 后进入水盐调控第三阶段。这个模式既可以利用当地较低电导率的咸水资源淋洗土壤盐分，节约淡水，又可以保证作物生长与土壤改良同步进行，节省时间，还可以保证番茄高成活率、高产、优质。因为咸水滴灌容易堵塞滴头，在使用时应采用淡水冲洗管道，且通过注酸（如磷酸）将灌溉水 pH 控制在 7 以下。

2. 盐分淋洗优先模式

在作物种植前几个月，先使用地下咸水滴灌强化淋洗土壤盐分，咸水电导率可达 7.8 dS/m，甚至更高，当暗管以上土壤 EC_e 低于 4 dS/m 或达到高于 4 dS/m 的平衡状态后种植番茄，并采用 4.7 dS/m 以下电导率的咸水滴灌，此时水盐调控的方法仍遵从三阶段理论。这个模式既可以充分利用当地高电导率的咸水资源淋洗土壤盐分，节约大量淡水，又可以保证作物高成活率、高产、优质。在咸水滴灌时应使用淡水冲洗管道，且通过注酸将灌溉水 pH 控制在 7 以下。

第10章　地下咸水滴灌适宜的滴头防堵塞冲洗制度研究

为解决地下咸水滴灌中出现的滴头堵塞问题，探讨管道冲洗措施在实践应用中的可行性，本章将研究不同冲洗频率对滴灌运行最核心的两项评价指标——滴头流量和滴灌均匀度的影响，以期提出适宜的滴头防堵塞冲洗制度。

10.1　冲洗频率对滴头流量的影响

10.1.1　地下咸水滴灌

试验过程中地下咸水滴灌下平均滴头流量变化情况如图 10.1（a）所示。从图 10.1（a）可以看出，地下咸水滴灌时，5 个冲洗频率处理的平均滴头流量从灌溉开始就显著（$P<0.05$）降低，最大降幅发生在灌溉开始第 50～60d。S1、S2、S3、S4 和 S5 处理从第 50 d 的 81.4%、78.9%、75.8%、75.6% 和 75.3% 分别降低到第 60d 的 72.8%、67.3%、64.9%、64.7% 和 64.3%。S1、S2、S3、S4 和 S5 处理的最终相对平均滴头流量分别为 60.1%、51.4%、51.2%、51% 和 51%。管道冲洗可以移除毛管内沉淀累积的固形颗粒物，尤其是 S1 处理（1 d 冲洗 1 次），又因为通过毛管解剖发现管壁和滴头流道内并无生物膜，所以由表 7.3 的描述可以推断，滴头流道和滴头出水口处严重的化学堵塞和轻度的物理堵塞是咸水滴灌滴头严重堵塞的主要原因。S1 处理（1 d 冲洗 1 次）的平均滴头流量降低幅度明显（$P<0.05$）小于其余 4 个冲洗频率处理（图 10.1）。

10.1.2　地下淡水滴灌

由图 10.1（b）可见，淡水滴灌时，不同冲洗频率下平均滴头流量在开始灌溉前 40 d 几乎没有变化，但在随后的 40 d 里大幅降低，最大降幅发生在灌溉开始第 60～70 d。F1、F2、F3、F4 和 F5 处理从第 60 d 的 92.1%、90.8%、86.9%、86.8%

和 87.5% 分别降低到第 70 d 的 86.3%、86.6%、77.1%、78.0% 和 75.9%。F1、F2、F3、F4 和 F5 处理的最终相对平均滴头流量分别为 79.3%、77.1%、72.1%、71.6% 和 70.2%。考虑到淡水悬浮性固体的含量很低，基本不会引起物理堵塞，又因为毛管解剖未发现生物膜，所以滴头流道和滴头出水口处的化学堵塞应该是滴头堵塞的主要原因。

该结果与 Pei 等（2014）的研究结果不同，在其试验中，当采用相似灌水器再生水滴灌运行约 120h 后相对滴头流量仍保持在 90% 以上。分析认为结果产生差异的主要原因是水质。Pei 等（2014）研究的供试水质 pH 为 7.14，显著低于本研究采用的 8.5。在一些因素影响下，水高 pH 可能会加速化学沉淀的生成（Ahmed et al.，2007；Nakayama and Bucks，1991）。

该结果也与 Liu 和 Huang（2009）的研究结果不同，在其试验中，在灌水器相似的情况下，当使用比本研究水质更差的再生水（EC 为 1.469 dS/m，pH 为 8.6）滴灌 120 h 后相对滴头流量仍能达到 95% 以上。分析认为最主要原因是运行方式差异。其试验中滴灌系统每天运行 12 h，而本研究每 10 d 中 9 d 运行 1 h 仅 1 d 运行 3 h，因此当灌水时间相同时，总的系统运行天数并不相同。这表明，滴头堵塞不仅受到滴水时间的影响，还受到总运行时间的影响。这是因为，每次灌水后遗留在毛管和滴头流道内的水有更长的时间发生化学反应产生沉淀，尤其是在暴露于空气的滴头出水口处。

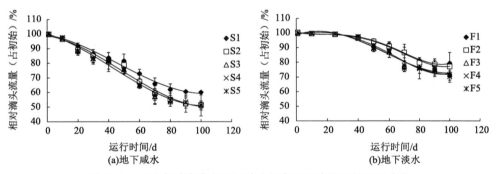

图 10.1　两种水质滴灌在不同冲洗频率下的滴头平均流量变化

10.1.3　对比分析

总之，与初始值相比，所有处理的滴头流量均降低，即使是在淡水滴灌条件下。然而，高频冲洗（S1、F1 和 F2 处理）在一定程度上缓解滴头堵塞程度。其余较低频率冲洗处理间无显著差异（图 10.2）。前人关于不同的冲洗频率也做出了一些探索：1 d 冲洗 1 次（Ravina et al.，1997）、1 周冲洗 1 次（Hills et al.，2000；Li et al.，2015d）、两周冲洗 1 次（Hills et al.，2000；Li et al.，2015d；Ravina et al.，

1997）、3 周冲洗 1 次（Li et al., 2015d）、1 个月或更长时间冲洗 1 次（Puig-Bargués et al., 2010a）。Puig-Bargués 等（2010a）发现当冲洗流速为 0.6 m/s 时，每个月 1 次或更低冲洗频率时滴头流量无显著差异。主要由于灌水水质和冲洗操作不同，也有一些与本研究不同的相关报道。Ravina 等（1997）使用再生水进行滴灌发现 1d 冲洗 1 次和两周冲洗 1 次滴头流量无显著差异。Li 等（2015d）在研究再生水滴灌时发现，当冲洗流速为 0.45 m/s 时两周冲洗 1 次的效果比 1 周冲洗 1 次、3 周冲洗 1 次效果更好。

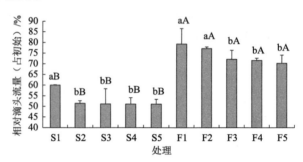

图 10.2　两种水质滴灌在不同冲洗频率下的最终相对滴头流量

对每种水质而言，不同小写字母代表不同冲洗频率间的处理达到显著水平（$P<0.05$）；对每个冲洗频率而言，不同大写字母代表不同水质间的差异达到显著水平（$P<0.05$）

　　相比之下，地下淡水滴灌的滴头流量整体高于地下咸水处理。在固定冲洗频率时，淡水滴灌各冲洗频率处理的最终平均滴头流量分别比咸水滴灌高 32.0%（1d 冲洗 1 次）、50.2%（5d 冲洗 1 次）、41.0%（10d 冲洗 1 次）、40.3%（30d 冲洗 1 次）和 37.7%（50d 冲洗 1 次）（图 10.2）。此外，咸水滴灌滴头流量发生显著（$P<0.05$）降低的时间比淡水滴灌处理早约 40d。总之，淡水滴灌滴头堵塞情况发生晚、程度轻。这主要是因为咸水因 EC、pH 及 Mg^{2+}、Fe 浓度更大，导致滴头化学堵塞程度更严重。与本研究结果基本一致，Capra 和 Scicolone（1998）研究了运行 1～20 年的 17 套滴灌系统共 10 种滴头类型对灌溉水质的响应，结果表明滴头的堵塞程度随灌溉水 EC，以及悬浮物、总铁、锰和镁离子浓度的增加而增大。

10.2　冲洗频率对堵塞滴头的影响

　　图 10.3 显示地下咸水和淡水滴灌在不同冲洗频率下滴头流量分别降低 25% 和 50% 的滴头占比。由图 10.3（a）、（b）可以看出，咸水滴灌时，滴头流量降低 25%

的滴头占比在灌溉开启 20 d 起直线增加，且不同冲洗频率处理间无显著差异。滴头流量降低 50% 的滴头占比在灌溉开启 30 d 起增加，增加趋势表现为先快后缓，并且处理间存在显著差异。滴头流量降低 25% 和 50% 的最小滴头占比出现在 S1 处理，分别为 80% 和 23%。由图 10.3（c）、（d）可见，淡水滴灌时，滴头流量降低 25% 的滴头占比在灌溉开启 50 d 起增加。滴头流量降低 25% 和 50% 的最小滴头占比出现在 F1 处理，分别为 33% 和 7%；最大占比出现在 F5 处理，分别为 40% 和 17%。相比之下，咸水滴灌流量降低 25% 和 50% 的滴头占比均大于且早于淡水滴灌。

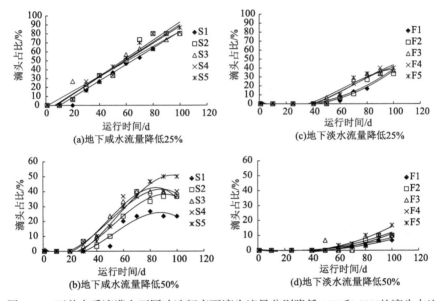

图 10.3　两种水质滴灌在不同冲洗频率下滴头流量分别降低 25% 和 50% 的滴头占比

10.3　冲洗频率对滴灌均匀度的影响

如图 10.4（a）所示，随着灌溉天数增加，咸水的滴灌均匀度（CU）在开始灌溉的前 70 d 迅速降低，之后变缓。试验结束时个别处理的 CU 出现增加现象，相似的情况也在以往研究（Liu and Huang，2009；Pei et al.，2014）的过程中出现过。CU 增加意味着滴头间流量差异减小，这是因为一些堵塞的滴头有时候恢复较高的流量（Adin and Sacks，1991；Duran-Ros et al.，2009；Pei et al.，2014；Ravina et al.，1992），并且/或者一些流量较高的滴头进一步降低流量。从 40 d 开始不同冲洗频率处理间 CU 出现显著性（$P<0.05$）差异，总体而言，每天冲洗处理的 CU 大于其

他 4 个处理。S1~S5 处理的最终 CU 分别为 72.5%、60.4%、52.9%、58.1%和 64.6%。

相比之下，淡水的 CU 随着灌溉天数增加而缓慢降低，并且处理间无显著（$P>0.05$）差异[图 10.4（b）]。然而，F1~F5 处理的 CU 为 81.5%~85.2%，均值为 82.6%。试验期间，在给定的冲洗频率下，淡水处理的 CU 一直显著（$P<0.05$）大于咸水处理。

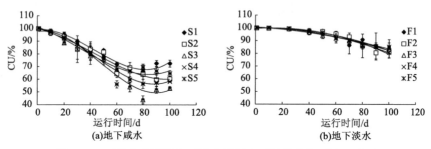

图 10.4　两种水质滴灌在不同冲洗频率下的最终相对滴头流量

从图 10.5 可以看出，地下咸水和淡水滴灌的相对滴头流量与 CU 之间存在极显著（$P<0.01$）的正相关，也就是说，CU 随着滴头堵塞程度的增加而降低。这也再次验证堵塞是影响 CU 的最显著因素（Wu，1997）。此外，很可能受到水质差异的影响，地下咸水滴灌相关方程的斜率大于淡水滴灌相关方程的斜率。Li 等（2009）报道了相似的研究结果。其采用再生水和水质较好的地下水滴灌，研究了 6 种滴头的表现，发现 CU 随堵塞程度的增加而线性降低，并且与地下水滴灌系统相比，采用再生水滴灌系统时滴头堵塞对 CU 的影响更显著。

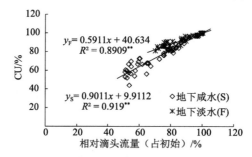

图 10.5　相对滴头流量与 CU 之间的相关性分析

*代表相关关系达到 $P<0.05$，显著水平，**代表相关系数达到 $P<0.01$，极显著水平。下同

10.4　堵塞物成分分析

从滴头堵塞物主要成分分析（表 10.1）可见，阳离子中 Ca^{2+} 的含量最高，

其次是 Fe^{3+} 的含量，Mg^{2+} 的含量也较高，这些离子是导致滴头堵塞的最关键元素。因为 $CaCO_3$、$MgCO_3$ 和 Fe_2O_3 沉淀可溶解于 HNO_3 而 $CaSO_4$ 不溶解，因此只能证明堵塞物中含有 $CaCO_3$、$MgCO_3$ 和 Fe_2O_3。由于表 7.3 中 SO_4^{2-} 含量较高可知堵塞物可能含有 $CaSO_4$，但不能明确含量。除 K^+ 外，咸水滴灌滴头堵塞物其余指标的含量均高于淡水滴灌滴头堵塞物，其中 Na^+、Sr 和 Fe^{3+} 含量高出百分比较大，分别是淡水滴灌滴头堵塞物 6.4 倍、2.9 倍和 2.2 倍。由图 10.6 可以看出，不同水质的堵塞物在外观上表现出较大差异，咸水滴灌在滴头出水口处的堵塞物以黄褐色沉淀物为主，而淡水滴灌在滴头出水口处的堵塞物以白色沉淀物为主，兼有淡黄褐色，这一颜色差异与两种水质处理堵塞物中 Fe^{3+} 含量差异一致。因为灌溉水本身是无色透明的，所以从沉淀物在滴头出水口周围的分布可以看出，沉淀物是灌溉水与空气长期接触后发生反应生成的，也就是在停水期间发生的。

表 10.1　两种水质滴灌处理堵塞物主要成分含量　（单位：g/kg）

处理	Ca^{2+}	Fe^{3+}	Mg^{2+}	Na^+	K^+	Mn	Sr	P
地下咸水滴灌	171.8	32.5	13.7	25.0	1.8	1.7	4.6	2.4
地下淡水滴灌	165.5	15.1	11.9	3.9	2.2	1.4	1.6	2.0

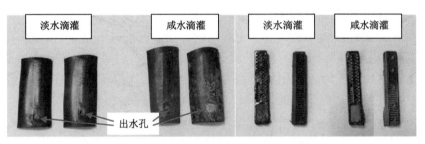

图 10.6　滴头出水口及流道的堵塞物

10.5　控制滴头堵塞的冲洗制度

10.5.1　地下淡水滴灌时滴头堵塞控制措施

淡水滴灌条件下高 pH 导致滴头堵塞。与初始相比，冲洗频率从高到低的平均滴头流量分别降低 20.7%、22.9%、27.9%、28.4 和 29.8。ISO（2003）界定当一个滴头或一组滴头的流量降低 25%时表明已经堵塞，也就是说相对滴头流量低于75%。由此可见，地下淡水滴灌条件下，1 d 或 5 d 冲洗 1 次可以更好地控制滴头堵塞，然而较低冲洗频率处理最终未能避免滴头堵塞发生。但是不论在哪个冲洗频率下 CU 均能维持在 80%以上。因为冲洗频率越高消耗的淡水越多，所以 5 d 冲洗 1 次足以控制滴头堵塞。

10.5.2 地下咸水滴灌时滴头堵塞控制措施

试验中供试地下咸水是当地浅层地下咸水和深层地下淡水的混合物，因为离子浓度较高，且由地下淡水带来的高 pH，所以其存在很高的滴头堵塞潜在威胁。参考以往研究（ISO，2003；Wei et al.，2008；Zhang et al.，2010；Zhang et al.，2011）结果，在咸水滴灌条件下，所有冲洗频率处理均未能防止滴头堵塞，虽然 1 d 冲洗 1 次处理的滴头表现好于其余处理。考虑到淡水滴灌时滴头的流量和 CU 均显著好于咸水滴灌，如果条件允许，可以在每次咸水滴灌结束后采用淡水冲洗管道。

此外，更高的冲洗流速也许能够起到促进作用，因为滴灌时较高流速的冲洗效果好于较低流速（ASAE，2003；Hills et al.，2000；Ravina et al.，1997）。Puig-Bargués等（2010b）研究显示高冲洗流速在较低冲洗频率下效果更好，但他们同时指出，冲洗流速和冲洗频率对滴头堵塞的影响并无稳定一致的表现，并且推测增加冲洗时间可能是改善冲洗效果更重要、更廉价的方法。Puig-Bargués 和 Lamm（2013）证明了以上推论，并且指出，当冲洗流速在 0.3m/s 左右时对于大部分微灌系统（如水中颗粒粒径小于 75μm，固体悬浮物浓度小于 2%，以及管径小于 25mm 等）是足够的。本研究中，灌溉水通过了 125μm 的叠片过滤器和网式过滤器，以确保水中颗粒粒径小于 125μm，此外，管径为 16mm，冲洗流速为 0.53m/s，因此，延长冲洗时间可能是移除沉淀物的好方法。考虑到冲洗效果和水资源状况，有必要进一步研究咸水滴灌使用淡水冲洗时适宜的冲洗时间。

10.5.3 其他控制措施

与 Li 等（2015 d）的报道相似，管道冲洗没能完全解决滴头堵塞问题，因此除冲洗措施外，还需要一些其他措施联合使用，如化学清洗。化学清洗就是在滴灌水源中加入一种或多种化学物质，以抑制生物的生长发育或滴灌系统中因化学变化而产生的沉淀。地下水在经过严格的物理过滤后，水中含盐量或 pH 较高导致灌水器堵塞，而管道冲洗没能完全解决灌水器堵塞问题，因此除冲洗措施外，还需要一些其他措施联合使用，如注酸。为进一步解决由地下水高 pH 导致的灌水器化学堵塞，需要定期地注酸，将灌溉水 pH 控制在 7 以下（Ahmadaali et al.，2009；Lamn et al.，2007；Pitts et al.，2003）。加酸的方式有两种：一是随灌溉水持续加酸，并将灌溉水 pH 控制在 6.5 左右；二是在单次灌溉末期加酸，将系统内的水 pH 降低为 2.0～3.0，持续 60min，并用清水短时清洗以降低管内残留酸的浓度。其中，第 2 种加酸方法并不适用于有作物栽培的条件，因为"酸液"会对作物根系生长产生危害。加氯是防止和处理再生水滴灌系统生物堵塞的常用方法。在滴灌系统中，一般通过系统最远端的余氯浓度的测定来控制系统的加氯过程。需要注意的是，在大规模滴灌系统中，以末端余氯浓度控制加氯时系统首部可能出现余氯浓度过高的风险。

在进行酸（磷酸、稀盐酸、稀硫酸和脲硫酸）处理时，常用的酸有稀硫酸、稀盐酸和稀磷酸。此外，还可使用脲硫酸，脲硫酸不仅可以清除滴灌系统中的化学沉淀，还可以作为作物生长的氮源之一。将灌溉水 pH 降至预定水平所需要添加的酸量通常应通过水样的滴定实验来确定。如果没有条件在实验室做滴定试验，也可在田间进行试验，可以在桶装容器中注入一定量的灌溉水，然后加入一定量的酸并充分混匀，测定灌溉水的 pH，重复以上操作，直到灌溉水能达到预期效果。通过此方法，就可以计算出灌溉水的 pH 达到预期效果的注入酸的量和比例。酸化处理预防和消除化学沉淀的效果很好，但所使用的无机酸有着较强的腐蚀作用，所以在进行酸化处理时，必须严格控制酸的浓度，避免对灌溉系统部件产生损坏。使用一段时间后，当滴头表现太差时则不得不更换新的滴灌带。

10.6　滴灌冲洗制度小结

（1）管道冲洗没能完全解决滴头堵塞问题，与初始值相比，地下咸水和淡水滴灌在所有冲洗频率下的滴头流量和均匀度都不同程度降低。咸水滴灌时滴头的堵塞程度更严重且更早于淡水滴灌。

（2）地下咸水滴灌时 5 个冲洗频率均没能防止滴头堵塞，而地下淡水滴灌时 5 d 冲洗 1 次可以有效控制滴头堵塞发生。

（3）基于以上发现，为了更好地控制滴头堵塞，每次咸水滴灌后建议采用淡水进行冲洗，并且适当延长冲洗时间，这需要进一步研究。

（4）为进一步减缓滴头堵塞发生，在采取加酸冲洗措施时，要针对水质情况选择适宜种类的酸，并控制好灌溉水 pH。

第二部分总结与展望

1. 总结

（1）地下水滴灌时管道冲洗不能彻底避免滴头堵塞；咸水滴灌时滴头的堵塞程度更严重且更早于淡水滴灌；地下淡水滴灌时 5 d 冲洗 1 次可以有效控制滴头堵塞发生；每次地下咸水滴灌后建议采用淡水进行冲洗，并适当延长冲洗时间以降低滴头堵塞水平。

（2）重度滨海盐碱地原土在雨季前后土壤盐度无明显变化；深翻和埋暗管可以利用降雨淋洗土壤盐分，只是速度很缓慢；而在土壤基质势控制条件下，滴灌可以高效地淋洗土壤，充分利用降雨，实现土壤剖面内大幅脱盐。

（3）T1～T5 处理在强化淋洗阶段结束后主根区土壤脱盐率平均为 52.5%，最终各处理的主根区平均 EC_e 由初始的 40.4 dS/m 分别降到 5.5 dS/m、5.5 dS/m、9.0 dS/m、8.1 dS/m 和 10.9 dS/m，SAR 由初始值 55.9（mmol/L）$^{0.5}$ 整体降低到 30（mmol/L）$^{0.5}$ 左右，而 pH 由 7.86 分别提高到 8.34、8.33、8.23、8.21 和 8.15；此外，主根区土壤脱盐率随着灌水量的增加而增大，随灌水电导率增加而减小；T1～T5 处理 1m 深土壤剖面最终土壤脱盐率分别为 39.5%、40.3%、34.0%、47.0% 和 38.0%，与灌水量和灌水电导率之间无显著相关关系。

（4）滴灌水盐调控实现重度滨海盐碱地盐分淋洗和成苗同步，番茄的成活率随着灌溉水电导率的增加而缓慢降低，当灌溉水电导率在 7.8 dS/m 以下时，番茄成活率高达 90%以上；试验中发现当灌溉水电导率超过 4.7 dS/m 后，番茄植株存在早衰现象，且早衰程度随灌溉水电导率增加而加剧。

（5）在番茄生长前期，番茄生长指标随着灌溉水电导率的增加而降低，之后生长指标在不同电导率灌水处理间的差异随生育进程的推进而减小，在生长中后期，4.7 dS/m 以下的灌溉水滴灌不会抑制番茄生长，甚至可能出现促进作用，尤其会促进根系的生长，但更高电导率灌溉水滴灌会抑制番茄生长；番茄根系92.5%～99.4%的干物质质量分布在垄侧，最大下扎深度为 50～60 cm，89.1%～99.9%的根系分布在 0～30 cm 土层，沟侧根系分布很少且下扎深度较浅。

（6）在咸水滴灌正常淋洗阶段，番茄产量与灌溉水水质的相关性更高，受土壤 EC_e 的影响不明显。与淡水处理相比，3.2 dS/m 处理的产量和 IWUE 更高，但无显著差异；4.7 dS/m 处理单果质量显著降低，但通过增加单株果数，最终产量未显著降低，因灌水量低，其 IWUE 显著提高；6.2 dS/m 和 7.8 dS/m 处理的单果质量、产量及 IWUE 均显著降低。4.7 dS/m 以下电导率处理的番茄品质较好。

（7）在"咸水滴灌+微垄+暗管+土壤基质势控制"水盐调控模式下，总结得出重度滨海盐碱地农业水盐调控三阶段理论，并结合各阶段特点推荐盐分淋洗与作物高产同步及盐分淋洗优先两种咸水灌溉模式，初步建立滨海盐碱地咸水滴灌原土水盐调控农业利用技术体系。

2. 展望

（1）在地下水滴灌管道冲洗制度研究试验中，根据两种水质滴灌的灌水器表现推荐地下咸水滴灌冲洗制度，受到工作量较大的限制，没有设置咸水滴灌后采取淡水冲洗的处理，因此试验结果能否满足滴灌抗堵塞要求有待验证。

（2）地下水在经过严格的物理过滤后，水中含盐量或 pH 较高导致滴头堵塞，而管道冲洗没能完全解决滴头堵塞问题，因此除冲洗措施外，还需要一些其他措施联合使用，如注酸。下一步需要研究适宜冲洗时间的确定及注入酸的类型和注酸制度。

（3）重度滨海盐碱地咸水滴灌番茄试验中，第 1 年在强化淋洗后，控制滴头正下方 20 cm 处土壤基质势在−5 kPa 以上，用以降低主根区土壤盐度。随着灌溉年限增加，暗管以上土层的土壤盐度是否能够降低到 4 dS/m 以下尚待继续试验观察，如果不能则正常盐分淋洗阶段的土壤盐度控制指标需相应调整。

（4）在重度滨海盐碱地咸水滴灌番茄试验中，有关水量平衡、主要离子在土壤剖面内的动态分布及作物生长互馈机制等方面的课题具有很好的理论研究价值，有待深入研究。

第三部分

外源物缓解植物盐分胁迫的
作用机理与效果

第11章 外源物缓解植物盐分胁迫的作用机理及其分类

世界盐渍土面积近 $10^9 hm^2$，其中亚洲约有 $3.99 \times 10^8 hm^2$（杨少辉等，2006）。由于农业用水管理粗放等不合理的农业措施持续存在（Zhu，2001），次生盐渍化土壤面积仍在扩大，2019 年世界约有 1/5 的灌溉土地存在盐渍化问题（Gong et al.，2020），预计到 2050 年，全球 50% 的可耕土地都可能会受到盐渍化的影响（Wang et al.，2003）。日趋严重的土壤盐渍化问题已影响到农业生产的可持续发展和植被构建。因此揭示盐胁迫对植物的影响机理及植物耐盐机制，探究如何缓解盐胁迫对植物的危害意义重大。

盐胁迫环境会导致植物内部发生离子胁迫、渗透胁迫及氧化胁迫，致使植物代谢受阻，细胞内离子失衡，光合色素合成及蛋白含量、脂类含量、抗氧化酶活性及抗氧化剂含量等受到影响。植物体内的多种生化途径（Parida et al.，2005）也受到明显影响，表现在抑制植物根系吸水、光合作用等植物生理过程。植物本身也具有一定的耐盐能力，主要包括合成渗透调节物质、提高抗氧化酶的活性、选择性吸收离子及平衡 pH、诱导抗盐相关基因表达 4 种应对机制（王佺珍等，2017），但是这些植物内部自我调节机制的运行能力有限，因此绝大部分植物尤其是粮食、蔬菜、瓜果类作物的耐盐能力多处于适度耐盐或对盐分敏感的水平。

为了提升植物的耐盐能力，帮助植物更好地适应盐环境，进而改善其生长状况，众多学者开展了外源物影响植物耐盐能力与作用机理的研究。现有报道的外源物已经达到 50 种（表 11.1）。根据外源物物质属性或其使用方法可将其分为糖类、抗氧化物质非酶类、植物生长类、信号分子类、多元醇类共 5 类，按照物质类别分为有机物、无机物两大类。了解这些外源物的作用机理十分重要，因此前人对此开展了研究，其中 Salwan 等（2019）提出了调节离子平衡及 pH、诱导合成渗透调节物质、激素调节、诱导抗氧化酶活性、微生物调控机制共 5 种作用机理。本书在参考 Salwan 等（2019）研究的基础上，综合现有文献报道，将外源物的作用机理扩展到 7 种，分别是调节离子平衡及 pH、诱导合成渗透调节物质、诱导抗氧化酶活性、激素调节、诱导基因表达及信号转导、改善光化学系统、微生物调控机制。为便于读者阅读，将本书所有专业名词汇总，如表 11.1、表 11.2 所示，并详述每种作用机理、代表外源物及其应用效果。

表 11.1 外源物一览表

外源物名称	英文名称	英文缩写
吲哚-3-乙酸	indole-3-acetic acid	IAA
1-氨基环丙烷羧酸	1-aminocyclopropanecarboxylic acid	ACC
硅	silicon	—
γ-氨基丁酸	γ-aminobutyric acid	GABA
钙	calcium	—
精胺	spermin	Spm
硫化氢	hydrogen sulfide	—
激动素	kinetin	KT
谷胱甘肽	glutathione	GSH
脯氨酸	proline	Pro
过氧化氢	hydrogen peroxide	—
鸟苷-3′,5′-环化一磷酸	guanosine 3′,5′-cyclic phosphate	cGMP
螺旋藻多糖	spriulinapolysacchrides	PSP
葡萄糖、蔗糖	glucose、sucrose	—
甘氨酸甜菜碱	glycine betaine	GB
乙硫氨酸	ethionine	—
亚精胺	spermidine	Spd
水杨酸	salicylic acid	SA
锌	zinc	—
脱落酸	abscisic acid	ABA
腺嘌呤核苷三磷酸	adenosine triphosphate	ATP
硝普钠	sodium nitroprusside	SNP
2,4-表油菜素内酯	2,4-epibrassinolide	EBR
腐殖酸	Humic acid	—
甘露醇	mannitol	—
山梨糖醇	sorbitol	—
二氧化硫	sulfur dioxide	—
表没食子儿茶素没食子酸酯	epigallocatechin-3-gallate	EGCG
硒	selenium	—
黄腐酸	fulvic acid	FA
乳酸菌胞外多糖	exopolysaccharides	EPS
茉莉酸甲酯	methyl jasmonate	MeJA

外源物名称	英文名称	英文缩写
赤霉素	gibberellins	GAs
6-苄氨基嘌呤	6-benzyladenine	6-BA
氯化胆碱	choline chloride	CC
肌醇	inositol	—
褪黑素	melatonin	MT
抗坏血酸	ascorbic acid	AsA
独脚金内酯	strigolactones	SLs
5-氨基乙酰丙酸	5-aminolevulinic acid	5-ALA
钙离子	calcium ion	
腐胺	putrescine	Put
乙烯	ethylene	ETH
岩藻多糖	fucoidin	—
海带多糖	laminarin	—
浒苔多糖	enteromorpha polysaccharide	—
紫菜多糖	porphyra polysaccharide	—
磷脂酸	phosphatidic acid	PA
植物促生菌	plant growth-promoting bacteria	—

表 11.2　缩略词表

中文名称	英文名称	英文缩写
盐敏感信号途径	salt overly sensitive	SOS
高亲和性钾转运蛋白	high-affinity K transporter	HKT
低亲和性阳离子转运蛋白	low-affinity cation transporter	LCT1
非选择性阳离子通道	non-selective cation channels	NSCCs
细胞程序性死亡	programmed cell death	PCD
可溶性蛋白	soluble protein	—
可溶性糖	soluble sugar	—
活性氧	reactive oxygen species	ROS
丙二醛	malonaldehyde	MDA
脯氨酸脱氢酶	proline dehydrogenase	ProDH
超氧化物歧化酶	superoxide dismutase	SOD
过氧化物酶	peroxidase	POD

续表

中文名称	英文名称	英文缩写
过氧化氢酶	catalase	CAT
抗坏血酸过氧化物酶	ascorbate peroxidase	APX
谷胱甘肽过氧化物酶	glutathione peroxidase	GSH-Px
多酚氧化酶	polyphenol oxidase	PPO
苯丙氨酸氨裂合酶	phenylalanine ammonia-lyase	PAL
还原型辅酶Ⅱ	reduced enzyme Ⅱ	NADPH
谷胱甘肽还原酶	glutathione reductase	GR
氧化型谷胱甘肽	oxidized glutathione	GSSH
脱氢抗坏血酸还原酶	dehydroascorbate reductase	DHAR
单脱氢抗坏血酸还原酶	monodehydroascorbate reductase	MDHAR
单半乳糖甘油二酯	monogalactosyl diglyceride	MGDG
双半乳糖甘油二酯	digalactosyldiglyceride	DGDG
硫代异鼠李糖甘油二酯	sulfoquinovosyl diacylglycerol	SQDG
表观量子效率	apparent quantum yield	AQY
暗呼吸速率	dark respiration rate	Rd
Rubisco 活化酶	Rubisco activase	RCA
果糖-1,6-二磷酸酯酶	fructose 1,6-bisphosphatase	FBPase
净光合速率	net photosynthetic rate	Pn
蒸腾速率	transpiration rate	Tr
PSⅡ原初光能转化效率	efficiency of primary conversion of light energy of PSⅡ	Fv/Fm
PSⅡ实际光化学效率	effective quantum yield of PSⅡ photochemistry	ΦPSⅡ
光化学猝灭系数	photochemical quenching coefficient	qP
类胡萝卜素	carotenoid	Car.
维生素 E	vitamin E	VE
叶绿素	chlorophyll	Chl
气孔导度	stomatal conductivity	Gs
维生素 C	vitamin C	VC
丝裂原活化蛋白激酶	mitogen-activated protein kinase	MAPK
MAPK 级联激活	mitogen-activated protein kinase cascade	MAPK cascade
植物促生菌	plant growth-promotingbacteria	PGPB
丛枝菌根	arbuscular mycorrhizal	AM

11.1 调节离子平衡及 pH

植物在盐胁迫下通过调节自身离子平衡缓解盐分胁迫。在调节离子平衡的过程中，HKT、LCT1 等 K^+吸收蛋白及吸收通道发挥着重要作用。吸收通道的通透特异性对某些离子的通透起着限制与阻碍作用，特别是对 Na^+的限制较为明显。质子泵（H^+-ATPase、H^+-PPase）可以提供激活离子转运蛋白 NHX 的动力，致使 Na^+区室化明显。有研究表明盐胁迫下施用 IAA（王平等，2014）、ACC（Wang et al.，2009）、硅（王霞等，2013）可以提高植物体内（根系或愈伤组织内）H^+-ATPase、H^+-PPaSe、PM H^+-ATPase 的活性。王馨等（2019）研究发现 5 mmol/L 和 10 mmol/L 的 GABA 可以提高西伯利亚白刺叶片中 Mg^{2+}-ATPase 的活性。陈琳等（2020）研究报道盐胁迫下潮滩芦苇 Na^+外排速度增加，这也是植物自我调节的一种特殊现象，添加外源物后这种现象显著提升。外源钙会刺激植物体产生钙信号以激活 SOS 途径，促使钙调蛋白发挥作用，通过 SOS 途径促进小麦体内 Na^+的外排和 K^+的吸收（赖晶等，2020）。韩多红等（2014）在研究中发现外源钙可以降低黑果枸杞种子及幼苗中 Na^+和 K^+的吸收，提高 Na^+的外排。陈建英和陈贵林（2011）研究发现，外源 Spm 可以提高西伯利亚白刺试管苗体内游离态多胺的含量，抑制 K^+的吸收；Deng 等（2016）研究发现，外源 H_2S 通过调控 NSCCs 和 SOS 途径缓解 NaCl 胁迫下小麦幼苗的生长，维持小麦胞内较低的 Na^+浓度。朱广龙等（2018）研究得出 KT 可以促进植物对 Mg^{2+}的吸收，GAs 可以提高植物种子胚根中 Ca^{2+}的含量；周艳（2019）、Nimir 等（2017）研究发现 GSH 可以增加胚根中 Ca^{2+}的含量。另有研究指出 Pro（贺混等，2018）、H_2O_2（王康君等，2016）、cGMP（Durner et al.，1998）3 种外源物也可以改变植物内相应离子的平衡状态。

上述外源物均有降低盐胁迫下植物细胞内 Na^+含量，提高 K^+、Ca^{2+}、Mg^{2+}含量的特性。此外，平衡稳定的细胞内 pH 环境是植物正常生长的必要条件之一。陈建英和陈贵林（2011）报道盐胁迫下外施环己胺可调节西伯利亚白刺试管苗胞内 pH，促使植物更好地适应盐胁迫，但其作用机理尚不明确。

11.2 诱导合成渗透调节物质

渗透调节物质可以调节细胞的渗透势，防止细胞膜损伤，稳定蛋白质和酶的活性，减少 ROS 过量积累，降低细胞损害风险。植物自身可以通过合成渗透调节物质降低盐胁迫导致的植物细胞膜脂损伤，阻止 PCD。能够参与诱导合成渗透调节物质的外源物种类较多，包括 cGMP、PSP、葡萄糖，蔗糖、GB、乙硫氨酸、Spd、SA、Spm、锌、Pro、GABA、IAA、ABA、ATP、SNP、硫化氢、EBR、KT、CC 等。

宿梅飞等（2018）研究发现，NaCl 胁迫下 20 μmol/L 外源 cGMP 可增加黑麦草种子内可溶性蛋白及可溶性糖含量，Pro 含量也同步增加并在第 6d 达峰值。张怡等（2019）研究发现，NaCl 胁迫下外源二氧化硫可增加水稻种子中渗透调节物质 MDA 含量。骆炳山和刘惠群（1988）研究报告称，高浓度的 EBR 处理会增加小麦叶片中 MDA 含量。山雨思等（2019）研究发现，外源 MeJA+SA 复合处理可有效调节植物氮代谢，增加植物体内可溶性蛋白、可溶性糖、Pro 等渗透调节物质含量。王康君等（2016）研究报告称，NaCl 胁迫下施加外源 cGMP、二氧化硫、GAs 可以提高种子中 α-淀粉酶的活性。α-淀粉酶作为分解种子储藏淀粉的主要酶，可以将胚乳中的淀粉液化并生成可供种子萌发利用的低分子可溶物。在苗芽成长期的研究中，KT 可以增加 NaCl 胁迫下老芒麦体内的端粒酶活性、可溶性蛋白和可溶性糖含量，降低游离 Pro、MDA 含量（孙守江等，2018）。李丹阳等（2018）研究 NaCl 胁迫下外源 Spd 影响玉竹体内 ProDH 等酶活性的作用时，发现通过外源诱导可以增加相应酶活性。CC 在小麦体内可转化为甜菜碱或磷脂酰胆碱。磷脂酰胆碱是生物膜的重要组成部分，也是合成 MGDG、DGDG 及 SQDG 的底物，还可以作为酰基膜脂去饱和的底物，在调节膜脂的流动性方面起着重要作用（盛瑞艳等，2006）。程琨等（2019）研究指出，肌醇可以显著降低盐胁迫下小麦发芽期的 MDA 含量，提高小麦 SOD 活性和 CAT 活性。部分诱导合成渗透调节物质类外源物最佳施用浓度统计表见表 11.3。

表 11.3　部分诱导合成渗透调节物质类外源物最佳施用浓度统计表

外源物名称	使用方法	最佳施用浓度	供试作物	参考文献
cGMP	浸种	20 μmol/L	黑麦草	宿梅飞等（2018）
PSP	水培	80 mg/L	小白菜	程宇娇等（2020）
葡萄糖、蔗糖	水培	0.5 mmol/L	小黑麦	王丽华等（2017）
GB	水培	1.00 mmol/L	玉米	杨晓云等（2017）
乙硫氨酸	叶面喷施	300 mg/L	高羊茅	江生泉等（2020）
Spd	叶面喷施；浸种	0.25 mmol/L；1.0～1.5 mmol/L	甜菜；水稻	朱兰等（2020）余海兵等（2002）
SA	浸种	0.75 mmol/L	颠茄	山雨思等（2019）
Spm	浸种或水培	0.1 mmol/L	小麦	马原松等（2018）
锌	水培	10^{-5} mol/L	小白菜	程宇娇等（2020）

续表

外源物名称	使用方法	最佳施用浓度	供试作物	参考文献
Pro	浸种	0.2 mmol/L	西瓜	贺滉（2018）
GABA	叶面喷施	10 mmol/L	西伯利亚白刺	王馨等（2019）
IAA	叶面喷施	6 mg/L	黄芩	华智锐和李小玲（2019）
ABA	叶面喷施或灌根	25 μmol/L	黄芩	李小玲和华智锐（2017）
ATP	叶面喷施	25 μmol/L	油菜	赖晶等（2020）
SNP	浸种	0.05 mmol/L	高粱	尹美强等（2019）
硫化氢	叶面喷施	50 μmol/L	番茄	郑州元（2017）
EBR	浸种及灌根	50 μmol/L	菊苣	马钱波和谷文英（2018）

11.3　诱导抗氧化酶活性

盐胁迫下植物细胞的离子平衡会遭到破坏，细胞膜遭受渗透胁迫，致使各种 ROS 累积过量，氧化还原平衡被打破，细胞膜的完整性难以维持。引入外源物将有利于维持氧化还原平衡及细胞膜的完整性。表 11.4 中的外源物均有提高植物体内 SOD、POD、CAT 等抗氧化酶活性进而提高抗氧化系统活性，增强植物清除超氧阴离子（O_2^-）、过氧化氢、MDA 等过氧化物的能力。程琨等（2019）的研究中指出，在 NaCl 胁迫条件下，外施 8 mmol/L 的肌醇可以更好地清除 O_2^- 和过氧化氢，较好地缓解小麦体内细胞膜的损伤，减轻盐胁迫带来的不利影响。作者在资料整理过程中发现 NaCl 胁迫下甘露醇（马存金等，2016）与山梨糖醇（杨洪兵，2013）作用机理基本相同。杨洪兵（2013）研究发现，在 NaCl 胁迫下，同为最优浓度处理下（甘露醇 0.8 mmol/L、山梨糖醇 0.6 mmol/L），荞麦根长与对照相比分别增加 165.67%、162.69%，幼苗鲜质量分别增加 133.60%、128.80%，可见两种外源物缓解荞麦盐害的效果接近且显著。此外，外源 EGCG、Zn、MeJA 和 SNP 在提高植物体内 SOD、POD、CAT 活性的同时，还可以提高 APX、GSH-Px、PPO 及 PAL 的活性。李洋（2018）研究发现，100 μmol/L EGCG 可以显著提高番茄幼苗中 SOD、POD、CAT 的活性。包颖等（2020）发现，盐胁迫下外施 MeJA 可以增加月季根系中 SOD、POD 的活性，增加 Pro 含量、降低 MDA 含量，从而提高植株对逆境的适应能力。李洋（2018）研究报告称，100 μmol/L EGCG 预处理使番茄幼苗叶片中 MDA 含量与对照处理相比降低 16.4%，证明了相容性溶质含量的积极响应可以缓解盐胁迫引起的膜脂过氧化程度。李红杰（2020）报道称，外源 KT 可以提高芹菜幼苗中 APX 等抗氧化酶活性。上述外源物缓解植物盐胁迫作用机理主要从抗氧化酶的诱导方面介入，均有深入研究的价值。

表 11.4　部分诱导抗氧化酶类外源物最佳施加浓度统计表

外源物名称	使用方法	最佳施用浓度	供试作物	参考文献
PSP	水培	80 mg/L	小白菜	程宇娇等（2020）
腐植酸	高活性腐植酸稀释	700 倍稀释液	番茄	张瑞腾等（2016）
甘露醇	叶面喷施	100 mg/L	辣椒	马存金等（2016）
山梨糖醇	水培	0.6 mmol/L	荞麦	杨洪兵（2013）
二氧化硫	水培	0.1 mmol/L Na$_2$SO$_3$ 和 NaHSO$_3$	水稻	张怡等（2019）
EGCG	水培	100 μmol/L	黄瓜	李洋等（2018）
锌	水培或灌根	10^{-5} mol/L	蒜	叶文斌等（2017）
硒	浸种	0.04 mmol/L Na$_2$SeO$_3$	番茄	韩广泉等（2010）
Pro	灌根	100 μmol/L	玉竹	李丹阳等（2018）
FA	灌根	500 mg/L	平邑甜茶	杨澜（2019）
GABA	叶面喷施	10 mmol/L	西伯利亚白刺	王馨（2019）
EPS 胶冻类芽孢杆菌胞外多糖 蓝藻多糖	—	200 mg/L	水稻	张文平等（2019）
MeJA	叶面喷施	1 mmol/L	玉米	周晓馥和王艺璇（2019）
IAA	叶面喷施	6 mg/L	黄芩	华智锐和李小玲（2019）
GAs	浸种	250 μmol/L	蓖麻	刘贵娟（2013）
ABA	叶面喷施	25μmol/L	黄芩	李小玲和华智锐（2017）
6-糠基氨基嘌呤	叶面喷施	0 mmol/L、150 mmol/L、250 mmol/L 盐胁迫下：10 mg/L；100 mmol/L 盐胁迫下：20 mg/L	披碱草	孙守江等（2018）
6-BA	灌根	100 mg/L	甘蓝	蔡美杰等（2020）
CC	—	1.0 mmol/L	黄瓜	张永平（2011）
肌醇	叶面喷施及水培	8 mmol/L	小麦	程琨等（2019）
EBR	叶面喷施	1 μmol/L	水稻	安辉等（2020）
GB	水培	1.00 mmol/L	玉米	杨晓云等（2017）

外源物名称	使用方法	最佳施用浓度	供试作物	参考文献
ATP	叶面喷施	25 µmol/L	油菜	赖晶等（2020）
MT	浸种	500 µmol/L	老化燕麦	熊毅等（2020）
过氧化氢	水培	5 µmol/L	黄瓜	蒋景龙等（2019）
SNP	叶面喷施或灌根	200 µmol/L	菊苣	马钱波等（2018）
硫化氢	浸种	50 µmol/L NaHS	番茄	郑州元（2017）
ASA	叶面喷施	20 mmol	高羊茅	樊瑞苹（2010）
SLs	浸种	50 nmol/L	乌桕	王乔健（2019）
5-ALA	浸种	正常情况下 0.1 mg/L；25 mmol/L 和 50 mmol/L NaCl 胁迫下 0.5 mg/L；100 mmol/L NaCl 胁迫下 1.0 mg/L	番茄	赵艳艳等（2013）
Spm	水培或叶面喷施	0.3 mmol/L	黄瓜	袁颖辉等（2012）
cGMP	水培	20 µmol/L	番茄	宿梅飞（2019）
钙离子	灌根	10 mmol/L	蓖麻	李军（2011）

11.4　激素调节

植物激素是植物体内产生的一类重要物质，此类有机物在低浓度时即可对植物的生长发育、代谢、环境应答等生理过程产生作用。MeJA 是分离得到最早的JA 化合物之一（杨婷，2019），是被广泛应用于调节生物胁迫的一种植物激素调节剂（严加坤等，2019）。杨婷（2019）研究发现，在营养液中施加 75 µmol/L MeJA对提高 NaCl 胁迫下玉米胚芽鞘 AsA 含量，APX、DHAR、MDHAR、GR、CAT、SOD 等活性，CAT 基因表达水平，以及降低渗透胁迫下玉米幼苗中过氧化氢、MDA 和超氧阴离子含量的效果显著。刘贵娟（2013）研究报道称，在高浓度 NaCl（100 mmol/L）胁迫下，25 µmol/L GAs 浸种 12 h 可显著促进蓖麻种子幼芽及幼根的生长。朱利君等（2019）将 ABA 与 GAs 作为介导物质研究外源过氧化氢对 NaCl胁迫下黄瓜种子萌发抑制作用的缓解机制中发现适宜浓度（0.3%）过氧化氢处理可以通过介导 ABA 及 GAs、提高植物体内抗氧化酶活性以达到缓解盐胁迫对黄瓜种子萌发的抑制作用。这也与 Liu 等（2010）报道的过氧化氢可以通过促进 GAs的合成和 ABA 的代谢来加速拟南芥种子的萌发结果一致。孙守江等（2018）研究报道称，20 mg/L KT 处理可以显著降低 200 mmol/L NaCl 胁迫下老芒麦体内的MDA 含量，缓解其细胞所受到的氧化损伤。蔡美杰等（2020）研究指出，100 mg/L

6-BA 可以显著提高 NaCl 胁迫下甘蓝种子的萌发率，减少甘蓝植物体内自由基、活性氧、膜脂过氧化物的积累，提高 SOD 等膜保护酶的活性。

11.5 改善光化学系统

盐胁迫会影响植物的光合作用及碳同化，其中对光化学系统影响最为显著，其影响方面包括对胞内 CO_2 气体含量、叶绿素荧光参数、AQY、Rd、Rubisco 活性、RCA、FBPase 活性、碳同化关键酶的基因表达。而一些外源物可以改善盐分胁迫下植物光化学系统运行。王馨等（2019）研究发现，当 NaCl 浓度不高于 300 mmol/L 时，施加 5～10 mmol/L 外源 GABA 对西伯利亚白刺植物体内的 Pn、Tr、Fv/Fm、ΦPSⅡ、qP 有显著的促进作用。朱兰等（2020）研究报告称，外源 Spd 能够提高甜菜叶片面积及叶绿素含量，提高 PSⅡ中心反应活性；在 280 mmol/L NaCl 胁迫条件下，喷施 0.25 mmol/L 处理效果最优。郑州元（2017）研究报告称，外源硫化氢可以提高植物根中的钠钾比，促进强光下 LHC 离开 PSⅡ，与 PSI 结合，缓解 PSⅡ的过度还原。李卓雯（2019）研究指出，在 100 mmol/L NaCl 胁迫条件下，50 µmol/L 外源 H_2S 熏蒸处理效果最优。相似研究报道较多，涉及的外源物包括乙硫氨酸、GSH、Put、Spd、SNP、硫化氢、SA、AsA、MeJA、ABA、KT、CC、MT、菌株 Xbc-9 和 Hbc-6、FA、硅、5-ALA、EGCG、EBR 等，详见表 11.5。

表 11.5 部分改善光化学系统类外源物作用机理及最佳施用浓度统计表

外源物名称	外源物作用机理	应用效果
乙硫氨酸	提高光化学效率、叶绿素含量、PSⅡ光能捕捉和转化效率，促进光合电子传递（江生泉等，2020）	喷施 300 mg/L 处理效果最优（江生泉等，2020）
GSH	提高抗氧化剂 GSH、Car.、VE（陈沁和刘有良，2000）。增加 Fv/Fm、qP 和 ΦPSⅡ、光合色素以及光合速率，提高植物幼苗的光合性能（单长卷和杨天佑，2017）	50 mg/L 灌根处理效果最优（单长卷和杨天佑，2017）
Put	增加光化学猝灭，改变类囊体上 LHCⅡ单聚体和二聚体、PSⅠ和 PSⅡ核心蛋白（Navakoudis Eleni et al.，2007）；降低功能天线色素大小，增加 PSⅡ反应中心密度（束胜，2012），改善气孔导度、调节非气孔因素以提高叶片光合速率（华智锐和李小玲，2017）。稳定类囊体膜组成、阻止叶绿素的损失，提高光化学效率（袁若楠，2107）	喷施 8 mmol/L 处理效果最优（袁若楠，2107）
Spd	提高叶面积、叶绿素含量、PSⅡ中心反应活性，增强其光合作用以提高生物积累量（朱兰等，2020）	280 mmol/L NaCl 胁迫条件下喷施 0.25 mmol/L 效果最优（朱兰等，2020）

外源物名称	外源物作用机理	应用效果
SNP	参与植物体内（李俊豪等，2019）光合作用、呼吸作用、气孔运动等生理过程，与 JA、MAPK、ROS、SA、ABA 途径以及 Ca^{2+} 等多种信号途径之间相互作用，发挥生理功能（杨怡，2019）。可提高光合作用，通过缓解盐胁迫对 PSII 的损伤来提高作物耐盐性（马钱波和谷文英，2018）	100 μmol/L SNP 施于培养基中处理效果最优（杨怡，2019）
硫化氢	参与促进植物形态建成、调节生理生化过程、缓解非生物胁迫三个过程（李卓雯，2019；尚玉婷等，2018），提高植物光合作用（黄菡，2017）；提高植物根中的钠钾比，促进强光下 LHC 离开 PSⅡ，与 PSⅠ 结合，缓解 PSⅡ 的过度还原（郑州元，2017）	100 mmol/L NaCl 胁迫条件下，50μmol/L 外源硫化氢熏蒸处理效果最优（李卓雯，2019）
SA	调节气孔导度，促进盐胁迫下叶片中碳的羧化作用，提高水分利用效率（段辉国等，2011；Liu et al.，2014），提高盐胁迫下 Rubisco 酶等光合作用相关酶的活性（Nazar et al.，2011），从而提高光合作用（廖姝等，2013）	叶面施用 0.1 mmol/L 处理效果最优（Liu et al.，2014）
ASA	提高植物色素含量（樊瑞苹，2010），增加叶绿素含量及净光和速率，提高原生质体活力	喷施 20 mmol/L 处理效果最优（樊瑞苹，2010）
MeJA	增强氮代谢关键酶活性，促进托品烷类生物碱的合成与积累，抑制植物生长并促进气孔关闭（周晓馥和王艺璇，2019），调节植物的光合作用，从而缓解盐胁迫对作物造成的损伤（杨婷，2019）	叶面喷施 1 mmol/L 处理效果最优（周晓馥和王艺璇，2019）
ABA	降低 Pn（姚侠妹等，2020）；调节作物幼苗叶绿素含量，提高作物光合作用及吸水能力（刘旭等，2020）	喷施 0.2 mmol/L 处理效果最优（刘旭等，2020）
6-糠基氨基嘌呤	提高端粒酶活性、叶绿素含量（王若梦等，2104）促进植物光合作用	地上部分喷施 50 mg/L 处理效果最优（王若梦等，2104）
CC	缓解叶绿素的降解（陈雪等，2010）减缓细胞膜脂的氧化胁迫，保护植物的光合系统（陈楚等，2013）	400 mg/L 浸种处理效果最优（陈楚等，2013）
MT	调节植物光周期，保护叶绿素（刘珂等，2020），增加抗氧化物质 AsA、还原型 GSH 的含量（范海霞等，2019）	叶片喷施 0.01 mmol/L 处理效果最优（范海霞等，2019）
菌株 Xbc-9 和 Hbc-6	促进植株的光合系统，维持气孔形态（剡涛哲，2019）	—
FA	增加植物对光能的吸收转化利用率、促进叶绿素的形成（杨澜，2019）	500 mg/L 灌根处理效果最优（杨澜，2019）
硅	参与植物呼吸作用、光形态建成等过程（龚动庭，2109）	2 mmol/L 浸种处理效果最优（龚动庭，2109）
5-ALA	是叶绿素等所有卟啉类化合物的合成前体（范夕玲等，2019），促进植物的光合作用、影响植物的呼吸作用；可通过转化成原卟啉IX等四吡咯化合物间接诱导光氧化反应（冯汉青等，2020）	25 mg/L 浸种及随营养液灌根处理效果最优（冯汉青等，2020）
EGCG	改变植株叶片的气孔交换（Rani et al.，2011）	外施 50 μmol/L、100 μmol/L 处理效果最优（Rani et al.，2011）

外源物名称	外源物作用机理	应用效果
EBR	提高叶片光合性能（安辉等，2021），提高多酚氧化酶活性从而调节多酚类物质的代谢，增加非酶类抗氧化物如 VC、Car.的含量（宋靓苑，2019）	喷施 1μmol/L 处理效果最优（安辉等，2021）

11.6 诱导基因表达及信号转导

植物在盐胁迫下会通过调控相关耐盐基因的表达来应对所处逆境。施加某些外源物可为植物提供参与植物信号转导过程的相关信号分子，进而激活相关信号通路及基因表达（如 NHX1、SOS1、RBOH 和 MAPK）（赖晶等，2020）。例如，在盐胁迫下，施加外源物可以通过激发某些蛋白（如靶蛋白）的活性，改变其蛋白质翻译转录的过程，以此提高植物在盐胁迫下的基因表达能力。表 11.6 显示具有对相关基因表达及信号转导作用机理的共 14 类外源物，包括 ETH、EBR、GB、ATP、部分糖类（如岩藻多糖、海带多糖、浒苔多糖、紫菜多糖等海藻多糖）、MT、过氧化氢、钙离子、PA、MeJA、SNP、硫化氢、SA、GABA。

表 11.6　部分诱导基因表达及信号转导类外源物作用机理及最佳施用浓度统计表

外源物名称	外源物作用机理	应用效果
ETH	EIN5 / XRN4、MKK9、MPK3、MPK6、EER3、EER4 等 ETH 发挥作用的信号途径均参与植物盐胁迫的过程（张丽霞等，2010）。乙烯受体和 CTR1 是乙烯信号途径的负调控因子，过表达受体基因 *NTHK1* 或功能获得性突变体 etr1、etr1-1 和 ein4-1 等的存在，导致对 ETH 的不敏感和对盐的敏感性增加，激活乙烯信号通路，表现出明显的抗盐性（Cao et al.，2006；Cao et al.，2007；Wang et al.，2007；Wang et al.，2008；Yoo et al.，2008；Zhou et al.，2006）	存在众多未解决的问题（符秀梅等，2010），外源 ETH 不利于番茄在盐胁迫环境下生长（张丽霞等，2010）
EBR	其参与激活抗病基因以及光合作用途径基因的表达（李硕等，2019）	叶面喷施 0.1 μmol/L 处理效果最优（李硕等，2019）
GB	通过影响基因的表达调控降低胁迫对植物组织的伤害（严青青等，2019）	喷施 30 mmol/L 处理效果最优（严青青等，2019）
ATP	提高第二信使（过氧化氢、Ca^{2+}、NO）触发下游 MAPK 级联途径中的基因表达能力，提高 MEKK1、MPK19、MPKs 的表达及细胞活力（Sun et al.，2012b），使信号分子过氧化氢、Ca^{2+} 也参与到外源 ATP 对盐胁迫下幼苗的调控，激活 P5CS1 基因表达，同时诱导盐胁迫下作物中 NHX1、SOS1、RBOH 和 MAPK 基因表达来调节作物耐盐性（赖晶等，2020）	叶片喷施 25 μmol/L 处理效果最优（赖晶等，2020）

外源物名称	外源物作用机理	应用效果
部分糖类	海藻多糖，包括岩藻多糖、海带多糖、浒苔多糖、紫菜多糖等可以通过提高作物耐盐基因 Os CLC1、Os CLC2、Os SOS1，显著提升作物的耐盐性（刘宏，2019）	0.1 mg/mL 浸种处理效果最优（刘宏，2019）
MT	其作为一种信号分子可诱导抗性基因（如 WRKY、bHLH 及 TFs 等）表达（李红杰，2020）	叶面喷施 100 μmol/L 处理效果最优（范海霞等，2019）
过氧化氢	调控多种基因如编码抗氧化酶基因、调控生物与非生物胁迫应答蛋白基因的表达（蒋景龙等，2019），可促使细胞内防御基因的表达（朱利君等，2019）	0.3%浓度浸种处理效果最优（朱利君等，2019）
钙离子	作为一种刺激改变某些蛋白质翻译转录过程（李春燕等，2015），通过 MAPK 通路合成相关的蛋白（赖晶等，2020），将生物膜表面的磷酸酯与蛋白质的羟基相结合（何丽丹等，2013）	20.0 mmol/L 浸种处理效果最优（何丽丹等，2013）
PA	与蛋白相互作用来调控靶蛋白的催化活性、将靶蛋白锚定到膜上以及促进蛋白复合物的形成与稳定，特别是 MAPK cascade 途径（庄宝程，2014）	灌根 20 μmol/L PA（16：0～18：2）处理效果最优（庄宝程，2014）
MeJA	是 JA 化合物之一，作为激素、信号分子存在（杨婷，2019）；在植物诱导抗逆基因表达方面发挥着作用（贺淏等，2108）	喷施 50 μmol/L 处理效果最优（陈培琴等，2006）
SNP	NO 的直接供体（旺田等，2019）；NO 作为一种广泛存在于植物中的信号分子，作为气体活性分子、氧化还原信号分子存在（王弯弯，2017）。在植物体内如 JA、MAPK、ROS、SA、ABA 途径，以及 Ca^{2+} 等多种信号途径之间相互作用，发挥生理功能（杨怡，2019）	喷施 0.1 mmol/L 处理效果最优（旺田等，2019）
硫化氢	与其他信号分子等相互作用形成信号通路（王春林等，2019），但关于硫化氢在信号转导过程中如接受位点、上下游级联关系尚不明确，尤其是与 CO、NO、Ca^{2+}等信号分子之间关系还需进一步研究	100 μmol/L NaHS（外源硫化氢供体）随营养液加入处理效果最优（谢平凡等，2017）
SA	是多种反应的信号分子（高明远等，2018）	喷施 0.5 mmol/L 和 2.0 mmol/L 处理效果最优（高明远等，2018）
GABA	诱导 ETH 的合成、参与信号传导过程（王馨等，2019）	当 NaCl 浓度大于等于 200 mmol/L 时，喷施 10 mmol/L 处理效果最优（王馨等，2019）

11.7　微生物调控机制

对植物有益的微生物也可以帮助植物在盐胁迫下存活。这些微生物的作用机理主要是使植物细胞内部离子状态产生分隔或保持稳定，还会促使植物体内产生渗透保护剂，激活植物体内的抗氧化系统，促使植物内部产生一氧化氮及诱导植物进行体内的激素调节（Salwan et al.，2019）。参与植物生长调控的微生物如内生菌可以提高植物在面对盐胁迫时的适应能力，使植物在生长中更有优势（王春林等，2019）。Desgarennes 等（2014）研究 PGPB 时发现其能与植物建立微生物调控关系，并在正常状态下或植物面临胁迫时促进植物的生长。菌株 Xbc-9 和 Hbc-6 可以改变玉米根系土壤菌群的结构、菌群的多样性及丰度，可以间接地提高植物在盐胁迫环境下的适应性（剡涛哲，2019）。王乔健（2019）和 Rolfe 等（2019）的研究报告中提到植物分泌的 SLs 可以促进菌丝分枝及 AM 真菌的产生以影响根际相关微生物组，促使微生物对植物产生调控作用，从而帮助植物抵抗逆境。此外，木霉菌、哈茨木霉菌株（ACCC 32524、ACCC 32527）等外源功能微生物也具有与植物产生微生物调控机制的作用（向杰，2019）。

11.8　总结与展望

本章根据外源物缓解植物盐分胁迫的作用机理，将其分为调节离子平衡及 pH、诱导合成渗透调节物质、诱导抗氧化酶、激素调节、诱导基因表达及信号转导、改善光化学系统、微生物调控机制共 7 大类。一直以来，研究者对盐分胁迫下植物的耐盐机理及外源物的作用机理的研究从未间断，并且这些研究已经达到一定的广度和深度，但由于植物的种类、形态性状、内部生理结构及生化反应等差异的影响，外源物缓解盐胁迫的作用机理仍有待深入研究，如目前关于外源 ETH、EBR 及硫化氢对作物的作用机理、外源功能微生物与植物共生作用的机制等的研究有待进一步开展。此外建议：进行外源物试验操作规程与有效性技术标准的制定，构建完善的评价体系；开展外源物在野外盐渍土应用效果的研究，并揭示其对作物耗水规律、土壤水盐运移等的影响；开展不同作用机理外源物复合施用研究，探究其应用效果和协作机制。随着外源物缓解植物盐害机理研究的不断深入和完善，外源物在减轻植物盐害、提高盐碱地作物产量和植被成活率等方面将发挥重要的革命性推动作用。

第12章 盐分胁迫下喷施γ-氨基丁酸对水稻秧苗生长的影响

12.1 研究目的与意义

　　小站稻是津沽名特产品，名扬海内外。然而，天津市广泛分布着滨海盐碱地，虽然绝大部分盐碱地经过改良和连年种植，其土壤盐度已经得到大幅降低，然而水稻盐害现象依然存在。以往研究表明，水稻在盐碱胁迫环境下会产生抗逆机制，但当盐碱胁迫超过植株所能调节的范围时，会抑制水稻种子的萌发进程及水稻的芽长、根长和根数（李玉祥等，2021；李瑶等，2021）；抑制叶片的伸长、新生叶的形成及引起叶片卷缩和枯萎、叶尖变黄（刘艳等，2021）；还会抑制分蘖数，推迟分蘖进程，减少总颖花数，减轻千粒重，增加水稻籽粒的垩白粒率，最终导致籽粒的产量和外观品质下降，同时会降低稻米胶稠度；严重的直接死亡（张治振等，2020；翟彩娇等，2020）。在水稻生长过程中，一旦发生盐害，那么很难采取及时有效的工程或农艺措施加以改善。为了缓解作物受到的盐害，探索外源物种类及应用效果的研究成为一种潜在的解决途径和研究热点。高倩等（2021）通过总结发现，目前已有 50 种外源物被报道在缓解作物盐害方面可以发挥作用。其中，GABA 属于非蛋白质氨基酸，与植物体内碳素和氮素两大代谢途径紧密联系（Bouche et al., 2003），可以通过调节离子平衡、诱导合成渗透调节物质、诱导抗氧化酶活性、改善光化学系统、诱导基因表达及信号转导共 5 条途径提高植物耐盐性（高倩等, 2021）。王春燕等（2014）研究发现在 80 mmol/L 和 150 mmol/L NaCl 胁迫下，添加 5 mmol/L GABA 水培可以促进黄瓜幼苗根系对 K^+、Ca^{2+}、Mg^{2+} 的吸收，抑制对 Cl^-、Fe^{2+}/Fe^{3+}、Na^+ 的吸收，从而提高黄瓜苗耐盐性。王馨等（2019）研究发现，在不高于 300 mmol/L NaCl 胁迫下，叶面喷施 5 mmol/L 和 10 mmol/L 的 GABA 可以有效提高西伯利亚白刺叶片中 Mg^{2+}-ATPase 活性、叶绿素含量（Chl）以及净光合速率（Pn）。罗黄颖等（2011）发现，在 150 mmol/L NaCl 胁迫下，添加 5 mmol/L GABA 水培明显提高叶片生长速率、抗氧化酶活性、叶绿素含量和光合速率，减少活性氧和膜脂过氧化物 MDA 的积累，从而改善番茄幼苗耐盐性。赵九洲等（2014）研究发现，GABA 喷施浓度在 25～50 mmol/L 时，对盐碱胁迫下甜瓜幼苗生长有一定缓解作用,但 75 mmol/L 时无有效缓解作用。赵宏伟等(2017)在土壤 NaCl 含量约为 0.15% 的条件下在水稻分蘖期和孕穗期连续两天向叶面喷施 4 mmol/L GABA,发现叶片中 SOD、POD、CAT、APX 等酶活性升高,MDA 含量降低,水稻产量显著增加,且分蘖期喷施对产量的提升效果优于孕穗期。综上可见,外源 GABA 的有效性与使用方式、浓度、植物种类、发育阶段、胁迫强度和时间有关。

在生产中,水稻一般采取插秧的方法种植,水稻种子萌发阶段通过设施育苗可以得到很好的环境调控,但达到 3 叶 1 心插秧到田间之后,才真正开始面对各种逆境的胁迫。因此,开展外源物(如 GABA)改善插秧苗耐盐性的研究具有重要的实用价值,但这方面的研究报道鲜见。鉴于此,本章以天津主栽粳稻品种'天隆优 619'为研究对象,待秧苗培育到 3 叶 1 心时,考虑到添加 GABA 水培在生产中应用的可行性较低,拟开展外源喷施 GABA 对水稻地上部和根系生长及对抗氧化酶活性影响的研究,以期为改进盐碱地水稻生产提供参考。

12.2　材料与方法

12.2.1　试验材料

本试验于 2021 年 7～9 月在国家粳稻工程技术研究中心开展,选用粳稻品种'天隆优 619'为供试材料,由天津天隆科技股份有限公司提供。GABA 由山东盛源生物科技有限公司提供。育苗基质由草炭土、珍珠岩和蛭石按比例掺拌而成(金盛,山东寿光),养分量:有机质量 35.3%,水解氮量 2531 mg/kg,有效磷量 338.9 mg/kg,速效钾量 2334 mg/kg。水稻营养液配方参考张瑞坤等(2020)的研究配置。

12.2.2　试验设计

1. 育苗

选取粒大饱满、大小一致的水稻种子,用 95% 酒精消毒,蒸馏水冲洗干净后浸种 36 h(种子未露白),浸种结束后点播。借鉴蔬菜育苗方式,采用营养土穴盘(72 穴)育苗,以保证每个植株根系独立。育苗在室外进行,培育过程中及时补水,不需施肥。

2. 水培试验

待秧苗培育至 3 叶 1 心无分蘖时开始室内水培试验。于水培杯(高和直径分别为 10 cm、8 cm)中进行,选用 5 个 NaCl 溶液浓度处理,分别为 0 mmol/L、

25 mmol/L、50 mmol/L、75 mmol/L、100 mmol/L。GABA 试验组的喷施浓度依据沙汉景等（2017）的研究结果选定为 4 mmol/L，每天喷施 1 次外源物，叶片正反面均喷至完全湿润，不喷 GABA 对照组同时喷施水以保持变量均衡。试验共 10个处理，每个处理 4 次重复，每次重复有 6 株秧苗。以水稻营养液为基础溶液，水培液用基础溶液配制不同浓度 NaCl 溶液，平均两天更换或添加水培液 1 次。室内补光灯为全光谱每天固定开启 14 h。试验于水培后 8 d 结束。

12.2.3 取样与测定方法

（1）幼苗形态指标。开始水培前及水培后第 8 d 使用直尺调查所有水稻苗株高。水培后第 8 d 调查所有水稻苗黄叶发生情况，统计死叶率；并在每个处理选取长势一致的 5 株秧苗使用直尺测定展开叶的长和宽，并使用邓启云和吴愈山（1991）提出的公式计算叶面积；再选取长势一致的 6 株秧苗（含用于测量叶面积的 5 株），平分为 3 组，获取根系（叶片用于测定抗氧化酶活性），使用精度为 0.001 g 的电子天平称取鲜质量，之后使用烘箱在 75℃下烘干至恒质量，称取干质量，由干质量与鲜质量之比获得干鲜比；从其余植株获取鲜活根系，并采用试剂盒（苏州科铭生物技术有限公司，中国）测定根系活力。

（2）幼苗叶片抗氧化酶活性。取所有处理剩余植株的生长点下第 3 片展开的真叶，剪碎混匀用于测定抗氧化酶活性。其中超氧化物歧化酶（SOD）和过氧化物酶（POD）采用试剂盒（苏州科铭生物技术有限公司，中国）进行酶活性测定，抗坏血酸过氧化物酶（APX）使用抗坏血酸法（王学奎，2006）进行测定，每个处理 3 次重复。

12.2.4 数据统计与分析方法

在 WPS Office Excel 2019 软件中进行数据常规处理和作图，采用 SPSS 17.0数据处理系统进行差异显著性分析和多因素方差分析。

12.3 结果与分析

12.3.1 GABA 对盐胁迫下水稻苗生长的影响

图 12.1、图 12.2 和表 12.1 显示不同处理下水稻苗的生长情况，由表 12.1 可以

看出，随着盐分胁迫程度的增加，水稻的株高增量、叶面积呈下降趋势，尤以株高增量在处理间差异最为明显；死叶率呈上升趋势，所有处理与相应 0 mmol/L NaCl 溶液水培处理相比均显著（$P<0.05$）增加；株高因受到初始值的影响较大，在处理间未表现出一致性差异。在相同盐分胁迫下（表 12.1），与不喷施 GABA 处理相比，喷施 GABA 后在 0 mmol/L、25 mmol/L、50 mmol/L、75 mmol/L、100 mmol/L NaCl 溶液水培处理下，株高增量分别增加–12.8%、1.7%、2.1%、31.8% 和 17.6%，叶面积分别增加–6.3%、4.9%、4.3%、9.1% 和 18.1%，死叶率分别降低 63.6%、23.3%、4.8%、1.6% 和 5.1%。可见，喷施 GABA 可以缓解水稻所受盐胁迫，改善地上部生长状况，其作用效果与盐分胁迫强度和表征指标等有关。

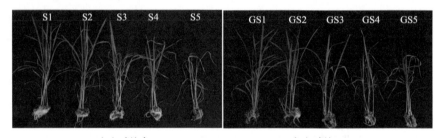

（a）喷施水　　　　　　　　　　　　（b）喷施 GABA

图 12.1　'天隆优 619'

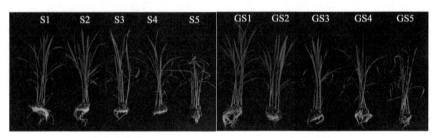

（a）喷施水　　　　　　　　　　　　（b）喷施 GABA

图 12.2　'大觉一品'

表 12.1　不同处理水稻幼苗生长情况调查

处理	株高增量/cm	株高/cm	叶面积/cm²	死叶率/%
S1	5.84±0.47[a]	35.58±0.95[a]	26.37±2.23[a]	13.75±4.79[d]
S2	2.99±0.50[c]	32.60±3.15[abc]	21.69±2.19[abc]	37.50±11.90[c]
S3	2.38±0.45[c]	30.56±1.78[bcd]	21.51±2.02[abc]	78.75±4.79[b]
S4	1.10±0.29[de]	32.60±2.20[abc]	19.62±3.11[cd]	78.75±7.50[b]
S5	0.51±0.28[e]	28.91±3.00[d]	14.01±3.83[e]	98.75±2.50[a]
GS1	5.09±1.03[b]	33.05±2.39[ab]	24.72±4.15[ab]	5.00±7.07[d]

续表

处理	株高增量/cm	株高/cm	叶面积/cm^2	死叶率/%
GS2	3.04±0.60[c]	32.88±1.46[ab]	22.75±1.79[abc]	28.75±7.50[c]
GS3	2.43±0.51[c]	28.54±1.69[d]	22.44±3.05[abc]	75.00±7.07[b]
GS4	1.45±0.42[d]	29.35±1.66[cd]	21.40±4.93[bc]	77.50±8.66[b]
GS5	0.60±0.21[e]	31.02±1.21[bcd]	16.54±3.58[de]	93.75±4.79[a]

注：同列数据（平均值±标准差）后不同字母代表处理间差异达到 0.05 显著水平（n=3，最小差异显著法）。S1、S2、S3、S4、S5 分别表示用 0 mmol/L、25 mmol/L、50 mmol/L、75 mmol/L、100 mmol/L NaCl 溶液水培，GS1、GS2、GS3、GS4、GS5 分别表示用 0 mmol/L、25 mmol/L、50 mmol/L、75 mmol/L、100 mmol/L NaCl 溶液水培并用 4 mmol/L GABA 叶面喷施。下同。

12.3.2　GABA 对盐胁迫下水稻苗根系的影响

表 12.2 显示不同处理下水稻苗根系的生长情况，由表 12.2 可以看出，随着盐分胁迫程度的增加，水稻的根系干鲜比均呈上升趋势，根系活力呈先升后降趋势；根鲜质量、根干质量在处理间存在小幅波动，但整体呈降低趋势。在相同盐分胁迫下，与不喷施 GABA 处理相比，喷施 GABA 后在 0 mmol/L、25 mmol/L、50 mmol/L、75 mmol/L、100 mmol/L NaCl 溶液水培处理下，根鲜质量分别减少 18.2%、0.4%、12.3%、14.4% 和 11.7%，根干质量分别减少 25.5%、8.8%、22.2%、18.9% 和 13.8%，根系活力分别增加 76.1%、64.8%、48.6%、94.4% 和 1.2%。可见，喷施 GABA 处理降低水稻根干质量、根鲜质量，提高根系活力。

表 12.2　不同处理水稻根系生长情况调查

处理	根鲜质量/g	根干质量/g	干鲜比	根系活力/[μg/（min·g）]
S1	0.411±0.011[a]	0.051±0.003[a]	0.124±0.004[cd]	1.062±0.119[cd]
S2	0.260±0.012[c]	0.034±0.002[b]	0.131±0.003[c]	1.087±0.182[cd]
S3	0.260±0.042[c]	0.036±0.006[b]	0.137±0.001[b]	1.100±0.201[cd]
S4	0.271±0.025[c]	0.037±0.004[b]	0.138±0.003[b]	0.696±0.261[de]
S5	0.196±0.039[de]	0.029±0.006[bc]	0.146±0.003[a]	0.660±0.052[e]
GS1	0.336±0.004[b]	0.038±0.002[b]	0.114±0.008[e]	1.870±0.387[a]
GS2	0.259±0.082[bc]	0.031±0.009[bc]	0.119±0.002[d]	1.791±0.430[a]
GS3	0.228±0.053[cd]	0.028±0.007[bc]	0.122±0.002[cd]	1.635±0.038[ab]
GS4	0.232±0.028[cd]	0.030±0.004[bc]	0.129±0.003[c]	1.353±0.075[bc]
GS5	0.173±0.013[e]	0.025±0.000[c]	0.147±0.009[a]	0.668±0.087[e]

12.3.3　GABA 对盐胁迫下水稻苗叶片抗氧化酶活性的影响

表 12.3 显示不同处理下水稻苗叶片的抗氧化酶活性，由表 12.3 可以看出，随着盐分胁迫程度的增加，水稻叶片的过氧化物酶（POD）和超氧化物歧化酶（SOD）的活性均呈上升趋势，抗坏血酸过氧化物酶（APX）的活性呈先升后降趋势。在相同盐分胁迫下，与不喷施 GABA 处理相比，喷施 GABA 除 0 mmol/L NaCl 溶液水培处理 SOD 酶活性降低外，其余处理的 3 种酶活性均增加；在 0 mmol/L、25 mmol/L、50 mmol/L、75 mmol/L NaCl 溶液水培处理下，叶片 POD 酶活性分别增加 25.0%、20.8%、5.0%和 7.1%，SOD 酶活性分别增加−6.5%、17.3%、15.8%和 9.8%，APX 酶活性分别增加 4.6%、7.2%、54.7%和 64.4%。可见，在盐分胁迫下喷施 GABA 处理增加水稻叶片的抗氧化酶活性。

表 12.3　不同处理水稻叶片抗氧化酶活性调查

处理	POD 活性/（u/g FW）	SOD 活性/（u/g FW）	APX 活性/（u/g FW）
S1	133.33±11.55^d	129.66±10.98^{bc}	19.67±1.41^d
S2	160.00±34.64^{cd}	133.14±13.48^{bc}	30.76±2.65^{ab}
S3	266.67±11.55^b	134.95±10.96^{bc}	17.11±4.65^d
S4	280.00±87.18^a	144.38±10.41^{ab}	14.00±2.24^d
S5	—	—	—
GS1	166.67±23.09^{cd}	121.25±13.38^c	20.58±7.71^{cd}
GS2	193.33±11.55^c	156.11±8.38^a	32.98±6.35^a
GS3	280.00±52.92^{ab}	156.27±12.56^a	26.47±1.80^{abc}
GS4	300.00±40.00^a	158.56±14.19^a	23.02±3.48^{bcd}
GS5	—	—	—

12.3.4　影响水稻苗生长的因素效应分析

是否喷施 GABA、盐分胁迫程度对水稻幼苗地上部和根系生长的单因变量二因素方差分析结果如表 12.4 所示。由表 12.4 可以看出，是否喷施 GABA 对株高、株高增量和叶面积的影响不显著，对死叶率、根鲜/干质量、根系活力的影响达到显著水平（$P<0.05$）；盐分胁迫程度对除根鲜/干质量外所有生长指标的影响均达到显著水平（$P<0.05$）；二因素交互作用仅对根系活力产生显著影响（$P<0.05$）。

分析结果表明，盐分胁迫程度对水稻苗生长指标的影响作用最大，其次为是否喷施 GABA，最后为是否喷施 GABA 与盐分胁迫程度的互作。可见，喷施 GABA

可以影响水稻苗的生长，且不同生长指标的响应程度存在差异，其中对根系的影响达到显著水平。

表 12.4 水稻幼苗生长指标的单因变量二因素方差分析 *P* 值

因素	株高	株高增量	叶面积	死叶率	根鲜质量	根干质量	根系活力
是否喷施 GABA	0.131	0.81	0.316	0	0.001	0.004	0
盐分胁迫程度	0	0	0	0.02	0.115	0.012	0
是否喷施 GABA 与盐分胁迫程度的互作	0.093	0.297	0.671	0.792	0.558	0.456	0.034

12.4 讨论与结论

12.4.1 盐分胁迫对水稻苗生长的抑制作用

本研究模拟水稻苗插秧后即遭受盐分胁迫。与以往研究结果一致，随着盐分胁迫程度的增加，水稻的株高增量、叶面积、根干/鲜质量呈下降趋势，这是因为盐胁迫抑制水稻光合作用（张瑞坤等，2020），进而减少同化物的积累；水稻死叶率呈上升趋势，这是因为 Na^+ 和 Cl^- 的过量累积会灼伤叶片，导致叶片黄化（杨少辉等，2006）；根系干鲜比呈上升趋势，这是因为盐分胁迫程度越高植株吸水越困难，植株体内自由水含量减少，表现为干鲜比上升。与以往报道盐分胁迫会降低水稻苗根系活力的结果不同，本研究中根系活力呈先升后降趋势，这可能是因为徐晨等（2013）的研究是在 80 mmol/L NaCl 溶液胁迫下开展的，而本研究设置的盐分梯度更多，较低盐分胁迫未对根系活力产生抑制。此外，水稻在遭受盐分胁迫时会通过提高抗氧化酶活性来进行自我调整与适应，且抗氧化酶活性（SOD、POD、CAT）随着盐浓度增加先增后降（沙汉景，2013）。在试验盐分胁迫程度下，随着盐分胁迫程度的增加，水稻叶片 POD 和 SOD 酶活性呈上升趋势，APX 酶活性呈先升后降趋势，与前人研究结果一致。通过分析影响水稻苗生长的因素效应，发现盐分胁迫程度对水稻苗生长指标的影响作用最大，其次为是否喷施 GABA，最后为是否喷施 GABA 与盐分胁迫程度的互作。

12.4.2 喷施 GABA 在提高水稻耐盐性中起到的作用

在生产中发现水稻发生盐害时，通过喷施外源物来缓解盐害具有较强的可操作性。通过分析影响水稻苗生长的因素效应，发现喷施 GABA 可以影响水稻苗的生长，且不同生长指标的响应程度存在差异。本研究中在相同盐分胁迫下，与不喷施 GABA 处理相比，喷施 GABA 后 3 个盐分胁迫（25 mmol/L、50 mmol/L、75 mmol/L NaCl）处理的水稻叶片抗氧化酶（POD、SOD 和 APX）活性不同程度增加，这与前人关于玉米（王泳超等，2018）、小麦（Wang et al.，2017a）、水稻（赵宏伟等，2017）、番茄（罗黄颖等，2011）等作物的研究结果一致。在相同盐分胁迫下，与不喷施 GABA 处理相比，喷施 GABA 后 4 个盐分胁迫（25 mmol/L、50 mmol/L、75 mmol/L、100 mmol/L NaCl）处理的株高增量、叶面积不同程度增加，死叶率降低，根鲜/干质量减少，根系活力增加。说明在盐分胁迫下喷施 GABA 可以促进水稻苗地上部的生长，减少同化物向根系的分配，同时提升根系活力。以往关于外源 GABA 改善植物地上部生长的报道较多（王春燕等，2014；王馨等，2019；罗黄颖等，2011；Kaur and Zhawar，2021），但关于减少根系质量的报道鲜见。王春燕等（2014）取 4 叶 1 心黄瓜苗在 80 mmol/L 和 150 mmo/L NaCl 胁迫 6d 后，发现添加 GABA 可显著提高根系鲜/干质量。Kaur 和 Zhawar（2021）采用培养皿育苗第 5d 开始，在 100 mmol/L 盐碱胁迫 72h 后，发现添加 1.5 mmol/L GABA 处理的水稻幼苗地上部和根系干质量均有所增加。出现与以往研究不同的结果可能是因为：①水稻作为水田作物，其耐淹水能力强，当外源 GABA 起到缓解盐分胁迫的作用后，不需要再分配更多的同化物用于生长根系以吸收水分、养分和加强呼吸；②与本研究的秧苗生长阶段不同，Kaur 和 Zhawar（2021）研究的芽苗阶段，该阶段胚根、胚轴迅速伸长，芽苗生长所需营养物质主要由种子提供，不涉及同化物的分配问题，外源 GABA 作为一种氨基酸态氮肥，促进芽苗地上和根的生长。

综上所述，喷施 GABA 能够提高水稻的抗氧化酶活性和根系活力，进而提高耐盐性；还能够促进同化物优先向地上部分配，以利于作物光合作用积累更多的同化物。

第13章 γ-氨基丁酸浸种对盐胁迫下番茄出苗及幼苗生长的影响

13.1 研究目的与意义

现代农业的发展不仅解决了我国蔬菜供应种类少且不足的问题，还实现了周年均衡供应，极大地满足了人们对蔬菜的日常需求。然而，由于地下水抬升、气候干旱等自然因素及不合理的种植方式、施肥量大等人为因素，部分地区的土壤在得不到雨水充分淋洗的情况下，致使种植多年后土壤中的盐分在表层聚集，产生严重的土壤次生盐渍化问题。盐胁迫会使植株产生渗透胁迫和离子胁迫，从而抑制种子吸水膨胀、出苗、根尖的产生和幼叶生长，并加速成熟叶衰老（Munns and Tester，2008），同时会导致光合作用速率降低、叶绿素含量下降、活性氧增加（Acosta-Motos et al.，2017），进一步影响植株营养生长和生殖生长。番茄属于耐盐性适度敏感作物，盐分胁迫会抑制其出苗、生长，造成减产（李莉等，2019；范翠枝等，2021；李丹等，2020）。大量研究表明，可通过外源物氨基酸[如 GABA（罗黄颖等，2011）]、黄腐酸钾（高倩等，2021）、水杨酸（宋士清等，2006）、一氧化氮（阮海华等，2001）等的使用，提高作物的耐盐性。GABA 属于非蛋白质氨基酸，与植物体内碳素和氮素两大代谢途径紧密联系，是一种对植物生长发育有重要影响的信号物质（Bouche et al.，2003）。研究表明，外源 GABA 处理通过促进内源 GABA 的积累、调节活性氧代谢显著改善小麦、玉米、甜瓜等多种作物的耐盐性（杨娜等，2018；Wang et al.，2017b；向丽霞等，2015）。罗黄颖等（2011）发现，在 150 mmol/L NaCl 胁迫下，添加 5 mmol/L GABA 水培，明显提高番茄苗叶片生长速率、抗氧化酶活性、叶绿素含量和光合速率，减少活性氧和膜脂过氧化产物 MDA 的积累，从而改善其耐盐性。贾邱颖等（2021）发现，与未添加 GABA 的处理相比，添加 5 mmol/L 外源 GABA 对盐胁迫下番茄嫁接苗的地上部鲜质量、叶绿素含量、抗氧化酶活性等均有显著提高。罗黄颖等（2011）研究发现，使用 10 mmol/L GABA 浸种可以更好地通过促进番茄种子萌发和幼苗生长来缓解盐害。综上可见，适当施加外源 GABA 可有效提高作物耐盐性，然而目前关于 GABA 浸种后，从番茄种子到幼苗（4 叶 1 心）全阶段在盐分胁迫下响应的研究未见报道。

'玉玲珑'是由潍坊科技学院自主选育的口感型番茄品种，具有酸甜可口、口感浓郁、香型独特的特点，曾在第二十届中国（寿光）国际蔬菜科技博览会荣获"品质王"称号。其市场价格可以达到普通番茄的 10 倍以上，是一类具有高附加值的经济作物，具有较好的推广价值。本章以口感型番茄——'玉玲珑'（统一称为番茄）为供试对象，研究外源 GABA 浸种对盐分胁迫下番茄的出苗、幼苗的地上部和根系生长、叶片抗氧化酶活性的影响，探讨 GABA 浸种改善番茄耐盐性的作用特点。本研究对指导番茄育苗具有重要参考价值。

13.2 材料与方法

13.2.1 试验材料

本研究于 2021 年 4～5 月在山东省潍坊市寿光市潍科种业日光温室内（36°54′4.34″N，118°47′1.05″E）进行。供试番茄品种为'玉玲珑'，种子由潍坊科技学院校办企业潍科种业科技有限公司提供。GABA 及配制营养液的其他物质均为分析纯试剂。

13.2.2 试验设计

设置 GABA 浸种和不浸种两个种子处理方式以及 0.6 g/L（当地井水）、2.6 g/L、4.6 g/L 共 3 个盐浓度灌水处理，不浸种处理依次标记为 S1、S2、S3，浸种处理依次标记为 GS1、GS2、GS3。2.6 g/L 和 4.6 g/L 咸水由 NaCl 与井水定量掺兑而成。精选大小一致、饱满的种子，消毒、冲洗后用吸水纸吸干，参考罗黄颖等（2011）的研究，浸种处理采用 10 mmol/L GABA 水溶液浸种 12 h。每个处理采用 72 穴规格的穴盘育苗 90 株，分为 3 次重复。播种前使用营养土（草炭土：蛭石：珍珠岩的比例为 3∶1∶1）填入穴盘，在基质表面压出小穴，大致 1 cm 深，播种后覆一层珍珠岩，放置在育苗架上，做好标记。播后当即使用喷壶浇透水，并于每天上午 9∶00 适量补水，待第一片真叶展开后及时追肥，营养液配制参照山崎配方。为避免咸水喷灌对番茄叶片造成伤害，每次补水后使用雾化喷头和井水快速清洗叶片。试验于播后 40 d 结束。

13.2.3　测定指标与方法

1）空气温湿度

在温室内穴盘上方 10 cm 处安装温湿度记录仪（Benetech GM1365），观测试验期间大棚内的温度、湿度情况。试验期间的平均、最高和最低温度分别为 21.1℃、29.2℃和 0.81℃，平均、最高和最低湿度分别为 59.7%、89.7%和 45.3%。

2）生长指标

从播种 5 d 后开始每天统计出苗数至播后 13 d，播种 14 d 时开始每天统计死亡幼苗数至播后 22 d，参照国家标准计算种子的出苗率、累积死亡率，统计开始出苗时间、全苗时间（停止出苗时间），计算相对出苗率。其中相对出苗率为各处理出苗率与 S1 处理的比值乘以 100%。在番茄幼苗生长 40 d 时，每个处理随机选取 9 株，分别测定株高、茎粗，以及叶和茎的干、鲜质量。从每个处理已选取的 9 株中随机选取 3 株用于调查根系干物质量和根系形态指标。测定方法：分别采用直尺和游标卡尺测定株高和茎粗，植物样鲜质量测定需要将叶片和茎分离后分别称量，其干质量测定需要将鲜样在 30 min、105℃杀青后与洗净待测的根系一起在 75℃下烘干至恒重，使用精度为 0.0001 g 的电子天平称取。用扫描仪（Epson V500，美国）将洗净待测根系扫描成彩色 TIF 格式图像文件，再用图像分析软件（WinRHIZO，加拿大）测定总根长、根体积、根表面积和根尖数。

3）叶片生理指标

在进行叶绿素含量测定时参考李合生（2000）的方法取生长点下第 3 片展开的真叶，剪碎混匀称取 0.200 g，加入 25 mL95%乙醇，于黑暗条件下浸提 48 h，用紫外可见分光光度计（上海棱光 752S，中国）测定 665 nm、649 nm 和 470 nm 波长处的吸光度值，3 次重复。取生长点下第 3 片展开的真叶进行酶活性指标的测定，称取 0.200 g 样品洗净后置于冰浴的研钵中，分 3 次加入 1.6 mL（0.6 mL、0.5 mL、0.5 mL）50 mmol 预冷的磷酸缓冲液（pH 为 7.8），在冰浴上研磨成匀浆，每个处理 3 个重复，然后转入离心管中，在 4℃、12000 r/min 条件下离心 20 min，上清液为酶粗提液，SOD、POD 采用试剂盒（苏州科铭生物技术有限公司，中国）进行酶活性测定，APX 使用 Nakano 和 Asada（1981）的方法进行测定。

13.2.4　数据分析

数据处理及图表制作采用 Microsoft Office Excel 数据处理软件，差异显著性和相关性分析采用 SPSS Statistics 26 数据处理软件。不同小写字母表示不同处理在 0.05 水平下差异显著。

13.3 结果与分析

13.3.1 GABA 浸种对盐分胁迫下番茄出苗的影响

从表 13.1 可以看出，在低盐胁迫下 GABA 浸种未对番茄的出苗形成显著影响，高盐（4.6 g/L）胁迫下，GABA 浸种推迟出苗进程且增加累积死苗率。除 S_3 处理在播后 7 d 开始出苗、在播后 12d 完成出苗外，其余处理均在播后 5d 开始出苗，分别在播后 6~10 d 完成出苗。在播后 13 d 时，与 S_1 处理相比，除 S_3 处理的相对出苗率（$P<0.05$）降低 13.10 个百分点外，其余处理均无显著变化。此外，S_1、GS_1 处理一直没有出现死苗，S_2、GS_2 处理的累积死苗率处于很低水平，S_3 和 GS_3 处理番茄出现的死苗时间要比 S_2 和 GS_2 处理提前 3~6d，且累积死苗率均显著（$P<0.05$）增加。在播后 22 d 时，S_2、GS_2、S_3 和 GS_3 处理番茄的累积死苗率分别为 3.33%、1.11%、36.67% 和 53.33%。说明在较高盐分胁迫（4.6 g/L）下，使用 GABA 浸种虽然会提高出苗率，但同时会增加死苗率。

表 13.1 番茄 GABA 浸种在不同盐分梯度下的出苗进程及累积死苗率

处理	出苗时间/d	全苗时间/d	相对出苗率/%	出现死苗时间/d	累积死苗率/%
S_1	5	8	100.00 ± 6.94^{ab}	—	0.00^d
S_2	5	7	100.00 ± 5.77^{ab}	17	3.33^c
S_3	7	12	86.90 ± 7.70^b	14	36.67^b
GS_1	5	6	100.00 ± 1.92^a	—	0.00^d
GS_2	5	9	100.00 ± 6.67^a	20	1.11^{cd}
GS_3	5	10	98.81 ± 3.33^{ab}	14	53.33^a

注："—"代表未出现。

13.3.2 GABA 浸种对盐分胁迫下番茄地上部生长的影响

不同处理番茄幼苗地上部生长情况如表 13.2 所示。由表 13.2 可知，番茄株高、茎粗、茎叶鲜/干质量均随着盐分胁迫程度的增加而降低。在不同盐分胁迫下，GABA 浸种对植株地上部生长的影响不一致。GS_1 和 GS_2 处理的株高、茎叶鲜/干物质量均高于相应的 S_1 和 S_2 处理，且大部分指标差异达到显著水平（$P<0.05$），但茎粗在 GABA 浸种与不浸种处理间无显著差异；而 GS_3 处理的各项生长指标均小于 S_3 处理，但除茎粗外其余指标差异不显著。在同等盐分胁迫下，与 S_1、

S_2、S_3 处理的株高相比，GS_1、GS_2 处理分别提高 25.0%、9.5%，而 GS_3 处理降低 11.3%。

表 13.2　不同处理番茄幼苗地上部生长情况

处理	株高/cm	茎粗/cm	单株地上部鲜质量/g		单株地上部干质量/g	
			叶片	茎	叶片	茎
S_1	9.11 ± 0.99^b	3.42 ± 0.27^a	6.21 ± 1.21^b	2.60 ± 0.37^b	0.225 ± 0.12^b	0.076 ± 0.04^b
S_2	6.39 ± 0.55^d	3.33 ± 0.18^{ab}	3.41 ± 0.34^c	1.29 ± 0.11^d	0.116 ± 0.04^c	0.038 ± 0.01^d
S_3	3.82 ± 0.38^e	2.80 ± 0.18^c	1.67 ± 0.45^d	0.65 ± 0.13^e	—	0.019 ± 0.01^e
GS_1	11.39 ± 0.60^a	3.38 ± 0.22^a	8.60 ± 0.92^a	3.78 ± 0.65^a	0.293 ± 0.07^a	0.104 ± 0.05^a
GS_2	7.00 ± 0.83^c	3.14 ± 0.28^b	4.26 ± 0.55^c	1.87 ± 0.23^c	0.149 ± 0.05^c	0.061 ± 0.03^c
GS_3	3.39 ± 0.86^e	2.51 ± 0.16^d	1.15 ± 0.09^d	0.54 ± 0.05^e	—	0.016 ± 0.00^e

注：“—”代表未测。

13.3.3　GABA 浸种对盐分胁迫下番茄根系生长的影响

由表 13.3 可见，番茄总根长、根体积、根表面积、根尖数和根干质量均随着盐分胁迫程度的增加而降低。在不同盐分胁迫程度下，GABA 浸种对植株根系生长的影响存在差异。除 GS1 处理根表面积大于 S1 外，GS1 和 GS3 处理的总根长、根体积、根尖数和根干质量均低于相应的 S1 和 S3 处理，但除 GS1 总根长显著低于 S1 外，其余差异均未达到显著水平；而 GS2 处理的各项根系指标均大于 S2 处理，但除根干质量外其余指标差异不显著。在同等盐分胁迫下比较，与 S1、S2、S3 处理的总根长相比，GS1、GS3 处理分别降低 21.2%、22.8%，而 GS2 处理增加 11.0%。

表 13.3　不同处理番茄幼苗根系生长调查

处理	总根长/mm	根体积/mm³	根表面积/cm²	根尖数/个	根干质量/g
S_1	412.28 ± 48.82^a	1.14 ± 0.13^a	384.43 ± 10.66^a	1133.33 ± 177.69^a	0.047 ± 0.003^a
S_2	243.95 ± 13.22^c	0.65 ± 0.04^b	243.95 ± 13.22^{bc}	509.33 ± 90.43^{bc}	0.028 ± 0.004^c
S_3	166.24 ± 28.99^d	0.28 ± 0.04^c	166.24 ± 28.99^{cd}	443.33 ± 132.94^{bc}	0.015 ± 0.004^d
GS_1	325.07 ± 54.79^b	1.12 ± 0.07^a	433.66 ± 76.14^a	1035.33 ± 297.74^a	0.040 ± 0.003^{ab}
GS_2	270.90 ± 12.14^{bc}	0.81 ± 0.25^{ab}	270.90 ± 17.17^b	574.00 ± 385.90^{ab}	0.037 ± 0.004^b
GS_3	128.38 ± 9.09^d	0.25 ± 0.03^c	128.38 ± 9.09^d	340.33 ± 36.12^c	0.012 ± 0.003^d

13.3.4 GABA 浸种对盐分胁迫下番茄幼苗叶片中叶绿素的影响

表 13.4 给出不同处理下番茄幼苗叶片中叶绿素及类胡萝卜素含量。从表 13.4 可以看出,番茄叶片中叶绿素 a、叶绿素 b、总叶绿素和类胡萝卜素的含量均随着盐分胁迫程度的增加呈下降趋势。在不同盐分胁迫程度下,GABA 浸种对番茄叶绿素和类胡萝卜素的影响存在差异。除 GS$_2$ 处理叶绿素 b 小于 S$_2$ 处理外,GS$_1$ 和 GS$_2$ 处理的叶绿素 a、总叶绿素和类胡萝卜素的含量均大于相应的 S$_1$ 和 S$_2$ 处理,仅 GS1 处理总叶绿素含量显著高于 S1 处理($P<0.05$);而 GS3 处理的各项指标均小于 S$_3$ 处理,且差异大部分达到显著水平($P<0.05$)。在同等盐分胁迫下比较,与 S$_1$、S$_2$、S$_3$ 处理的总叶绿素含量相比,GS$_1$、GS$_2$ 处理分别提高 33.0%、8.0%,而 GS$_3$ 处理降低 61.5%。

表 13.4 不同处理番茄幼苗叶片中叶绿素及类胡萝卜素含量　(单位:mg/g)

处理	叶绿素 a	叶绿素 b	总叶绿素(a+b)	类胡萝卜素
S$_1$	1.45±0.19^{ab}	0.43±0.07^{ab}	1.88±0.26^{b}	0.29±0.03^{a}
S$_2$	1.35±0.33^{b}	0.41±0.11^{ab}	1.76±0.44^{b}	0.29±0.07^{a}
S$_3$	0.83±0.14^{c}	0.25±0.04^{bc}	1.09±0.18^{c}	0.18±0.03^{b}
GS$_1$	1.91±0.37^{a}	0.59±0.13^{a}	2.50±0.49^{a}	0.39±0.08^{a}
GS$_2$	1.58±0.16^{ab}	0.32±0.20^{bc}	1.90±0.04^{b}	0.35±0.05^{a}
GS$_3$	0.31±0.07^{d}	0.11±0.02^{c}	0.42±0.09^{d}	0.06±0.01^{c}

13.3.5 GABA 浸种对盐分胁迫下番茄幼苗叶片抗氧化酶活性的影响

不同处理番茄叶片抗氧化酶活性状况如图 13.1 所示。随着盐分胁迫程度的增加,番茄叶片内的 POD 活性呈现显著上升趋势,SOD 和 APX 的活性呈现先上升后下降的趋势。在不同程度盐分胁迫下,GABA 浸种对叶片酶活性的影响存在差异。GS$_1$ 处理下 SOD、POD、APX 的活性较 S$_1$ 处理虽有所上升,但差异均未达到显著水平;GS$_2$ 处理的 SOD、POD 的活性显著($P<0.05$)大于 S$_2$ 处理,分别增加 48.5%、128.8%,APX 活性增加不显著。GS3 处理的 SOD、APX 的活性均显著($P<0.05$)大于 S$_3$ 处理,分别增加 58.1%、250.0%,POD 活性增加不显著。

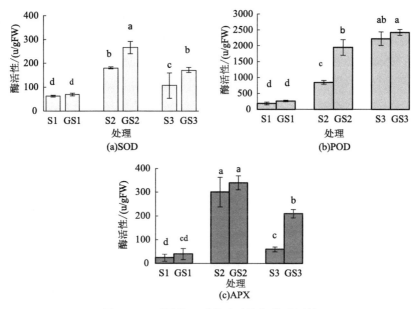

图 13.1 不同处理番茄叶片抗氧化酶活性

13.4 讨论与结论

13.4.1 讨论

作物在出苗及幼苗阶段很容易受到盐分胁迫的抑制作用。在种子萌发阶段，会影响种子吸水膨胀，造成渗透胁迫（苏实等，2006）；生长发育阶段会降低叶片叶绿素含量，抑制同化物转移（李彦等，2008）等，进而影响番茄地上及地下部干物质积累（刘琦等，2018），且盐胁迫程度越大，抑制越显著。而一些研究发现，使用外源物 GABA 可在一定程度上缓解盐胁迫（罗黄颖等，2011；Vandewalle and Olsson，1983）。本研究中，当 NaCl 浓度达到一定范围后，会显著降低番茄的出苗率、推迟出苗进程和增加死苗率，而 GABA 浸种在较高盐分胁迫（4.6 g/L）下促进种子萌发。罗黄颖等（2011）将番茄浸种后在 25 mmol/L NaCl 溶液培养下也得出了相同的结论。这是因为外源物 GABA 可参与植物体内三羧酸代谢循环（Vandewalle and Olsson，1983），促进植物体内乙烯的合成（Kathiresan et al.，1997），进而促进种子萌发。同时本研究发现在较高（4.6 g/L）盐分胁迫程度下番茄的死苗率显著增加，使用 GABA 浸种在高盐胁迫下并未降低死苗率反而增加死苗率。这可能是 GABA 作为一种氨基酸态氮肥，其作用具有一定的时效性，因此 GABA 浸种虽然促进盐分胁迫下番茄种子萌发，但是随着生育进程推进，GABA 浸种处理的幼苗可能因为前期长势更好，需水量大，当 GABA 失去作用后，在较高盐胁迫下所遭受的生理干旱抑制作用更加明显（张彩虹等，2020）。

本研究中番茄的株高、茎粗、茎叶干/鲜质量均随着盐分胁迫程度的增加而降低，这与 Acosta-Motos 等（2017）、Chen 等（2007）的研究结果一致。此外，茎叶干/鲜质量在盐胁迫下比根的质量表现更敏感，这与 Munns 和 Tester（2008）的研究结果一致。而 GABA 浸种在较低盐分胁迫（≤2.6 g/L）下有促进番茄地上部生长的作用，但是在较高盐分胁迫（4.6 g/L）下出现一些抑制表现，这可能是因为 GABA 的作用具有一定的时效性（李敬蕊等，2016），并且随着植株生长，在较低盐分胁迫下，植株可以继续保持先发优势；而在较高盐分胁迫下，前期长势相对较好的植株为了抵抗盐害所需消耗的同化物更多。番茄的总根长、根体积、根表面积、根尖数和根干质量均随着盐分胁迫程度的增加而降低。与不浸种 GABA 相比，GABA 浸种处理的番茄在较低盐分胁迫（2.6g/L）下有促进番茄根系生长的趋势，这与王泳超（2016）在无土栽培 NaCl 胁迫玉米幼苗试验中发现 0.5 mmol/L GABA 处理能增加根系总根长、根表面积、根体积、根尖数和增加根干质量的结论相一致。Acosta-Motos 等（2017）研究发现，在盐胁迫下根部比例的增加有利于有毒离子的保留，可见添加 GABA 有利于提高植株的抗性。但是在低盐分环境（0.6 g/L）和在较高盐分胁迫（4.6 g/L）下不仅没有表现出促进作用，反而出现一些抑制表现。这可能是因为在低盐分环境下番茄生长没有遭受逆境，GABA 浸种促进同化物优先向地上部分配；在较低盐分胁迫下 GABA 浸种通过促进根系生长吸水、吸肥，增强体内抗氧化酶活性、叶绿素含量和光合作用（罗黄颖等，2011）以提高同化物积累；在较高盐分胁迫下根系生长响应机制与地上部一致。

盐胁迫会影响植物的光合作用和抑制卡尔文循环酶活性，导致对盐敏感的植物叶绿素含量下降，而耐盐植物叶绿素含量增加或不变（Stepien and Johnson，2009）。叶绿素含量与植物干物质积累及生长发育方面有重要的关系，也是反映植株受盐害程度的重要指标之一（Acosta-Motos et al.，2017）。本研究发现在不同盐分胁迫处理下番茄叶片的叶绿素 a、叶绿素 b、总叶绿素和类胡萝卜素的含量均随着盐分胁迫程度的增加呈下降趋势，且在高盐（4.6 g/L）下显著降低。而 GABA 浸种在较低盐分胁迫（≤2.6 g/L）下有增加番茄叶片中叶绿素含量的趋势，但在较高盐分胁迫（4.6 g/L）下表现出明显的抑制现象。该表现与幼苗地上部生长状况保持一致。在以往更高程度盐胁迫的研究中未发现使用 GABA 会降低番茄叶绿素含量的现象，这可能是因为这些试验都是在短期内（3～4 d）完成的（罗黄颖等，2011；贾邱颖等，2021），而本研究是从播种到播后 40 d 持续使用相同的咸水灌溉，因此出现累积效应。在盐分胁迫下，植株体内会产生大量氧自由基，为了维持代谢平衡，预防和降低膜透性结构和功能受损（许斌等，2020），植物会增强抗氧化系统，提高酶活性。研究结果显示，随着灌溉水矿化度的增加，番茄叶片中的 SOD、POD 和 APX 的活性呈现显著上升趋势（Cai and Gao，2020）。而 GABA 浸种处理的番茄均比未浸种处理的番茄酶活性高。说明 GABA 浸种在盐分胁迫下显著（$P<0.05$）增加抗氧化酶活性，这与前人研究结果一致（Cheng et al.，2018；向丽霞等，2015）。与较低盐分胁迫处理相比，较高盐分胁迫下 SOD、APX 的活性呈下降趋势，这是因为膜脂氧化损伤加剧（Chinta et al.，2001），从而降低清除活性氧的能力。

13.4.2　结论

在供试的 3 个盐分梯度下，GABA 浸种有效促进番茄种子萌发、提高出苗率，但在较高盐分胁迫下增加死苗率。经过连续盐分胁迫处理 40d 后，GABA 浸种处理提高叶片抗氧化酶 SOD、POD、APX 的活性，此外，在较低盐分胁迫（≤2.6 g/L）下提高幼苗叶片叶绿素和类胡萝卜素的含量、促进地上部和根系生长，但是在较高盐分胁迫（4.6 g/L）下长势弱于不浸种处理。相较而言，GABA 浸种对出苗阶段的影响比幼苗生长阶段更加显著。综上可见，GABA 浸种可在番茄幼苗处于较低盐分胁迫（≤2.6 g/L）下和短时间内发挥缓解盐分胁迫的作用。

第14章　盐分胁迫下黄腐酸钾对小白菜发芽及幼苗生长的影响

14.1　研究目的与意义

　　盐分胁迫是抑制作物生长的重要因素之一。认识作物的耐盐性并寻找提高作物耐盐性的途径和方法才可能克服盐害，从而提高作物的抗逆能力，因此研究作物耐盐性对指导农业生产具有十分重要的意义。小白菜是一种富含大量维生素和矿物质的常见蔬菜，其耐盐能力较弱，因此探究如何通过外源物减少盐分胁迫对作物的伤害具有重要意义。曹丽华和朱娟娟（2019）研究表明，外源硒能够提高SOD、POD 等植物细胞保护酶的活性，降低 MDA 含量，缓解盐胁迫对小白菜幼苗的毒害作用。徐芬芬（2011）研究表明，100～150 mg/L 外源亚精胺能显著提高盐胁迫下小白菜的株高、单株质量、含水量及小白菜净光合速率等。黄腐酸钾是一种科学组合新的营养链，由黄腐酸和钾元素构成，具有较高的生理活性（丁丁等，2019）。黄腐酸是一种从天然腐殖酸中提取的低分子有机酸，有利于植物对钾元素和其他元素的吸收利用，钾是植物生长必需养分。黄腐酸钾作为黄腐酸肥料的一种，它能在发挥黄腐酸调节作物生长作用的同时，补充作物生长发育所需要的钾元素。孙希武等（2020）研究表明，黄腐酸钾可以提高硅、钙、钾、镁肥的利用效率，增加土壤中有效硅含量，进而改善植株的生长环境。回振龙等（2013）报道称，黄腐酸提高干旱胁迫下紫花苜蓿种子的叶绿素含量和根系活力，增强植株的整体抗旱性，且施用 0.05%黄腐酸浸种对干旱胁迫下种子的保护效应更为显著。Elrysa 等（2020）研究表明，黄腐酸显著改善小麦的抗氧化防御系统，从而降低活性氧水平，增加盐分胁迫条件下小麦的生长和产量。Ouni 等（2014）报道称，在盐分胁迫条件下，黄腐酸既可以直接促进种子萌发和植株生长，又可以间接改善土壤理化和生物特性。黄腐酸钾作为化肥增效剂已经被广泛应用于农业增产，然而应用在蔬菜抗盐性方面的研究较少。本章以小白菜为研究对象，研究水培条件下小白菜发芽及幼苗阶段的耐盐性，并探究黄腐酸钾是否具有改善其耐盐能力的效果。以期为黄腐酸钾在提高小白菜抗逆能力可行性方面提供依据。

14.2　材料与方法

14.2.1　试验材料

供试小白菜材料为'四季小白菜'，由山东省寿光欣欣然园艺有限公司提供。黄腐酸钾选用矿源黄腐酸钾，商品名为'天需'，由山东冠县阜丰化肥有限公司提供，含量：黄腐酸≥65%，氧化钾≥12%，水溶性≥99%。育苗盒规格为 34 cm×25 cm×4.5 cm。试验于 2019 年 3 月在潍坊科技学院生物工程研发中心实验室进行。

14.2.2　试验方法

（1）种子发芽及幼苗阶段耐盐性分析：试验使用淡水培养小白菜，准备 7 个育苗盒，底部铺设海绵。将去离子水分别倒入育苗盒中，用玻璃棒将海绵充分浸湿后开始点播种子，每盒分 8 行点播精选小白菜种子，每行 11 粒，共 88 粒，水温控制在（22±2）℃。分别于发芽后第 1～第 5 d，每天从育苗盒中各取 22 棵移入使用去离子水和 NaCl 配制的浓度分别为 1.5 g/L、3.0 g/L、4.5 g/L、6.0 g/L 的 NaCl 水培液中培养，4 个盐溶液处理依次标记为 ST1、ST2、ST3、ST4。

（2）存活率的测定：自发芽后每天记录所有处理小白菜的存活情况至发芽后 14 d 结束，并计算存活率。

$$存活率（\%）=种子成活数／供试种子数×100\% \qquad (14.1)$$

（3）黄腐酸钾在盐胁迫下的缓解效果试验：使用去离子水和 NaCl 配制 0 g/L、1.5 g/L、3.0 g/L、4.5 g/L、6.0 g/L 共 5 个浓度的 NaCl 水培液处理，并设置添加 0.2 g/L 黄腐酸钾和不添加黄腐酸钾两种方式。将不配施黄腐酸钾的 5 个盐浓度处理依次标记为 S0、S1、S2、S3、S4，配施黄腐酸钾的 5 个盐浓度处理依次标记为 FS0、FS1、FS2、FS3、FS4。采用完全随机处理，每个处理 3 次重复。共准备 30 个育苗盒，底部铺设海绵。配制好 10 种溶液，依次倒入标记好的育苗盒中，每盒点播精选小白菜种子 88 粒，培养液温度控制在（22±2）℃。

（4）发芽能力指标的测定：自点播 24h 后每 12h 开始观察记录至播后 6 d，统计发芽率、发芽势。按《林木种子检验规程》（GB 2772—1999）计算种子的发芽率（GR）、发芽势（GE）、发芽指数（GI）。

$$发芽率（\%）=种子发芽数／供试种子数×100\% \qquad (14.2)$$

发芽势（%）=发芽进程当日发芽最多种子发芽数／供试种子数×100%　（14.3）

$$GI=\sum G_t / D_t \qquad\qquad (14.4)$$

式中，G_t 为在时间 t 日的发芽数；D_t 为相应的发芽日数；

（5）形态指标的测定：于播后第 6 d 在每个处理间隔获取 15 棵小白菜幼苗，调查根长、下胚轴长。取样后每个处理保留 40 棵苗开始记录死苗情况至播后 20 d。于播后第 20 d 采用 95%乙醇-分光光度计法测定幼苗叶片的叶绿素 a、叶绿素 b 和类胡萝卜素含量，并采用烘干法获得总鲜/干物质质量，鲜物质质量使用精度为 0.01 g 的电子天平称得，干物质质量经过 30 min、105℃杀青后与洗净的根系一起在 75℃ 下烘干至恒重，之后使用精度为 0.0001 g 的电子天平称得质量。

计算小白菜的发芽率、发芽势、发芽指数、下胚轴长和根长五个指标的盐害系数，各指标的盐害系数 =（对照值–处理值）／对照值×100%。

14.2.3　数据分析

试验数据采用 Excel 软件进行处理、分析并绘制图表。使用 SPSS 17.0 数据处理软件，采用 LSD 法进行方差分析及显著性检验。

14.3　结果与分析

14.3.1　小白菜发芽及幼苗阶段耐盐性分析

表 14.1 显示小白菜幼苗在不同时间从淡水移入 4 种浓度盐溶液的存活率。在移栽第 6 d 时初次出现死苗，仅发生在 ST3-1、ST4-1、ST3-5 和 ST4-5，其中 ST3-5 和 ST4-5 的存活率分别比 ST3-1 和 ST4-1 降低 5.0%和 10.0%，可见发芽后 5 d 时的耐盐能力更弱。在移栽第 7 d 时 ST2-1、ST3-4、ST4-4 和 ST2-5 处理出现死苗。在移栽后第 8d 时 ST2-3、ST3-3、ST4-3、ST1-4、ST2-4 处理出现死苗。在播后第 9 d 时 ST3-2、ST4-2 和 ST1-3 处理出现死苗。因此，从出现死苗的先后顺序来看，发芽后 2 d 耐盐能力最强，其次是发芽后 3 d、4 d、1 d，发芽后 5 d 耐盐能力最弱。在移栽第 10 d 时除 ST1-1、ST1-2 和 ST2-2 处理外所有处理均出现死苗，且存活率与盐溶液浓度呈负相关。从高浓度处理（≥4.5g/L）存活率来看，发芽后 5 d 最低，其次是发芽后 1 d、4 d，发芽后 2 d 和 3 d 最高，其反映小白菜耐盐性与出现死苗的先后顺序基本一致。可见，小白菜发芽及幼苗阶段耐盐能力弱，且耐盐性表现

为发芽后 2 d 最强，其次是 3 d、4 d、1 d，发芽后 5 d 耐盐表现最弱。

表 14.1　小白菜幼苗在不同时间从淡水移入 4 种浓度 NaCl 盐溶液的存活率（单位：%）

移入 NaCl 水培养时间	处理	移栽后天数/d									
		1	2	3	4	5	6	7	8	9	10
发芽后 1 d	ST1-1	100 ^{a}	100 ^{a}	100 ^{a}	100 ^{a}	100 ^{a}	100 ^{a}	100 ^{a}	100 ^{a}	100 ^{a}	100 ^{a}
	ST2-1	100 ^{a}	100 ^{a}	100 ^{a}	100 ^{a}	100 ^{a}	95.5 ^{ab}	95.5 ^{ab}	95.5 ^{ab}	95.5 ^{ab}
	ST3-1	100 ^{a}	100 ^{a}	100 ^{a}	100 ^{a}	100 ^{a}	90.9 ^{b}	86.4 ^{bc}	86.4 ^{b}	86.4 ^{bc}	68.2 ^{cd}
	ST4-1	100 ^{a}	100 ^{a}	100 ^{a}	100 ^{a}	100 ^{a}	90.9 ^{b}	81.8 ^{c}	68.2 ^{cd}	54.5 ^{e}	45.5 ^{f}
发芽后 2 d	ST1-2	100 ^{a}	100 ^{a}	100 ^{a}	100 ^{a}	100 ^{a}	100 ^{a}	100 ^{a}	100 ^{a}	100 ^{a}
	ST2-2	100 ^{a}	100 ^{a}	100 ^{a}	100 ^{a}	100 ^{a}	100 ^{a}	100 ^{a}	100 ^{a}	100 ^{a}
	ST3-2	100 ^{a}	100 ^{a}	100 ^{a}	100 ^{a}	100 ^{a}	100 ^{a}	100 ^{a}	100 ^{a}	86.4 ^{bc}	81.8 ^{bc}
	ST4-2	100 ^{a}	100 ^{a}	100 ^{a}	100 ^{a}	100 ^{a}	100 ^{a}	100 ^{a}	100 ^{a}	86.4 ^{bc}	68.2 ^{cd}
发芽后 3 d	ST1-3	100 ^{a}	100 ^{a}	100 ^{a}	100 ^{a}	100 ^{a}	100 ^{a}	100 ^{a}	95.5 ^{ab}	95.5 ^{ab}
	ST2-3	100 ^{a}	100 ^{a}	100 ^{a}	100 ^{a}	100 ^{a}	100 ^{a}	95.5 ^{ab}	90.9 ^{b}	95.5 ^{ab}
	ST3-3	100 ^{a}	100 ^{a}	100 ^{a}	100 ^{a}	100 ^{a}	100 ^{a}	95.5 ^{ab}	90.9 ^{b}	81.8 ^{bc}
	ST4-3	100 ^{a}	100 ^{a}	100 ^{a}	100 ^{a}	100 ^{a}	100 ^{a}	72.7 ^{c}	68.2 ^{d}	68.2 ^{cd}
发芽后 4 d	ST1-4	100 ^{a}	100 ^{a}	100 ^{a}	100 ^{a}	100 ^{a}	100 ^{a}	95.5 ^{ab}	95.5 ^{ab}	90.9 ^{b}
	ST2-4	100 ^{a}	100 ^{a}	100 ^{a}	100 ^{a}	100 ^{a}	100 ^{a}	95.5 ^{ab}	86.4 ^{bc}	86.4 ^{bc}
	ST3-4	100 ^{a}	100 ^{a}	100 ^{a}	100 ^{a}	100 ^{a}	100 ^{a}	90.9 ^{b}	86.4 ^{b}	81.8 ^{c}	77.3 ^{c}
	ST4-4	100 ^{a}	100 ^{a}	100 ^{a}	100 ^{a}	100 ^{a}	100 ^{a}	81.8 ^{c}	68.2 ^{cd}	68.2 ^{de}	63.6 ^{d}
发芽后 5 d	ST1-5	100 ^{a}	100 ^{a}	100 ^{a}	100 ^{a}	100 ^{a}	100 ^{a}	100 ^{a}	100 ^{a}	100 ^{a}	95.5 ^{ab}
	ST2-5	100 ^{a}	100 ^{a}	100 ^{a}	100 ^{a}	100 ^{a}	100 ^{a}	95.5 ^{ab}	95.5 ^{ab}	90.9 ^{b}	90.9 ^{b}
	ST3-5	100 ^{a}	100 ^{a}	100 ^{a}	100 ^{a}	100 ^{a}	86.4 ^{bc}	72.7 ^{d}	72.7 ^{c}	72.7 ^{d}	54.5 ^{e}
	ST4-5	100 ^{a}	100 ^{a}	100 ^{a}	100 ^{a}	100 ^{a}	81.8 ^{c}	59.1 ^{e}	59.1 ^{d}	59.1 ^{de}	45.5 ^{f}

注：同列不同字母代表处理间差异达到 0.05 显著性水平。下同。

14.3.2　盐分胁迫下黄腐酸钾对小白菜盐害系数的影响

表 14.2 显示以 S0 处理为对照，不同处理小白菜的发芽率、发芽势、发芽指数、下胚轴长及根长 5 个指标的盐害系数。由表 14.2 可见，盐分胁迫对各项调查指标均存在抑制作用，但是表现出抑制的盐溶液阈值存在明显差异。与 S0 相比，S1 和 S2 的发芽率盐害系数未受影响，而 S3 和 S4 的发芽率盐害系数分别增加 3.45 个百分点和 8.04 个百分点；发芽势盐害系数依次变化-3.58 个百分点、-2.39 个百分点、0.00 个百分点、11.90 个百分点；发芽指数盐害系数依次变化-1.37 个百分

点、8.92 个百分点、7.56 个百分点、14.73 个百分点；下胚轴长盐害系数依次增加40.34 个百分点、40.34 个百分点、39.5 个百分点、40.34 个百分点；根长盐害系数依次增加 56.57 个百分点、87.31 个百分点、94.43 个百分点、96.66 个百分点。可见，盐分胁迫对小白菜的下胚轴长、根长存在明显的抑制作用，高浓度（≥4.5 g/L）盐分胁迫会影响小白菜种子的发芽，但在低浓度下可以增强种子的生命活力，提高小白菜的发芽势及发芽指数。在相同水培液浓度下，FS0 处理的小白菜的发芽率、发芽势、发芽指数的盐害系数均低于 S0 处理，说明黄腐酸钾有利于无盐分胁迫下小白菜发芽。当盐浓度≤1.5 g/L 时，添加黄腐酸钾的处理与 CK 相比，对下胚轴长有明显的促进作用，当盐浓度≤4.5 g/L 时，添加黄腐酸钾处理的下胚轴长的盐害系数均明显低于未添加黄腐酸钾的处理；而根长的盐害系数全部高于未添加黄腐酸钾的处理。说明添加黄腐酸钾在低盐浓度（≤1.5 g/L）下有利于促进小白菜地上部的生长并具有一定的缓解盐分胁迫的能力，但不利于小白菜根系生长。

表 14.2　NaCl 胁迫下小白菜萌发期各指标的盐害系数　　（单位：%）

处理	发芽率	发芽势	发芽指数	下胚轴长	根长
S0	0.00 [d]	0.00 [de]	0.00 [ef]	0.00 [e]	0.00 [g]
S1	0.00 [d]	−3.58 [f]	−1.37 [fg]	40.34 [b]	56.57 [e]
S2	0.00 [d]	−2.39 [ef]	8.92 [c]	40.34 [b]	87.31 [c]
S3	3.45 [bc]	0.00 [de]	7.56 [cd]	39.50 [b]	94.43 [ab]
S4	8.04 [a]	11.90 [a]	14.73 [a]	40.34 [b]	96.66 [ab]
FS0	−1.15 [e]	−2.39 [ef]	−2.43 [g]	−59.66 [g]	24.94 [f]
FS1	0.00 [d]	0.00 [de]	1.26 [e]	−36.97 [f]	78.84 [d]
FS2	2.30 [c]	1.19 [d]	6.71 [d]	25.21 [d]	93.32 [b]
FS3	6.89 [ab]	7.14 [c]	10.11 [bc]	35.29 [c]	95.77 [ab]
FS4	5.75 [b]	8.33 [b]	12.47 [ab]	52.94 [a]	97.77 [a]

14.3.3　盐分胁迫下黄腐酸钾对小白菜死苗的影响

图 14.1 显示不同浓度 NaCl 溶液水培下以及添加黄腐酸钾后小白菜的死苗情况。由图 14.1（a）可以看出，S0~S4 处理分别于播后 11 d、8 d、7 d、7 d 和 7 d出现死苗，各处理死苗率随盐胁迫程度和时间的增加而增加，S1~S4 处理的死苗率分别于播后 16 d、14 d、13 d 和 11 d 达到 100%；播后 20 d 时，仅 S0 幼苗尚有存活，死苗率为 7.5%。由图 14.1（b）可以看出，FS0~FS4 处理分别于播后 11 d、8 d、8 d、7 d 和 7 d 出现死苗，各处理死苗率亦随盐胁迫程度和时间的增加而增加，FS2~FS4 处理的死苗率分别于播后 16 d、13 d 和 11 d 达到 100%；播后 20 d 时

FS0 和 FS1 的死苗率分别为 7.5% 和 62.5%。在相同盐浓度下，添加黄腐酸钾的处理与未添加黄腐酸钾的处理相比，死苗时间滞后，且 FS1 仍有 37.5% 的幼苗存活，说明在低盐分胁迫条件下（≤1.5g/L）添加黄腐酸钾有利于小白菜幼苗存活。

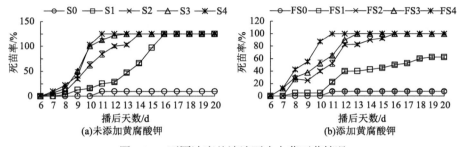

图 14.1　不同浓度盐溶液下小白菜死苗情况

14.3.4　黄腐酸钾对小白菜幼苗生长的影响

表 14.3 给出 S0 和 FS0 处理叶绿素含量及总鲜/干物质质量。由表 13.3 可见，与 S0 处理相比，FS0 处理的叶绿素 a 含量、叶绿素 b 含量、叶绿素含量、类胡萝卜素含量、总鲜物质质量、总干物质质量均显著升高，分别高出 76.0%、148.5%、91.9%、78.4%、81.1% 和 62.7%。说明在无盐分胁迫下，添加黄腐酸钾有利于叶绿素的合成及干物质的积累。

表 14.3　播后 20 d 小白菜的生长指标

处理	叶绿素 a/（mg/g）	叶绿素 b/（mg/g）	叶绿素/（mg/g）	类胡萝卜素/（mg/g）	总干物质质量/g	总鲜物质质量/g
S0	0.703[b]	0.198[b]	0.901[b]	0.236[b]	0.0175[b]	0.2267[b]
FS0	1.237[a]	0.492[a]	1.729[a]	0.421[a]	0.0317[a]	0.3689[a]

14.4　讨论与结论

14.4.1　讨论

盐分胁迫制约着生态环境与农业生产的发展，对植物生长发育造成严重影响。种子萌发期被认为是植物生命周期中最重要和最脆弱的阶段，是耐盐性鉴定的最佳时期（高利英等，2018）。刘宇（2006）在膜荚黄芪种子萌发生态特性及生理生化活性的研究中表明，黄芪种子的萌发天数与其细胞膜保护能力呈正相关，种子通过不断提高自身的抗逆能力来适应环境，且发芽后第 1 d 抗逆性最差，这与本研究中种子发芽后 1 d 耐盐能力差的结论基本一致。发芽后 4 d 和 5 d 移栽的小白菜幼苗存活率较 2 d 和 3 d 差，原因可能是小白菜发芽后在淡水中培养时间越长，其长势越旺盛，需水量越大，从而由水培液渗透势降低所带来的生理干旱抑制作用更加明显。

本研究的结果表明，盐分胁迫对小白菜的下胚轴长、根长存在明显的抑制作用，原因可能是盐分胁迫使小白菜叶片叶绿体面积降低、细胞壁弹性下降，导致光合作用速率降低，减少同化物和能量供给，从而使小白菜生长指标受到抑制；低盐分胁迫条件下可使种子引发，种子引发会提高种子活力，进而提高种子的发芽势和发芽指数（邸娜等，2018）；高盐分胁迫（≥4.5 g/L）会影响小白菜种子的发芽，可能是高盐分胁迫抑制过氧化氢酶（CAT）的活性，造成膜结构的破坏，使外界溶液渗透压过高，导致种子吸水不足，从而抑制种子萌发（尹美强等，2019）。众多研究表明，适量黄腐酸钾会促进作物生长、增强抗逆能力、提高叶绿素含量和产量，以及增强作物品质等（罗艳君，2016）。此外，适当增加 K 可以缓解盐分胁迫对光合速率和气孔导度的影响（葛江丽和姜闯道，2012），从而促进其作物生长发育。本研究的结果表明低盐分胁迫（≤1.5 g/L）环境中添加黄腐酸钾时，小白菜的发芽率、发芽势、发芽指数、下轴胚长的盐害系数均减小，增强种子的耐盐性、促进地上部的生长，且在该盐浓度下提高幼苗存活率。本研究对小白菜无土栽培，尤其是水培具有一定的指导意义。

14.4.2　结论

（1）小白菜发芽及幼苗阶段耐盐能力弱，其耐盐性表现为发芽后 2 d 耐盐能力最强，其次是 3 d、4 d、1 d，发芽后 5 d 耐盐能力最弱。

（2）盐分胁迫对小白菜的下胚轴长、根长存在明显的抑制作用，高盐分胁迫（≥4.5 g/L）会影响小白菜种子的发芽，但在低盐分胁迫下可以增强种子的生命活力，提高小白菜的发芽势及发芽指数。

（3）黄腐酸钾可在低盐（≤1.5 g/L）水培下提高小白菜幼苗的存活率，促进地上部的生长，具有一定的缓解盐分胁迫的能力，以及提高无盐分胁迫下小白菜叶绿素含量和干物质质量，但不利于小白菜根系生长。

第15章 盐分胁迫下黄腐酸钾对樱桃萝卜出芽及幼苗生长的影响

15.1 研究目的与意义

樱桃萝卜（*Raphanus sativus* L. var. radculus pers）是一种袖珍萝卜，品质细嫩、清爽可口，生长迅速，色泽美观且具有较高的营养价值。姚岭柏和韩海霞（2016a，2016b）研究了 20～120 mmol/L 的 NaCl 处理对樱桃萝卜发芽、生长及生理生化指标的影响，结果表明盐分胁迫显著抑制樱桃萝卜发芽，对幼苗的鲜重和苗高呈现出低浓度（20～40 mmol/L）促进、高浓度（100 mmol/L）抑制的趋势，可溶性糖、可溶性蛋白质的含量和 POD 活性亦呈现出先增后降的趋势。目前关于樱桃萝卜出芽及幼苗阶段耐盐性的研究未见报道。本研究以樱桃萝卜为试验对象，研究水培条件下樱桃萝卜出芽及幼苗阶段的耐盐性，并探究黄腐酸钾是否具有改善其耐盐能力的效果。旨在为指导樱桃萝卜水培营养液含盐量控制提供理论支撑。

15.2 材料与方法

15.2.1 试验材料

供试作物为樱桃萝卜（商品名为'爱罗小萝卜'，北京思贝奇种子有限公司）。黄腐酸钾选用矿源黄腐酸钾（商品名为'天需'，山东冠县阜丰化肥有限公司），含量：黄腐酸≥65%，氧化钾≥12%，水溶性≥99%。水培液中添加营养液（商品名为'沃世宝'，安徽辉隆集团五禾生态肥业有限公司），用量为 2 ml/L。本试验于 2019 年 3 月在潍坊科技学院生物工程研发中心实验室进行。

15.2.2 试验设计

（1）使用去离子水和 NaCl 配制 1.5 g/L、3 g/L、4.5 g/L、6 g/L 共 4 个浓度的 NaCl 水培液处理，依次标记为 ST1、ST2、ST3、ST4，以 0g/L 水培液处理为对照 CK，每个处理 3 次重复。准备 15 个育苗盒，长、宽、高分别为 32.5 cm、26 cm、11.5 cm，底部铺设海绵，且 15 个育苗盒随机摆放。将配制好的水培液分别倒入 15 个标记好的育苗盒中，用玻璃棒将海绵充分浸湿后开始点播种子，每盒分 9 行点播精选樱桃萝卜种子，每行 10 粒，共 90 粒。培养液温度控制在（21±2）℃。分别于播后第 3 d、第 6 d 和第 9 d，从每个处理中各取 3 行幼苗转入 0 g/L 育苗盒中培养，CK 处理幼苗一直在 0 g/L 中培养。待种子出芽后每天更换水培液。

（2）使用去离子水和 NaCl 配制 0 g/L、1.5 g/L、3 g/L、4.5 g/L、6 g/L 共 5 个浓度的 NaCl 水培液处理，并设置添加 0.2 g/L 黄腐酸钾和不添加黄腐酸钾两种方式。将不配施黄腐酸钾的 5 个盐浓度处理依次标记为 S0、S1、S2、S3、S4，配施黄腐酸钾的 5 个盐浓度处理依次标记为 FS0、FS1、FS2、FS3、FS4，每个处理重复 3 次。准备 30 个育苗盒，底部铺设海绵，且 30 个育苗盒随机摆放。配制好 10 种溶液，在添加营养液后依次倒入标记好的育苗盒中，每盒点播精选樱桃萝卜种子 90 粒，其他操作同实验 1。

15.2.3 测定项目与方法

（1）自播种后每天记录樱桃萝卜幼苗的死苗情况至播后 14 d 结束，并计算存活率，见式（15.1）。

$$存活率 = \frac{种子存活粒数}{供试种子数} \times 100\% \qquad (15.1)$$

（2）自点播后每 12 h 记录 1 次发芽率至播后 6 d。于播后第 6 d 在每个处理中间隔获取 40 棵樱桃萝卜幼苗，调查根长、下胚轴长、根系与地上部鲜/干物质质量。每 10 棵分为 1 组，其鲜物质质量使用精度为 0.01 g 的电子天平称得，干物质质量经过 30 min、105℃ 杀青后与洗净的根系一起在 75℃ 下烘干至恒重，之后使用精度为 0.0001g 的电子天平称得质量。取样后每个处理保留 40 棵苗开始记录死苗情况至播后 18 d。于播后第 18 d 采用 95% 乙醇-分光光度计法测定幼苗叶片的叶绿素 a、叶绿素 b 和类胡萝卜素含量，并采用烘干法获得总干物质质量。

15.2.4　数据分析

试验数据采用 Excel 软件进行处理、分析并绘制图表。使用 SPSS 17.0 分析软件对数据进行显著性分析，采用 LSD 法进行多重比较。

15.3　结果与分析

15.3.1　樱桃萝卜出芽及幼苗阶段耐盐性分析

表 15.1 给出 4 个盐浓度溶液水培樱桃萝卜幼苗在不同时间移入淡水的存活情况，由表 15.1 可以看出，在播后 3 d 移入淡水培养的 4 个处理中，随着时间的推进各处理均出现死苗情况，播后 14 d 时 ST1-3、ST2-3、ST3-3、ST4-3 处理的存活率分别为 90.0%、90.0%、76.7% 和 76.7%，与 ST1-3 处理相比 ST3-3 和 ST4-3 存活率均降低 14.8%，与 CK 相比 ST1-3、ST2-3 上升 15.7%，差异达到显著水平（$P < 0.05$）。在播后 6 d 移入淡水培养的 4 个处理中，ST2-6、ST3-6、ST4-6 处理已经开始出现死苗，播后 14d 时 ST1-6、ST2-6、ST3-6、ST4-6 处理的存活率分别为 90.0%、36.7%、23.3% 和 10.0%，与 ST1-6 处理相比 ST2-6、ST3-6、ST4-6 处理存活率分别降低 59.2%、74.1%、88.9%，与 CK 相比 ST1-6 上升 15.7%。在播后 9d 移入淡水培养的 4 个处理中，所有处理都出现死苗，其中 ST2-9、ST3-9、ST4-9 存活率已降至 70% 左右，播后 14 d 时 ST1-9、ST2-9、ST3-9、ST4-9 处理的存活率分别为 76.7%、16.7%、0% 和 0%。综上可见，低浓度盐分短期胁迫下对樱桃萝卜存活具有促进作用；且受盐分胁迫时间越长、胁迫程度越大，樱桃萝卜存活率降低速度越快、幅度越大，其耐盐能力表现为萌发出芽阶段大于出芽后幼苗生长阶段。

表 15.1　4 个盐浓度溶液水培樱桃萝卜幼苗在不同时间移入淡水的存活情况（单位:%）

幼苗移入淡水培养时间	处理	播后天数/d											
		3	4	5	6	7	8	9	10	11	12	13	14
	CK	100.0ᵃ	100.0ᵃ	98.9ᵃ	98.9ᵃ	97.8ᵃ	97.8ᵃ	95.6ᵃ	94.4ᵃ	92.2ᵃ	84.4ᵃᵇ	83.3ᵃᵇ	77.8ᵇ
播后 3 d	ST1-3	100.0ᵃ	100.0ᵃ	100.0ᵃ	96.7ᵃ	96.7ᵃ	96.7ᵃ	96.7ᵃ	90.0ᵃᵇ	90.0ᵃᵇ	90.0ᵃ	90.0ᵃ	90.0ᵃ
	ST2-3	100.0ᵃ	100.0ᵃ	100.0ᵃ	100.00ᵃ	100.00ᵃ	100.00ᵃ	100.00ᵃ	96.7ᵃ	96.7ᵃ	90.0ᵃ	90.0ᵃ	90.0ᵃ
	ST3-3	100.0ᵃ	100.0ᵃ	96.7ᵃ	96.7ᵃ	96.7ᵃ	96.7ᵃ	93.3ᵃ	90.0ᵃᵇ	90.0ᵃᵇ	80.0ᵇ	80.0ᵇ	76.7ᵇ
	ST4-3	100.0ᵃ	100.0ᵃ	96.7ᵃ	96.7ᵃ	96.7ᵃ	96.7ᵃ	93.3ᵃ	80.0ᶜ	76.7ᶜ	76.7ᵇ	76.7ᵇ	76.7ᵇ

续表

幼苗移入淡水培养时间	处理	播后天数/d											
		3	4	5	6	7	8	9	10	11	12	13	14
	CK	100.0^a	100.0^a	98.9^a	98.9^a	97.8^a	97.8^a	95.6^a	94.4^a	92.2^a	84.4^{ab}	83.3^{ab}	77.8^b
播后 6 d	ST1-6	100.0^a	—	—	100.0^a	100.0^a	96.7^a	93.3^a	93.3^{ab}	93.3^a	93.3^a	93.3^a	90.0^a
	ST2-6	100.0^a	—	—	93.3^a	93.3^{ab}	83.3^b	80.0^b	66.7^d	53.3^c	53.3^c	40.0^c	36.7^c
	ST3-6	100.0^a	—	—	93.3^a	86.7^b	83.3^b	83.3^b	60.0^e	40.0^e	40.0^d	23.3^d	23.3^d
	ST4-6	100.0^a	—	—	93.3^a	76.7^c	73.3^c	63.3^c	43.3^g	10.0^h	10.0^f	10.0^e	10.0^e
播后 9 d	ST1-9	100.0^a	—	—	—	—	—	93.3^a	86.7^b	83.3^b	76.7^b	76.7^b	76.7^b
	ST2-9	100.0^a	—	—	—	—	—	70.0^c	50.0^f	43.3^e	20.0^e	20.0^d	16.7^{de}
	ST3-9	100.0^a	—	—	—	—	—	70.0^c	46.7^{fg}	30.0^f	13.3^{ef}	13.3^{de}	0.0^f
	ST4-9	100.0^a	—	—	—	—	—	66.7^{cd}	16.7^h	3.3^g	0.0^g	0.0^f	0.0^f

注：同列不同字母代表处理间差异达到 0.05 显著水平。下同。

15.3.2　盐分胁迫下黄腐酸钾对樱桃萝卜出芽和死苗的影响

图 15.1 显示不同浓度 NaCl 溶液水培下以及添加黄腐酸钾后樱桃萝卜的出苗情况。由图 15.1 可见，S0、S1、FS0 和 FS1 处理在播后 24h 开始出芽，其余处理在播后 36 h 开始出芽，高盐浓度处理的出芽进程较 S0、S1、FS0 和 FS1 处理有所推迟，但都于播后 84 h 基本完成出苗过程。播后 6 d 时 S0～S4 的出芽率分别为 96.7%、96.7%、94.4%、94.4%和 92.2%，FS0～FS4 处理出芽率分别为 100.0%、100.0%、96.7%、96.7%和 95.6%。在相同盐溶液浓度下，添加黄腐酸钾处理较不添加黄腐酸钾处理分别增加 3.4%、3.4%、2.4%、2.4%、3.7%，可见添加黄腐酸钾有提高盐分胁迫下樱桃萝卜出芽率的趋势，但增幅很小。

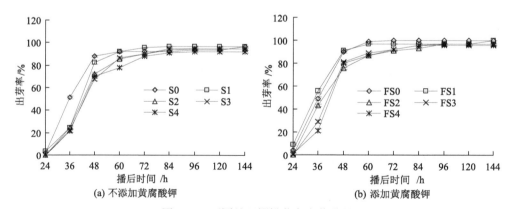

图 15.1　不同处理樱桃萝卜出芽进程

图 15.2 显示不同浓度 NaCl 溶液水培下以及添加黄腐酸钾后樱桃萝卜的死苗情况。由图 15.2（a）可以看出，S0～S4 处理分别于播后 12 d、9 d、7 d、7 d 和 7 d 出现死苗，各处理死苗率随盐分胁迫程度和时间的增加而增加，播后 18 d 时 S0～S4 的死苗率分别为 10.0%、22.5%、82.5%、92.5% 和 100.0%。由图 15.2（b）可以看出，FS0～FS4 处理分别于播后 14 d、8 d、8 d、8 d 和 7 d 出现死苗，各处理死苗率随盐分胁迫程度和时间的增加而增加，播后 18 d 时 FS0～FS4 的死苗率分别为 10.0%、65.0%、100.0%、100.0% 和 100.0%。在相同盐溶液浓度下，与不添加黄腐酸钾处理相比，添加黄腐酸钾处理出现死苗的时间有所推迟，但是 FS1、FS2 和 FS3 处理的死苗率分别增加 188.9%、21.2% 和 8.1%，说明在盐分胁迫条件下添加黄腐酸钾不利于樱桃萝卜幼苗成活。

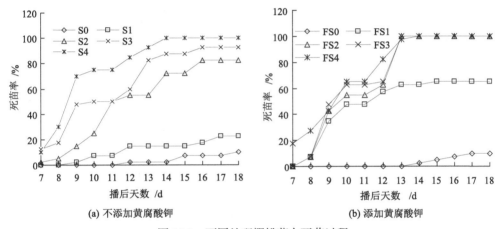

(a) 不添加黄腐酸钾　　　　　　　　　(b) 添加黄腐酸钾

图 15.2　不同处理樱桃萝卜死苗过程

15.3.3　盐分胁迫下黄腐酸钾对樱桃萝卜幼苗生长的影响

表 15.2 显示不同 NaCl 溶液水培下以及添加黄腐酸钾后樱桃萝卜幼苗播后 6d 的生长情况。由表 15.2 可见，不添加黄腐酸钾的各处理根长、下胚轴长、根冠比及根干质量均随盐胁迫程度的增加呈降低趋势，茎叶干物质质量和总干物质质量呈先升高后降低的趋势。与 S0 处理相比，S1～S4 处理根长依次降低 0.9%、56.4%、69.1%、85.0%，下胚轴长依次降低 7.2%、18.4%、32.5%、49.5%，根干质量分别降低 16.7%、33.3%、50.0%、66.7%，茎叶干物质质量分别增加 16.1%、19.0%、2.4%、−2.4%。可见，在盐分胁迫下樱桃萝卜根系的受影响程度大于地上部，导致根冠比下降。在相同水培液浓度下，添加黄腐酸钾处理的根长仅 FS0 处理显著高于 S0 处理，增幅达到 191.4%，其余处理均小于等于不添加黄腐酸钾处理；下胚轴长在水培液浓度≤3 g/L 时添加黄腐酸钾的处理更高，在更高盐浓度处理中不添

加黄腐酸钾的处理更高；除 FS2 处理小于 S2 处理外，茎叶干物质质量均以添加黄腐酸钾处理更高。说明添加黄腐酸钾有利于无盐分胁迫下樱桃萝卜根系生长和所有盐分处理地上部干物质的积累，但不利于盐分胁迫下根系生长。

表 15.2 播后 6d 樱桃萝卜幼苗生长调查

处理	根长/cm	下胚轴长/cm	茎叶干物质质量/g	根干质量/g	总干物质质量/g	根冠比
S0	2.20[b]	2.77[b]	0.0042[b]	0.0006[b]	0.0049[bc]	0.149
S1	2.18[b]	2.57[b]	0.0049[ab]	0.0005[c]	0.0054[ab]	0.108
S2	0.96[c]	2.26[bc]	0.0050[a]	0.0004[d]	0.0054[ab]	0.076
S3	0.68[cd]	1.87[cd]	0.0043[b]	0.0003[ef]	0.0046[bc]	0.058
S4	0.33[d]	1.40[d]	0.0041[b]	0.0002[f]	0.0043[c]	0.046
FS0	6.41[a]	4.16[a]	0.0053[a]	0.0007[a]	0.0060[a]	0.136
FS1	1.06[c]	4.04[a]	0.0053[a]	0.0005[c]	0.0059[a]	0.102
FS2	0.96[c]	3.71[a]	0.0047[ab]	0.0004[d]	0.0051[bc]	0.084
FS3	0.31[d]	1.56[d]	0.0045[ab]	0.0003[e]	0.0048[bc]	0.071
FS4	0.31[d]	1.40[d]	0.0045[ab]	0.0002[e]	0.0048[b]	0.066

表 15.3 给出 S0 和 FS0 处理叶绿素含量及总干物质质量，由表 15.3 可见，与 S0 处理相比，FS0 处理的叶绿素 a 含量、叶绿素含量、类胡萝卜素含量与总干物质质量均显著（$P < 0.05$）升高，分别高出 14.4%、11.8%、13.2%和 35.6%。说明在不添加 NaCl 的情况下，添加黄腐酸钾有利于叶绿素和干物质的积累，其中对叶绿素的影响是由叶绿素 a 变化导致的。

表 15.3 播后 20d 樱桃萝卜叶绿素、类胡萝卜含量及总干物质质量调查

处理	叶绿素 a/（mg/g）	叶绿素 b/（mg/g）	叶绿素/（mg/g）	类胡萝卜素/（mg/g）	总干物质质量/g
S0	0.654±0.007[b]	0.230±0.003[a]	0.883±0.006[b]	0.250±0.002[b]	0.0059±0.0005[b]
FS0	0.748±0.004[a]	0.239±0.003[a]	0.987±0.005[a]	0.283±0.001[a]	0.0080±0.0010[a]

15.4 讨论与结论

15.4.1 讨论

盐分胁迫是限制农业生产的重要逆境因素之一，对植物的生长造成不同程度的抑制，前人研究发现，盐分胁迫会导致樱桃萝卜（姚岭柏和韩海霞，2016a）、小叶茼蒿（张涛等，2019）、甜脆豌豆（冯棣等，2020）等众多作物的发芽率和幼苗形态指标降低，最终导致作物干物质质量和产量降低（姚岭柏和韩海霞，2016b；冯棣等，2020；Hao et al.，2021）。不同种类、同一种类不同阶段作物的耐盐能力存在差异，且绝大多数作物耐盐能力随着生育进程推进而增强，其中种子萌发阶段被认为是最脆弱的阶段。本研究中樱桃萝卜在萌发出芽阶段的耐盐能力大于其后幼苗生长阶段，这与潘晓飚等（2017）提出的杂交水稻的发芽期耐盐能力明显强于幼苗期的结论一致。原因可能是水培下盐分胁迫改变细胞膜的渗透调节能力、打破种子的休眠、加快种子吸水，进而可以促进种子的萌发，而幼苗在子叶展开后耗水增加，一旦在高盐分胁迫下发生生理干旱极易死亡。此外，淡水植株存活率较短期低盐分胁迫有所降低，这可能是短期低盐分胁迫会致使种子活性提高，增强植株抗逆性。随着盐分胁迫程度的增加，各处理的根长、下胚轴长、干物质质量和根冠比均明显受到抑制，这与前人关于红心萝卜和萝卜芽苗菜的研究结果基本一致（王国霞等，2016；李媛媛等，2018）；但盐分胁迫下樱桃萝卜的茎叶干物质质量表现为先增后减，其最大值出现在 3 g/L，原因可能是适度盐分胁迫下水培樱桃萝卜幼苗具有将光合产物优先分配给地上部的特性。

此外，大量研究表明，适量黄腐酸钾会促进作物根系生长、提高叶绿素含量、增强抗性能力、提高产量和品质等，这与本研究无盐分胁迫下樱桃萝卜的生长表现一致，然而与不添加黄腐酸钾相比，盐分胁迫下黄腐酸钾促进樱桃萝卜地上部干物质的积累，这可能是因为黄腐酸钾可以增加其 CO_2 同化量、提高光合作用，增加干物质向地上部转运。但添加黄腐酸钾不利于盐分胁迫下根系的生长，因此不利于植株的水分供应，最终导致死苗进程加速。本研究结论对指导樱桃萝卜生产，尤其是无土栽培具有一定的参考价值。

15.4.2 结论

（1）本试验条件下，短期低盐分胁迫对樱桃萝卜存活具有促进作用，但随着培养液盐浓度的升高和培养时间的延长，樱桃萝卜存活率降低速度和降幅均增大，其耐盐能力表现为萌发出芽阶段大于出芽后幼苗生长阶段。

（2）随着水培液浓度的增加，樱桃萝卜的根长、下胚轴长、根冠比及根干质量均受到不同程度的抑制。在相同水培液浓度下，与不添加黄腐酸钾处理相比，添加黄腐酸钾有利于所有处理樱桃萝卜的出芽，增幅为 2.4%~3.6%；有利于无盐分胁迫下根系生长、叶绿素及地上部干物质的积累，增幅分别为 191.4%、11.7% 和 35.8%；但不利于 1.5~6 g/L 盐分胁迫下根系的生长和幼苗成活。

第三部分 总结与展望

1. 总结

（1）根据外源物缓解植物盐分胁迫的作用机理，将其分为调节离子平衡及 pH、诱导合成渗透调节物质、诱导抗氧化酶、激素调节、诱导基因表达及信号转导、改善光化学系统、微生物调控机制共 7 大类。

（2）在不高于 75 mmol/L 的 NaCl 胁迫下，叶面喷施 4 mmol/L GABA 能够提高水稻的抗氧化酶活性和根系活力，进而提高耐盐性，此外能够促进同化物优先向地上部分配，以利于作物光合作用积累更多的同化物。

（3）在供试的 3 个盐分梯度（0.6g/L、2.6g/L、4.6g/L）下，使用 10 mmol/L GABA 浸种有效促进番茄种子萌发、提高出苗率，但在较高盐分胁迫下增加死苗率。经过连续盐分胁迫处理 40 d 后，GABA 浸种处理提高叶片抗氧化酶 SOD、POD、APX 的活性，此外，在较低盐分胁迫（≤2.6 g/L）下提高幼苗叶片叶绿素含量和类胡萝卜素含量、促进地上部和根系生长，但是在较高盐分胁迫（4.6 g/L）下长势弱于不浸种处理。相较而言，GABA 浸种对出苗阶段的影响比幼苗生长阶段更加显著。综上可见，GABA 浸种可在番茄幼苗处于较低盐分胁迫（≤2.6 g/L）下和短时间内发挥缓解盐分胁迫的作用。

（4）黄腐酸钾可在低盐（≤1.5 g/L）水培下提高小白菜幼苗的存活率，促进地上部的生长；具有一定的缓解盐分胁迫的能力，以及提高无盐胁迫下小白菜叶绿素含量和干物质质量，但不利于小白菜根系生长。

（5）在相同水培液浓度下，与不添加黄腐酸钾处理相比，添加黄腐酸钾有利于所有处理樱桃萝卜的出芽，增幅为 2.4%～3.6%；有利于无盐胁迫下根系生长、叶绿素及地上部干物质的积累，增幅分别为 191.4%、11.7% 和 35.8%；但不利于 1.5～6 g/L 盐分胁迫下根系的生长和幼苗成活。

2. 展望

（1）通过试验，本书验证了 GABA 叶面喷施和浸种分别在水稻和番茄缓解盐分胁迫方面具有积极作用，主要表现在提高作物的抗氧化酶活性和根系活力；探明黄腐酸钾水培分别在小白菜和樱桃萝卜缓解盐分胁迫方面的效果，结果显示黄腐酸钾仅在无盐和低盐分胁迫环境下可以起到积极作用。已知不同作物的耐盐能力存在差异，其中小白菜和樱桃萝卜的耐盐能力低，这可能也是得出现有结论的原因，因此关于黄腐酸钾缓解作物耐盐能力的研究，还需要针对更多作物开展工作。此外，外源物的使用方法主要包括浸种直播、浸种引发、叶面喷施、水培、灌根、沾根后移栽。目前已经验证的外源物使用方法尚不全面，有待进一步完善和丰富。

（2）有关外源物缓解盐分胁迫的作用机理仍有待深入研究，此外建议：进行外源物试验操作规程与有效性技术标准的制定，构建完善的评价体系；开展外源物在野外盐渍土应用效果的研究，并揭示其对作物耗水规律、土壤水盐运移等的影响；开展不同作用机理外源物复合施用研究，探究其应用效果和协作机制。随着外源物缓解植物盐害机理研究的不断深入和完善，外源物在减轻植物盐害、提高盐碱地作物产量和植被成活率等方面将发挥革命性推动作用。

参 考 文 献

安辉, 盛伟, 于玉凤, 等. 2021. 外源 2,4-表油菜素内酯对盐胁迫下对水稻幼苗生理特性的影响
[J]. 分子植物育种, 19(8): 2740-2746.

白旭, 田长彦, 胡明芳, 等. 2006. 盐分和温度以及光照对陆地棉种子萌发的影响[J]. 棉花学报,
18(4): 238-241.

鲍士旦. 2008. 土壤农化分析 [M]. 3 版. 北京: 中国农业出版社.

包颖, 魏琳燕, 陈超. 2020. 水杨酸和茉莉酸甲酯对盐胁迫下月季品种月月粉生理特性的影响[J].
云南农业大学学报(自然科学), 35(6): 1040-1045.

毕远杰, 王全九, 雪静. 2009. 微咸水造墒对油葵生长及土壤盐分分布的影响[J]. 农业工程学报,
25(7): 39-44.

蔡美杰, 张恩慧, 张鑫鑫, 等. 2020. 外源 6-BA 对盐胁迫下甘蓝种子萌发及幼苗生长的影响[J].
西北农林科技大学学报(自然科学版), 48(4): 123-129.

曹丽华, 朱娟娟. 2019. 外源硒调控盐胁迫下小白菜种子萌发特性和生理特性研究[J]. 北方园艺,
(2): 1-7.

柴春岭. 2005. 棉花膜下滴灌咸淡水轮灌灌溉制度试验研究[D]. 保定: 河北农业大学.

陈楚, 张云芳, 荆小燕. 2013. 氯化胆碱浸种处理对盐胁迫下小麦种子萌发以及幼苗生长的影响
[J]. 麦类作物学报, 33(5): 1030-1034.

陈琳, 张俪文, 刘子亭, 等. 2020. 黄河三角洲河滩与潮滩芦苇对盐胁迫的生理生态响应[J]. 生
态学报, 40(6): 2090-2098.

陈沁, 刘友良. 2000. 谷胱甘肽对盐胁迫大麦叶片活性氧清除系统的保护作用[J]. 作物学报, (3):
365-371.

陈魏, 陈邦本, 沈其荣. 2000. 滨海盐土脱盐过程中 pH 变化及碱化问题研究[J]. 土壤学报, 37(4):
521-528.

陈雪, 徐建明, 陈娥, 等. 2010. 干旱胁迫下氯化胆碱对小麦幼苗叶片中叶绿素含量和荧光特性
伤害的缓解作用[J]. 干旱地区农业研究, 28(3): 173-176.

陈德明, 俞仁培. 1996. 作物相对耐盐性的研究——不同栽培作物的耐盐性差异[J]. 土壤学报,
33(2): 121-128.

陈恩凤, 王汝镛, 王春裕. 1984. 有机质改良盐碱土的作用[J]. 土壤通报, 15(5): 193-196.

陈建英, 陈贵林. 2011. NaCl 胁迫对白刺幼苗体内游离态亚精胺和精胺含量的影响[J]. 西北植物
学报, 31(1): 130-136.

陈丽娟, 冯起, 王昱, 等. 2012. 微咸水灌溉条件下含黏土夹层土壤的水盐运移规律[J]. 农业工
程学报, 28(8): 44-51.

陈培琴, 郁松林, 詹妍妮, 等. 2006. 茉莉酸对葡萄幼苗耐热性的影响[J]. 石河子大学学报(自然
科学版), (1): 87-91.

陈素英, 张喜英, 邵立威, 等. 2011. 微咸水非充分灌溉对冬小麦生长发育及夏玉米产量的影响[J]. 中国农业生态学报, 19(3): 579-585.

陈志恺. 2002. 持续干旱与华北水危机[J]. 海河水利, (1): 6-9.

程琨, 王磊, 杨森, 等. 2019. 肌醇对小麦萌发期耐盐性的调节作用及生理机制分析[J]. 河南农业大学学报, 53(3): 331-336, 364.

程宇娇, 刘哲, 臧敦秀, 等. 2020. 螺旋藻多糖提高小白菜抗盐能力[J]. 中国瓜菜, 33(4): 43-49.

邓启云, 吴愈山. 1991. 水稻叶面积精确换算法[J]. 湖南农业科学, (4): 13.

翟彩娇, 邓先亮, 张蛟, 等. 2020. 盐分胁迫对稻米品质性状的影响[J]. 中国稻米, 26(2): 44-48.

邸娜, 韩海军, 郑喜清, 等. 2018. 种子引发对盐胁迫下向日葵种子萌发的影响[J]. 江苏农业科学, 46(2): 49-52.

丁丁, 郭艳超, 鲁梦莹, 等. 2019. 黄腐酸对 NaCl 胁迫下茶菊幼苗生理特性的影响[J]. 江苏农业科学, 47(24): 114-117.

董合忠, 辛承松, 李维江. 2009. 山东滨海盐渍棉田盐分和养分特征及对棉花出苗的影响[J]. 棉花学报, 21(4): 290-295.

段辉国, 胡蓉, 黎勇, 等. 2011. 水杨酸对 NaCl 胁迫下黄瓜种子活力及抗盐性的影响[J]. 北方园艺, (14): 37-39.

樊瑞苹. 2010. 外源抗坏血酸对盐胁迫下高羊茅生长的影响及调控机理[D]. 南京: 南京农业大学.

范翠枝, 吴馨怡, 关欣, 等. 2021. 油菜素内酯浸种对盐胁迫番茄种子萌发的影响及其生理机制[J]. 生态学报, 41(5): 1857-1867.

范海霞, 郭若旭, 辛国奇, 等. 2019. 外源褪黑素对盐胁迫下芦苇幼苗生长和生理特性的影响[J]. 中国农业科技导报, 21(11): 51-58.

范夕玲, 杨亚苓, 任健, 等. 2019. 外源 5-氨基乙酰丙酸对盐胁迫下花椰菜幼苗生理特性的影响[J]. 天津农业科学, 25(12): 1-4.

方生, 陈秀玲. 2005. 华北平原大气降水对土壤淋洗脱盐的影响[J]. 土壤学报, 22(5): 730-736.

方生, 陈秀玲. 1999. 浅层地下咸水利用与改造的研究[J]. 河北水利科技, 20(2): 6-10.

冯棣, 曹彩云, 郑春莲, 等. 2011. 盐分胁迫时量组合与棉花生长性状的相关研究[J]. 中国棉花, (8): 24-26.

冯棣, 张俊鹏, 孙景生, 等. 2012. 咸水畦灌棉花耐盐性鉴定指标与耐盐特征值研究[J]. 农业工程学报, 28(8): 52-57.

冯棣, 朱玉宁, 周婷, 等. 2020. 咸水灌溉对基质栽培甜脆豌豆生长及营养品质的影响[J]. 灌溉排水学报, 39(2): 27-31.

冯汉青, 冯媛, 孙坤, 等. 2020. 5-氨基乙酰丙酸和钙离子对 NaCl 胁迫下当归种子萌发的影响及对高温下幼苗抗氧化酶的调节作用[J]. 西北师范大学学报(自然科学版), 56(2): 79-86, 93.

逢焕成, 杨劲松, 严惠峻. 2004. 微咸水灌溉对土壤盐分和作物产量影响研究[J]. 植物营养与肥料学报, 10(6): 599-603.

符秀梅, 李小靖, 吴辉, 等. 2010. 外源乙烯对盐胁迫下番茄种子萌发与幼苗生长的影响[J]. 河南农业科学, (4): 79-82.

高利英, 邓永胜, 韩宗福, 等. 2018. 耐低温萌发棉花品种种子萌发期生理特性分析[J]. 华北农学报, 33（S1）: 146-153.

高明远, 甘红豪, 李清河, 等. 2018. 外源水杨酸对盐胁迫下白榆生理特性的影响[J]. 林业科学研究, 31(6): 138-143.

高倩, 冯棣, 刘杰, 等. 2021. 外源物缓解植物盐分胁迫的作用机理及其分类[J]. 植物营养与肥料学报, 27(11): 2031-2045.

葛江丽, 姜闯道. 2012. 盐胁迫下钾离子对甜高粱碳同化和光系统II的影响[J]. 东北农业大学学报, 43(7): 70-74.

龚动庭. 2019. 硅与 γ-氨基丁酸引发对低温胁迫下油菜种子萌发与幼苗生长的影响[D]. 杭州: 浙江大学.

韩多红, 李善家, 王恩军, 等. 2014. 外源钙对盐胁迫下黑果枸杞种子萌发和幼苗生理特性的影响[J]. 中国中药杂志, 39(1): 34-39.

韩广泉, 李俊, 宋曼曼, 等. 2010. 硒对盐胁迫下加工番茄种子萌发及抗氧化酶系统的影响[J]. 石河子大学学报(自然科学版), 28(4): 422-426.

郝志刚, 胡自治, 朱兴运. 1994. 碱茅耐盐性的研究[J]. 草业科学, 3(3): 27-36.

何丽丹, 刘广明, 杨劲松, 等. 2013. 外源物质浸种对 NaCl 胁迫下盐地碱蓬发芽的影响[J]. 草业科学, 30 (6): 860-867.

贺湜, 牛美丽, 党选民, 等. 2018. 外源物质对盐胁迫下西瓜种子发芽的影响[J]. 北方园艺, (4): 66-71.

华智锐, 李小玲. 2019. 外源 IAA 对盐胁迫黄芩幼苗生长的生理效应[J]. 山西农业科学, 47(3): 323-328, 404.

华智锐, 李小玲. 2017. 外源腐胺对盐胁迫下黄芩光合特性的影响[J]. 江西农业学报, 29(12): 59-62.

黄菡. 2017. 外源硫化氢对茶树耐盐性的影响[D]. 咸阳: 西北农林科技大学.

回振龙, 李自龙, 刘文瑜, 等. 2013. 黄腐酸浸种对 PEG 模拟干旱胁迫下紫花苜蓿种子萌发及幼苗生长的影响[J]. 西北植物学报, 33（8）: 1621-1629.

贾邱颖, 吴晓蕾, 冀胜鑫, 等. 2021. γ-氨基丁酸对番茄嫁接苗耐盐性的生理调控效应[J]. 植物营养与肥料学报, 27(1): 122-134

贾玉珍, 朱禧月, 唐宇迪, 等. 1987. 棉花出苗及苗期耐盐性指标的研究[J]. 河南农业大学学报, 21(1): 30-41.

江生泉, 薛正帅, 李晨, 等. 2020. 外源乙硫氨酸对盐胁迫下高羊茅的缓解效应[J]. 云南大学学报(自然科学版), 42(1): 179-186.

姜凌, 李佩成, 郭建青. 2009. 贺兰山西麓典型干旱区绿洲地下水水化学特征与演变规律[J]. 地球科学与环境学报, 31(3): 285-290.

蒋景龙, 沈季雪, 李丽. 2019. 外源 H_2O_2 对盐胁迫下黄瓜幼苗氧化胁迫及抗氧化系统的影响[J]. 西北农业学报, 28(6): 998-1007.

阚文杰, 吴启堂. 1994. 一个定量综合评价土壤肥力的方法初探[J]. 土壤通报, 25(6): 245-247.

康金虎. 2005. 宁夏引黄灌区微咸水灌溉技术试验研究[D]. 银川: 宁夏大学.

赖晶, 李巧丽, 张小花, 等. 2020. 外源 ATP 对盐胁迫下油菜幼苗生长的影响[J]. 生态学杂志, 39(6): 1983-1993.

雷廷武, 肖娟, 王建平, 等. 2003. 微咸水滴灌对盐碱地西瓜产量品质及土壤盐渍度的影响[J]. 水利学报, (4): 85-89

雷霆武, 肖娟, 詹卫华, 等. 2004. 沟灌条件下不同灌水水质对玉米产量和土壤盐分的影响[J].

水利学报, (9): 118-122.

李军. 2011. 盐分胁迫条件下蓖麻苗期对外源钙调节的响应[D]. 扬州: 扬州大学.

李洋, 刘凯, 魏吉鹏, 等. 2018. 不同浓度 EGCG 对 NaCl 胁迫下黄瓜种子萌发及其抗性的影响[J]. 浙江农业学报, 30(7): 1160-1167.

李洋. 2018. 外源 EGCG 在调控番茄幼苗抗性中的作用[D]. 保定: 河北农业大学.

李悦, 陈忠林, 王杰, 等. 2011. 盐胁迫对翅碱蓬生长和渗透调节物质浓度的影响[J]. 生态学杂志, 30(1): 72-76.

李春燕, 张光勇, 王维行, 等. 2015. Ca²⁺对 NaCl 胁迫下番茄种子萌发和幼苗的影响[J]. 农业研究与应用, (2): 6-9.

李丹, 万书勤, 康跃虎, 等. 2020. 滨海盐碱地微咸水滴灌水盐调控对番茄生长及品质的影响[J]. 灌溉排水学报, 39(7): 39-50.

李丹阳, 闫永庆, 殷媛, 等. 2018. 外源 Spd 和 NO 对盐胁迫下玉竹脯氨酸代谢途径的影响[J]. 河南农业科学, 47(6): 111-116.

李合生. 2000. 植物生理生化实验原理和技术[M]. 北京: 高等教育出版社.

李红杰. 2020. 外源褪黑素和硅对盐胁迫下芹菜幼苗生长及生理特性的影响[J]. 河南农业科学, 49(1): 96-102.

李敬蕊, 田真, 吴晓蕾, 等. 2016. γ-氨基丁酸浸种对高氮处理下白菜生长及硝酸盐代谢的影响[J]. 园艺学报, 43(11): 2182-2192.

李俊豪, 解斌, 景淑怡, 等. 2019. 外源钙和 NO 对盐胁迫下梨保护酶的影响[J]. 北京农学院学报, 34(2): 26-29.

李科江, 马俊永, 曹彩云, 等. 2011. 不同矿化度咸水造墒灌溉对棉花生长发育和产量的影响[J]. 中国生态农业学报, 19(2): 312-317.

李莉, 张科, 何明才, 等. 2019. 不同盐浓度对四个品种番茄种子萌发和幼苗芽长的影响[J]. 北方园艺, (24): 1-6.

李鹏程, 董合林, 刘爱忠, 等. 2012. 棉花上部叶片叶绿素 SPAD 值动态变化研究[J]. 中国农学通报, 28(3): 121-126.

李硕, 张毅, 姚棋, 等. 2019. 外源 BR 对不同盐胁迫下番茄幼苗生长及生理抗性的影响[J]. 山东农业科学, 51(10): 50-54.

李维江, 董合忠, 郭正庆, 等. 1997. 盐分胁迫对海陆杂交棉及亲本生长发育的影响[J]. 棉花学报, 9(6): 324-328.

李尉霞, 齐军仓, 石国亮, 等. 2007. 大麦苗期耐盐性生理指标的筛选[J]. 石河子大学学报(自然科学版), 25(1): 23-26.

李小玲, 华智锐. 2017. 外源脱落酸对盐胁迫下商洛黄芩生理特性的影响[J]. 江西农业学报, 29(07): 36-39.

李彦, 张英鹏, 孙明, 等. 2008. 盐分胁迫对植物的影响及植物耐盐机理研究进展[J]. 中国农学通报, (1): 258-265

李瑶, 郑殿峰, 冯乃杰, 等. 2021. 调环酸钙对盐胁迫下水稻幼苗生长及抗性生理的影响[J]. 植物生理学报, 57(10): 1897-1906.

李玉祥, 林海荣, 梁倩, 等. 2021. 多巴胺引发对盐胁迫下水稻种子萌发及幼苗生长的影响[J]. 中国水稻科学, 35(5): 487-494.

李媛媛, 闫庆燕, 潘庆恩. 2018. NaCl 处理对萝卜芽苗菜生长和异硫氰酸盐含量的影响[J]. 上海交通大学学报(农业科学版), 36(6): 21-25.

李卓雯. 2019. H₂S 通过乙烯信号通路缓解盐胁迫对番茄植株的损害[D]. 太原: 山西大学.

廖姝, 倪祥银, 齐泽民, 等. 2013. 水杨酸对 NaCl 胁迫下大豆种子萌发和幼苗逆境生理的影响[J]. 内江师范学院学报, 28(2): 39-42.

刘宏. 2019. 蜈蚣藻多糖对水稻种子抗盐作用研究[D]. 青岛: 中国科学院大学(中国科学院海洋研究所).

刘珂, 张嘉欣, 杜清洁, 等. 2020. 外源褪黑素对盐胁迫下香椿种子萌发及幼苗生长的影响[J]. 中国瓜菜, 33(5): 53-58.

刘旭, 林碧英, 李彩霞, 等. 2020. 外源脱落酸对盐胁迫下茄子幼苗生理特性的影响[J]. 河南农业大学学报, 54(2): 231-236, 268.

刘贵娟. 2013. 盐分胁迫条件下蓖麻萌发出苗及幼苗对外源赤霉素调节的响应[D]. 扬州: 扬州大学.

刘琦, 崔世茂, 宋阳, 等. 2018. NaCl 胁迫对番茄苗期根形态和光合作用的影响[J]. 北方农业学报, 46(3): 32-36

刘艳, 王宝祥, 邢运高, 等. 2021. 水稻品种资源苗期耐盐性评价指标分析[J]. 江苏农业科学, 49(17): 75-79.

刘有昌. 1962. 鲁北平原地下水安全深度的探讨[J]. 土壤通报, (8): 13-22.

刘宇. 2006. 膜荚黄芪种子萌发生态特性及生理生化活性的研究[D]. 长春: 吉林农业大学.

刘玉春, 姜红安, 李存东, 等. 2013. 河北省棉花灌溉需水量与灌溉需求指数分析[J]. 农业工程学报, 29(19): 98-104.

罗黄颖, 高洪波, 夏庆平, 等. 2011. γ-氨基丁酸对盐胁迫下番茄活性氧代谢及叶绿素荧光参数的影响[J]. 中国农业科学, 44(4): 753-761.

罗黄颖, 杨丽文, 高洪波, 等. 2011. γ-氨基丁酸浸种对番茄种子及幼苗耐盐性调节的生理机制[J]. 西北植物学报, 31(11): 2235-2242.

罗艳君. 2016. 灌溉施肥频率和黄腐酸钾配施对矮化苹果园土壤溶液和产量、品质的影响[D]. 咸阳: 西北农林科技大学.

罗永忠, 成自勇. 2011. 水分胁迫对紫花苜蓿叶水势、蒸腾速率和气孔导度的影响[J]. 草地学报, 19(2): 215-221.

骆炳山, 刘惠群. 1988. 油菜素内酯对小麦生育过程的影响[J]. 麦类作物学报, (4): 52-54.

吕宁, 侯振安. 2007. 不同滴灌方式下咸水灌溉对棉花根系分布的影响[J]. 灌溉排水学报, 26(5): 58-62.

马存金, 任士伟, 胡兆平, 等. 2016. 盐胁迫下喷施不同浓度甘露醇对辣椒生长发育的影响[J]. 北方园艺, (9): 11-15.

马俊永, 曹彩云, 郑春莲, 等. 2010. 微咸水灌溉条件下棉花-黑麦草种植系统的效益分析[J]. 河北农业科学, 14(6): 86-88.

马钱波, 谷文英. 2018. 硝普钠和油菜素内酯对盐胁迫菊苣根系渗透物质的调节作用[J]. 江苏农业科学, 46(12): 99-101.

马原松, 辛倩, 朱晓琴, 等. 2018. 精胺对盐胁迫下小麦幼苗生理生化指标的影响[J]. 江苏农业科学, 46(3): 53-56.

潘晓飚, 谢留杰, 黄善军, 等. 2017. 杂交水稻不同生育阶段的耐盐性及育种策略[J]. 江苏农业科学, 45(6): 56-60.

乔冬梅, 吴海卿, 齐学斌, 等. 2007. 不同潜水埋深条件下微咸水灌溉的水盐运移规律及模拟研究[J]. 水土保持学报, 21(6): 7-15.

乔玉辉, 宇振荣. 2003. 灌溉对土壤盐分的影响及微咸水利用的模拟研究[J]. 生态学报, 23(10): 2050-2056.

阮海华, 沈文飚, 叶茂炳, 等. 2001. 一氧化氮对盐胁迫下小麦叶片氧化损伤的保护效应[J]. 科学通报, (23): 1993-1997.

阮明艳, 张富仓, 侯振安. 2007. 咸水膜下滴灌对棉花生长和产量的影响[J]. 节水灌溉, (5): 14-16.

沙汉景, 胡文成, 贾琰, 等. 2017. 外源水杨酸、脯氨酸和 γ-氨基丁酸对盐胁迫下水稻产量的影响[J]. 作物学报, 43(11): 1677-1688.

沙汉景. 2013. 外源脯氨酸对盐胁迫下水稻耐盐性的影响[D]. 哈尔滨: 东北农业大学.

山雨思, 代欢欢, 何潇, 等. 2019. 外源茉莉酸甲酯和水杨酸对盐胁迫下颠茄生理特性和次生代谢的影响[J]. 植物生理学报, 55(09): 1335-1346.

单长卷, 杨天佑. 2017. 谷胱甘肽对盐胁迫下玉米幼苗抗氧化特性和光合性能的影响[J]. 西北农业学报, 26(2): 185-191.

剡涛哲. 2019. 荒漠植物内生细菌对植物抗旱耐盐的影响[D]. 兰州: 兰州大学.

尚玉婷, 张妮娜, 上官周平, 等. 2018. 硫化氢在植物中的生理功能及作用机制[J]. 植物学报, 53(4): 565-574.

盛瑞艳, 李鹏民, 薛国希, 等. 2006. 氯化胆碱对低温弱光下黄瓜幼苗叶片细胞膜和光合机构的保护作用[J]. 植物生理与分子生物学学报, (1): 87-93.

石元春, 等. 1983. 黄淮海平原的水盐运动和旱涝盐碱的综合治理[M]. 石家庄: 河北人民出版社.

时唯伟, 支月娥, 王景, 等. 2009. 土壤次生盐渍化与微生物数量及土壤理化性质研究[J]. 水土保持学报, 23(6): 166-170.

束胜. 2012. 外源腐胺缓解黄瓜幼苗盐胁迫伤害的光合作用机理[D]. 南京: 南京农业大学.

宋靓苑. 2019. 盐胁迫下表油菜素内酯对沟叶结缕草愈伤组织生长和再生影响的研究[D]. 杭州: 浙江大学.

宋士清, 郭世荣, 尚庆茂, 等. 2006. 外源 SA 对盐胁迫下黄瓜幼苗的生理效应[J]. 园艺学报, (1): 68-72.

苏实, 练薇薇, 杨文杰, 等. 2006. 盐胁迫对番茄种子萌发和幼苗生长的效应[J]. 华北农学报, (5): 24-27.

宿梅飞, 魏小红, 辛夏青, 等. 2018. 外源 cGMP 调控盐胁迫下黑麦草种子萌发机制[J]. 生态学报, 38(17): 6171-6179.

宿梅飞. 2019. 外源 cGMP 在番茄种子萌发耐盐适应调节中的机理研究[D]. 兰州: 甘肃农业大学.

孙三民, 蔡焕杰, 安巧霞. 2009. 新疆阿拉尔灌区棉花苗期耐盐度研究[J]. 人民黄河, 31(4): 81-82.

孙守江, 师尚礼, 吴召林, 等. 2018. 激动素对盐胁迫下老芒麦幼苗端粒酶活性及生理特性的影响[J]. 草业学报, 27(11): 87-94.

孙希武, 彭福田, 肖元松, 等. 2020. 硅钙钾镁肥配施黄腐酸钾对土壤酶活性及桃幼树生长的影响[J]. 核农学报, 34（4）: 870-877.

孙小芳, 刘友良. 2001. 棉花品种耐盐性鉴定指标可靠性的检验[J]. 作物学报, 27(6): 794-802.

孙晓明. 2007. 环渤海地区地下水资源可持续利用研究[D]. 北京: 中国地质大学.

孙肇君, 李鲁华, 张伟, 等. 2009. 膜下滴灌棉花耐盐预警值的研究[J]. 干旱地区农业研究, 27(4): 140-145.

谭军利, 康跃虎, 焦艳平, 等. 2008. 不同种植年限覆膜滴灌盐碱地土壤盐分离子分布特征[J]. 农业工程学报, 24(6): 59-63.

谭万能, 李志安, 邹碧, 等. 2005. 地统计学方法在土壤学中的应用[J]. 热带地理, 25(4): 307-311.

唐启义. 2010. DPS 数据处理系统: 实验设计、统计分析及数据挖掘[M]. 2 版. 北京: 科学出版社.

王峰, 杜太生, 邱让建. 2011. 基于品质主成分分析的温室番茄亏缺灌溉制度[J]. 农业工程学报, 27(1): 75-80.

王平, 陈东杰, 李昆志, 等. 2014. 外源 IAA 增强丹波黑大豆抗铝性的生理机制[J]. 西北植物学报, 34(1): 112-117.

王群, 赵亚丽, 张学林, 等. 2012. 不同土层容重对玉米根系生长及土壤酶活性的影响[J]. 河南农业大学学报, 46(6): 624-630.

王伟, 蔡焕杰, 王健, 等. 2009. 水分亏缺对冬小麦株高、叶绿素相对含量及产量的影响[J]. 灌溉排水学报, 28(1): 41-44.

王霞, 杨智超, 钱海霞, 等. 2013. 添加外源物质硅对 NaCl 胁迫下玉米幼苗的缓解作用[J]. 安徽农业科学, 41(17): 7404-7405.

王馨, 闫永庆, 殷媛, 等. 2019. 外源 γ-氨基丁酸(GABA)对盐胁迫下西伯利亚白刺光合特性的影响[J]. 江苏农业学报, 35(5): 1032-1039.

王馨. 2019. 外源 γ-氨基丁酸对盐胁迫下西伯利亚白刺生理特性的影响[D]. 哈尔滨: 东北农业大学.

王春林, 尚菲, 段春燕, 等. 2019. H_2S 在植物抵御逆境胁迫过程中的作用[J]. 安徽大学学报(自然科学版), 43(3): 97-101.

王春霞, 王全九, 刘建军, 等. 2010. 灌水矿化度及土壤含盐量对南疆棉花出苗率的影响[J]. 农业工程学报, 26(9): 28-33.

王春燕, 郭玉佳, 张晓倩, 等. 2014. 不同浓度 NaCl 胁迫下 γ-氨基丁酸对黄瓜幼苗生长及矿质元素吸收的影响[J]. 北方园艺, (3): 5-8.

王国栋, 褚贵新, 刘瑜, 等. 2009. 干旱绿洲长期微咸地下水灌溉对棉田土壤微生物量影响[J]. 农业工程学报, 25(11): 44-48.

王国霞, 张宁, 杨玉珍, 等. 2016. 盐胁迫对红心萝卜种子萌发及幼苗生长的影响[J]. 西北农业学报, 25(5): 744-749.

王洪恩. 1964. 鲁西北地区地下水临界深度的探讨[J]. 土壤通报, (6): 29-32.

王俊娟, 王德龙, 樊伟莉, 等. 2011. 陆地棉萌发至三叶期不同生育阶段耐盐特性[J]. 生态学报, 31(13): 3720-3727.

王康君, 王龙, 顾正中, 等. 2016. 盐胁迫对小麦种子萌发与幼苗生长的影响及外源物质调控效应[J]. 江苏农业科学, 44(1): 111-115.

王丽华, 李改玲, 李晶, 等. 2017. 外源糖对盐胁迫下小黑麦幼苗糖代谢的影响[J]. 麦类作物学报, 37(4): 548-553.

王乔健. 2019. 独脚金内酯调控乌桕抗旱耐盐的分子机理研究[D]. 合肥: 安徽农业大学.

王全九, 王文焰, 吕殿青, 等. 2000. 膜下滴灌盐碱地水盐运移特征研究[J]. 农业工程学报, (4): 54-57.

王全九, 徐益敏. 2002. 咸水与微咸水在农业灌溉中的应用[J]. 灌溉排水, 21(4): 73-76.

王佺珍, 刘倩, 高娅妮, 等. 2017. 植物对盐碱胁迫的响应机制研究进展[J]. 生态学报, 37(16): 5565-5577.

王若梦, 董宽虎, 李钰莹, 等. 2014. 外源植物激素对 NaCl 胁迫下苦马豆苗期脯氨酸代谢的影响[J]. 草业学报, 23(2): 189-195.

王弯弯. 2017. 外源 NO 与 SA 对冬小麦盐胁迫的缓解效应及其机理研究[D]. 泰安: 山东农业大学.

王文杰, 关宇, 祖元刚, 等. 2009. 施加改良剂对重度盐碱地土壤盐碱动态及草本植物生长的影响[J]. 生态学报, 29(6): 2835-2844.

王馨, 闫永庆, 殷媛, 等. 2019. 外源 γ-氨基丁酸(GABA)对盐胁迫下西伯利亚白刺光合特性的影响[J]. 江苏农业学报, 35(5): 1032-1039.

王学奎. 2006. 植物生理生化实验原理和技术[M]. 北京: 高等教育出版社.

王泳超, 郑博元, 顾万荣, 等. 2018. γ-氨基丁酸对盐胁迫下玉米幼苗根系氧化损伤及内源激素的调控[J]. 农药学学报, 20(5): 607-617.

王泳超. 2016. γ-氨基丁酸（GABA）调控盐胁迫下玉米种子萌发和幼苗生长的机制[D]. 哈尔滨: 东北农业大学.

王遵亲. 1993. 中国盐渍土[M]. 北京: 科学出版社.

旺田, 谢光辉, 刘文瑜, 等. 2019. 外源 NO 对盐胁迫下甜高粱种子萌发和幼苗生长的影响[J]. 核农学报, 33(2): 363-371.

魏红国, 杨鹏年, 张巨松, 等. 2010. 咸淡水滴灌对棉花产量和品质的影响[J]. 新疆农业科学, 47(12): 2344-2349.

魏由庆, 刘思义, 邢文刚. 1994. 黄淮海平原土壤次生潜在盐渍化分级研究[J]. 土壤肥料, (5): 5-9.

吴乐如, 李取生, 刘长江. 2006. 微咸水淋洗对苏打盐渍土土壤理化性状的影响[J]. 生态与农村环境学报. 22(2): 11-15.

吴忠东, 王全九. 2007. 利用一维代数模型分析微咸水入渗特征[J]. 农业工程学报, 23(6): 21-26.

吴忠东, 王全九. 2009. 微咸水非充分灌溉对土壤水盐分布与冬小麦产量的影响[J]. 农业工程学报, 25(9): 36-42.

吴忠东, 王全九. 2010. 微咸水连续灌溉对冬小麦产量和土壤理化性质的影响[J]. 农业机械学报, 41(9): 36-43.

吴忠东, 王全九. 2008. 微咸水钠吸附比对土壤理化性质和入渗特性的影响研究[J]. 干旱地区农业研究, 26(1): 231-236.

武雪萍, 郑妍, 王小彬, 等. 2010. 不同盐分含量的海冰水灌溉对棉花产量和品质的影响[J]. 资源科学, 32(3): 452-456.

向杰. 2019. 盐胁迫条件下非洲哈茨木霉胞外聚合物的组成及功能研究[D]. 北京: 中国农业科学院.

向丽霞, 胡立盼, 胡晓辉, 等. 2015. 外源 γ-氨基丁酸调控甜瓜叶绿体活性氧代谢应对短期盐碱胁迫[J]. 应用生态学报, 26(12): 3746-3752.

肖娟, 孙西欢. 2006. 玉米咸水沟灌试验研究[J]. 山西水利, (4): 65-66.

肖振华, 王学锋, 尤文瑞. 1995. 冬小麦节水灌溉及其对土壤水盐动态的影响[J]. 土壤, 27(1): 28-34.

谢平凡, 邱冬冬, 陈珍. 2017. 外源硫化氢缓解水稻盐胁迫的作用机理[J]. 贵州农业科学, 45(3): 8-13.

辛承松, 董合忠, 唐薇, 等. 2007. 不同肥力滨海盐土对棉花生长发育和生理特性的影响[J]. 棉花学报, 19(2): 124-128.

辛景峰, 等. 1986. 土壤盐渍度不同表示方法的比较和相关研究[C]//石元春. 盐渍土的水盐运动. 北京: 中国农业大学出版社.

熊毅, 熊艳丽, 杨晓鹏, 等. 2020. 外源褪黑素对盐胁迫下老化燕麦种子萌发及幼苗的影响[J]. 中国草地学报, 42(1): 7-14.

熊毅, 刘文政. 1962. 排水在华北平原防治土壤盐渍化中的重要意义[J]. 土壤, (3): 6-11.

徐晨, 凌凤楼, 徐克章, 等. 2013. 盐胁迫对不同水稻品种光合特性和生理生化特性的影响[J]. 中国水稻科学, 27(3): 280-286.

徐芬芬. 2011. 外源亚精胺对小白菜抗盐性的诱导及其机理[J]. 广西植物, 31（5）: 664-667, 594.

许斌, 牛娜, 赵文瑜, 等. 2020. 天然型藜麦品种抗盐碱生理特性比较研究[J]. 土壤, 52(1): 81-89.

雪静, 王全九, 毕远杰. 2009. 微咸水间歇供水土壤入渗特征[J]. 农业工程学报, 25(5): 14-19.

严加坤, 严荣, 汪亚妮. 2019. 外源茉莉酸甲酯对盐胁迫下玉米根系吸水的影响[J]. 广东农业科学, 46(1): 1-6.

严青青, 张巨松, 代健敏, 等. 2019. 甜菜碱对盐碱胁迫下海岛棉幼苗光合作用及生物量积累的影响[J]. 作物学报, 45(7): 1128-1135.

严晔端, 李悦. 2000. 发展咸淡水混灌技术合理开发地下水资源[J]. 地下水, (4): 153-156.

杨澜. 2019. 黄腐酸对平邑甜茶和八棱海棠耐盐生理特性的影响[D]. 泰安: 山东农业大学.

杨婷. 2019. 外源茉莉酸甲酯对渗透胁迫下玉米幼苗有机渗透调节物质代谢和AsA-GSH循环的影响[D]. 昆明: 云南师范大学.

杨怡. 2019. 外源NO对盐胁迫下颠茄生理特性及次生代谢调控的影响[D]. 重庆: 西南大学.

杨传杰, 罗毅, 孙林, 等. 2012. 灌溉水矿化度对玛纳斯流域棉花生长影响的试验研究[J]. 资源科学, 34(4): 660-667.

杨洪兵. 2013. 外源多元醇对盐胁迫下荞麦种子萌发及幼苗生理特性的影响[J]. 华北农学报, 28(4): 98-104.

杨娜, 伍宏, 甘立军, 等. 2018. 叶喷 γ-氨基丁酸对小麦产量和品质的影响[J]. 中国粮油学报, 33(3): 8-12, 20.

杨少辉, 季静, 王罡, 等. 2006. 盐胁迫对植物影响的研究进展[J]. 分子植物育种, (S1): 139-142.

杨少辉, 季静, 王罡. 2006. 盐胁迫对植物的影响及植物的抗盐机理[J]. 世界科技研究与发展, (4): 70-76.

杨晓云, 宋涛, 刘辉, 等. 2017. 外源甜菜碱对 NaCl 胁迫下玉米幼苗生长和叶绿素含量的影响[J]. 湖北农业科学, 56(5): 830-833, 875.

杨永胜, 孙东磊, 杨雪川, 等. 2010. 河北省中南部棉纤维品质与气象因子相关关系性研究[J].

中国农学通报, 26(1): 222-226.

姚岭柏, 韩海霞. 2016a. 盐胁迫对樱桃萝卜种子发芽特性及幼苗生长的影响[J].安徽农业科学, 44(3): 31-32,47.

姚岭柏, 韩海霞. 2016b. 盐胁迫对樱桃萝卜生长及生理生化指标的影响[J]. 北方园艺, (13): 5-8.

姚侠妹, 偶春, 张源丽, 等. 2020. 脱落酸对盐胁迫下香椿幼苗离子吸收和光合作用的影响[J]. 东北林业大学学报, 48(8): 27-32.

叶文斌, 樊亮, 王昱, 等. 2017. 外源 $ZnCl_2$ 对成县迟蒜盐胁迫响应研究[J]. 种子, 36(8): 37-41.

叶武威, 刘金定, 樊宝相, 等. 1997. 盐分（NaCl）对陆地棉纤维性状的影响[J]. 中国棉花, 24(3): 17-18.

殷仪华, 陈邦本. 1991. 江苏滨海盐土脱盐过程 pH 上升原因探讨. 土壤学报, 22(1): 5-7.

尹美强, 王栋, 王金荣, 等. 2019. 外源一氧化氮对盐胁迫下高粱种子萌发及淀粉转化的影响[J]. 中国农业科学, 52(22): 4119-4128.

于天仁, 王振权. 1988. 土壤分析化学[M]. 北京: 科学出版社.

余海兵, 杨安中, 熊祖煦. 2002. 亚精胺浸种对水稻生长及其产量的影响[J]. 安徽技术师范学院学报, (4): 47-49.

余隆新, 唐仕芳, 王少华, 等. 1993. 湖北省棉纤维品质生态区划及研究[J]. 棉花学报, 5(2): 15-20.

俞仁培, 陈明德. 1999. 我国盐渍土资源及其开发利用[J]. 土壤通报, 30(4): 158-159.

袁若楠. 2017. 外源腐胺调节盐胁迫下黄瓜 LHCII 耗散过剩激发能的机理研究[D]. 南京: 南京农业大学.

袁颖辉, 束胜, 袁凌云, 等. 2012. 外源精胺对盐胁迫下黄瓜幼苗生长和光合作用的影响[J]. 江苏农业学报, 28(4): 835-840.

远杰, 王全九, 雪静. 2009. 微咸水造墒对油葵生长及土壤盐分分布的影响[J]. 农业工程学报, 25(7): 39-44.

张怡, 邢亚涛, 孙惠娟, 等. 2019. 外源 SO_2 对盐胁迫下水稻种子萌发的促进作用[J]. 常熟理工学院学报, 33(2): 88-94.

张豫, 王立洪, 孙三民, 等. 2011.阿克苏河灌区棉花耐盐指标的确定[J]. 中国农业科学, 44(10): 2051-2059.

张彩虹, 冯棣, 张敬敏, 等. 2020. 黄腐酸钾对盐胁迫下小白菜发芽及幼苗生长的影响[J]. 中国瓜菜, 33(12): 87-91.

张国伟, 路海玲, 张雷, 等. 2011. 棉花萌发期和苗期耐盐性评价及耐盐指标筛选[J]. 应用生态学报, 22(8): 2045-2053.

张俊莲, 张国斌, 王蒂. 2006. 向日葵耐盐性比较及耐盐生理指标选择[J]. 中国油料作物学报, 28(2): 176-179.

张俊鹏. 2015. 咸水灌溉覆膜棉田水盐运移规律及耦合模拟[D]. 北京: 中国农业科学院研究生院.

张丽霞, 李国婧, 王瑞刚, 等. 2010. 乙烯调控植物耐盐性的研究进展[J]. 生物技术通报, (9): 1-7.

张妙仙, 王仰仁, 王仲熊. 1999. 山西省涑水河盆地小麦棉花耐盐度方程[J]. 土壤侵蚀与水土保持学报, 5(6): 123-126.

张瑞坤, 李卓成, 祝德玉, 等. 2020. 盐胁迫下不同耐盐性水稻品种苗期光合特性的响应规律[J].

青岛农业大学学报(自然科学版), 37(4): 250-257.

张瑞腾, 张佳, 周可杰, 等. 2016. NaCl 胁迫下腐植酸浸种对番茄种子发芽的影响[J]. 腐植酸, (2): 11-14, 26.

张涛, 邓国丽, 刘金祥. 2019. 盐胁迫和干旱胁迫对小叶茼蒿种子萌发的影响[J]. 种子, 38(7): 79-84.

张文平, 杨臻, 吴佩佳, 等. 2019. 乳酸菌胞外多糖对逆境胁迫下水稻种子萌发及幼苗生长的影响[J]. 核农学报, 33(1): 138-147.

张亚哲, 申建梅, 王莹, 等. 2009. 河北平原地下(微)咸水的分布特征及开发利用[J]. 农业环境与发展, (6): 29-33.

张永平. 2011. 氯化胆碱对盐胁迫黄瓜幼苗渗透调节物质及活性氧代谢系统的影响[J]. 西北植物学报, 31(1): 137-143.

张余良, 陆文龙, 张伟, 等. 2006. 长期微咸水灌溉对耕地土壤理化性状的影响[J]. 农业资源科学学报, 25(4): 969-973.

张治振, 李稳, 谢先芝, 郑崇珂. 2020. 盐胁迫对水稻产量和品质影响的研究进展[J]. 分子植物育种, 18(21): 7232-7238.

赵宏伟, 胡文成, 沙汉景, 等. 2017. 脯氨酸和 γ-氨基丁酸复配对盐胁迫下水稻抗氧化系统的调控效应[J]. 东北农业大学学报, 48(9): 11-20.

赵九洲, 胡立盼, 徐志然, 等. 2014. 甜瓜幼苗耐盐碱性及缓解盐碱胁迫 γ-氨基丁酸浓度的筛选[J]. 北方园艺, (9): 1-7.

赵艳艳, 胡晓辉, 邹志荣, 等. 2013. 不同浓度5-氨基乙酰丙酸(ALA)浸种对NaCl胁迫下番茄种子发芽率及芽苗生长的影响[J]. 生态学报, 33(1): 62-70.

郑州元. 2017. 硫化氢调控盐胁迫下加工番茄种子萌发及幼苗生长的生理机制研究[D]. 石河子: 石河子大学.

中国农业科学院棉花研究所. 2013. 中国棉花栽培学[M]. 上海: 上海科技出版社.

中国土壤学会盐渍土专业委员会编. 1989. 中国盐渍土分类分级文集[M]. 南京: 江苏科技出版社.

周艳. 2019. GSH 缓解番茄幼苗盐胁迫的耐盐机制研究[D]. 石河子: 石河子大学.

周玲玲, 孟亚利, 王友华, 等. 2010. 盐胁迫对棉田土壤微生物数量与酶活性的影响[J]. 水土保持学报, 24(2): 241-246.

周晓馥, 王艺璇. 2019. 外源茉莉酸对盐胁迫下玉米光合特性的影响[J]. 吉林师范大学学报(自然科学版), 40(4): 80-86.

周晓妮, 刘少玉, 王哲, 等. 2008. 华北平原典型区浅层地下水化学特征及可利用性分析——以衡水为例[J]. 水科学与工程技术, (2): 56-59.

周在明, 张光辉, 王金哲, 等. 2010. 环渤海微咸水区土壤盐分及盐渍化程度的空间格局[J]. 农业工程学报, 26(10): 15-20.

朱广龙, 宋成钰, 于林林, 等. 2018. 外源生长调节物质对甜高粱种子萌发过程中盐分胁迫的缓解效应及其生理机制[J]. 作物学报, 44(11): 1713-1724.

朱兰, 耿贵, 於丽华. 2020. 外源亚精胺对盐胁迫下甜菜生长及养分吸收的影响[J]. 中国糖料, 42(2): 27-32.

朱利君, 闫秋洁, 陈光升, 等. 2019. 外源 H_2O_2 通过介导抗氧化酶、ABA 和 GA 促进高盐胁迫下黄瓜种子的萌发[J]. 植物生理学报, 55(3): 342-348.

朱巧巧. 2019. 植物内生菌 Salinicola tamaricis F01 对盐地碱蓬生理生化影响[D]. 济南: 山东师范大学.

庄宝程. 2014. 磷酯酸调节拟南芥 MKK7/MKK9 响应盐胁迫的机理研究[D]. 南京: 南京农业大学.

邹璐, 范秀华, 孙兆军, 等. 2012. 盐碱地施用脱硫石膏对土壤养分及油葵光合特性的影响[J]. 应用与环境生物学报, 18(4): 575-581.

Abdel Gawad G, Arslan A, Gaihbe A, et al. 2005. The effects of saline irrigation water management and salt tolerant tomato varieties on sustainable production of tomato in Syria (1999–2002)[J]. Agricultural Water Management, 78: 39-53.

Acosta-Motos J R, Ortuño M F, Bernal-Vicente A, et al. 2017. Plant responses to salt stress: Adaptive mechanisms[J]. Agronomy, 7: 18.

Adams P, Ho L C. 1989. Effects of constant fluctuating salinity on yield, quality and calcium status of tomatoes[J]. Journal of Horticultural Science, 64(6): 725-732.

Adams P, Ho L C. 1992. The susceptibility of modern tomato cultivars to blossom-end rot in relation to salinity[J]. Journal of Horticultural Science, 67(6): 827-839.

Adin A, Sacks M. 1991. Dripper clogging factors in wastewater irrigation[J]. Journal of Irrigation and Drainage Engineering, 117(6): 813-826.

Ahmad S, Khan N, Iqbal M Z, et al. 2002. Salt tolerance of cotton (Gossypium hirsutum L.)[J]. Asian Journal of Plant Sciences, 1: 715-719.

Ahmadaali K, Liaghat A, Dehghanisanij H. 2009. The effect of acidification and magnetic field on emitter clogging under saline water application[J]. Journal of Agricultural Science, 1(1): 132-141.

Ahmed B A O, Yamamoto T, Fujiyama H, et al. 2007. Assessment of emitter discharge in microirrigation system as affected by polluted water[J]. Irrigation and Drainage Systems, 21(2): 91-107.

Andrews S S, Karlen D L, Mitchell J P. 2002. A comparison of soil quality of indexing methods for vegetable production systems in northern California[J]. Agriculture, Ecosystems and Environment, 90: 25-45.

ASAE. 2003. ASAE engineering practice EP405.1, February 03[C]//Design and installation of microirrigation systems. ASAE, St. Joseph, MI.

Ashraf M, Ahmad S. 2000. Influences of sodium chloride on ion accumulation, yield components, and fibre characteristics in salt-tolerances and salt-sensitive lines of cotton (Gossypium hirsutum L.)[J]. Field Crops Research, 66: 115-127.

Ayars J E, Phene C J, Hutmacher R B, et al. 1999. Subsurface drip irrigation of row crops: A review of 15years of research at the Water Management Research Laboratory[J]. Agricultural Water Management, 42: 1-27.

Ayers A D, Westcot D W. 1985. Water quality for agriculture[A]. Irrigation and Drainage Paper 29, Revision 1. FAO, Rome.

Ayers R S, Wadleigh C H, Magistad O C. 1943. The interrelationships of salt concentration and soil moisture content with the growth of beans[J]. Journal of the American Society of Agronomy, 35: 796-810.

Barnard J H, Rensburg L D, Bennie A T. 2010. Leaching irrigated saline sandy to sandy loam apedal soils with water of a constant salinity[J]. Irrigation Science, 28: 191-201.

Barroso M C M, Alvarez C E. 1997. Toxicity symptoms and tolerance of strawberry to salinity in the irrigation water[J]. Scientia Horticulturae, 71: 177-188.

Batchelor C H, Lovell C J, Murata M. 1996. Simple microirrigation techniques for improving irrigation efficiency on vegetable gardens[J]. Agricultural Water Management, 32: 37-48.

Beltrán J M. 1999. Irrigation with saline water: Benefits and environmental impact[J]. Agricultural Water Management, 40(2-3): 183-194.

Bezborodov G A, Shadmanov D K, Mirhashimov R T, et al. 2010. Mulching and water quality effects on soil salinity and sodicity dynamics and cotton productivity in Central Asia[J]. Agriculture, Ecosystems and Environment, 138: 95-102.

Bouche N, Lacombe B, Fromm H. 2003. GABA signaling: A conserved and ubiquitous mechanism[J]. Trends in Cell Biology, 13: 607-610.

Brugnoli E, Bjorkman O. 1992. Growth of cotton under continuous salinity stress: Influence on allocation pattern, stomatal and nonstomatal components of photosynthesis and dissipation of excess light energy[J]. Planta, 187: 335-347.

Brugnoli E, Lauteri M. 1991. Effects of salinity on stomatal conductance, photosynthetic capacity, and carbon isotope discrimination of salt-tolerant (Gossypium hirsutum L.) and salt-sensitive bean (*Phaseilus vulgaris* L.) C3 non-halophytes[J]. Plant Physiology, 95: 628-635.

Bucks D A, Nakayama F S, Gilbert R G. 1979. Trickle irrigation water quality and preventive maintenance[J]. Agricultural Water Management, 2(2): 149-162.

Cai Z Q, Gao Q. 2020. Comparative physiological and biochemical mechanisms of salt tolerance in five contrasting highland quinoa cultivars[J]. BMC Plant Biology, 20(1): 70.

Caldwell B A. 2005. Enzyme activities as a component of soil biodiversity: a review[J]. Pedobiologia, 49: 637-644.

Cao W H, Liu J, He X J, et al. 2007. Modulation of ethylene responses affects plant salt-stress responses[J]. Plant Physiology, 143(2): 707-719.

Cao W H, Liu J, Zhou Q Y, et al. 2006. Expression of tobacco ethylene receptor NTHK1 alters plant responses to salt stress[J]. Plant, Cell & Environment, 29(7): 1210-1219.

Capra A, Scicolone B. 1998. Water quality and distribution uniformity in drip/trickle irrigation systems[J]. Journal of Agricultural Engineering Research, 70: 355-365.

Carter D R, Cheeseman J M. 1993. The effect of external NaCl on thylakoid stacking in lettuce plants[J]. Plant, Cell & Environment, 16: 215-223.

Carter M R, Gregorich E G, Anderson D W, et al. 1997. Concepts of soil quality and their significance[A]//Gregorich R G, Carter M R. Soil Quality for Crop Production and Ecosystem Health[M]. Developments in Soil Science 25. Elsevier, Amsterdam, pp. 1-9.

Cetin O, Bilgel L. 2002. Effects of different irrigation methods on shedding and yield of cotton[J]. Agricultural Water Management, 54(1): 1-15.

Chanduvi F. 1997. Water management for salinity control[C]//Proceedings of the Regional Workshop on Management of Salt Affected Soils in the Arab Gulf States, Abu Dhabi, UAE 29 October to 2November 1995, FAO Regional Office for the North East, Cairo, pp. 63-65.

Chaudhury J, Mandal U K, Sharma K L, et al. 2005. Assessing soil quality under long-term rice-based cropping system[J]. Communications in Soil Science and Plant Analysis, 36: 1141-1161.

Chen M, Kang Y H, Wan S Q, et al. 2009. Drip irrigation with saline water for oleic sunflower (*Helianthus annuus* L.)[J]. Agricultural Water Management, 96: 1766-1772.

Chen W P, Hou Z A, Wu L, et al. 2010. Evaluating salinity distribution in soil irrigated with saline water in arid regions of northwest China[J]. Agricultural Water Management, 97: 2001-2008.

Chen Z, Cuin T A, Zhou M, et al. 2007. Compatible solute accumulation and stress-mitigating effects in barley genotypes contrasting in their salt tolerance[J]. Journal of Experimental Botany, 58: 4245-4255.

Cheng, B, Li, Z, Liang, L, et al. 2018. The γ-Aminobutyric Acid (GABA) alleviates salt stress damage during seeds germination of white clover associated with Na^+/K^+ transportation, dehydrins accumulation, and stress-related genes expression in white clover[J]. International Journal of Molecular Sciences ,19(9): 2520.

Chinta, S, Lakshmi, A, Giridarakumar S. 2001. Changes in the antioxidant enzyme efficacy in two high yielding genotypes of mulberry (*Morus alba* L.) under NaCl salinity[J]. Plant Science, 161: 613-619.

Christiansen J E. 1942. Irrigation by Sprinkling[J]. California Agricultural Experiment Station Bulletin. 670: 124, Berkeley: University of California.

Cuartero J, Fernández-Muñoz R. 1999. Tomato and salinity[J]. Scientia Horticulturae, 78(1-4): 83-125.

Datta K K, de Jong C. 2002. Adverse effect of waterlogging and soil salinity on crop and land productivity in northwest region of Haryana, India[J]. Agricultural Water Management,. 57: 223-228.

de Clercq W P, van Meirvenne M. 2005. Effect of long-term irrigation application on the variation of soil electrical conductivity in vineyards[J]. Geoderma, 128: 221-233.

Deng Y Q, Bao J, Yuan F, et al. 2016. Exogenous hydrogen sulfide alleviates salt stress in wheat seedlings by decreasing Na^+ content[J]. Plant Growth Regulation, 79, 391-399.

Desgarennes D, Garrido E, Torres-Gomez M J, et al. 2014. Diazotrophic potential among bacterial communities associated with wild and cultivated agave species[J]. FEMS Microbiology Ecology, 90(3) : 844-857.

Dick R P, Myrold D D, Kerle E A. 1988. Microbial biomass and soil enzyme activities in compacted and rehabilitated skid trail soil[J]. Soil Science Society of America Journal, 52: 512-516.

Dong H Z, Li W J, Tang W, et al. 2009. Early plastic mulching increases stand establishment and lint yield of cotton in saline fields[J]. Field Crops Research, 111: 269-275.

Dong H Z, Li W J, Tang W, et al. 2008. Furrow seeding with plastic mulching increase stand establishment and lint yield of cotton in a saline field[J]. Agronomy Journal, 100: 1640-1646.

Dong H Z. 2012. Combating salinity stress effects on cotton with agronomic practices[J]. African Journal of Agricultural Research, 34(7): 4708-4715.

Dong Yoo Sang, Hee Cho Young, Guillaume Tena, et al. 2008. Dual control of nuclear EIN3 by bifurcate MAPK cascades in C_2H_4 signalling[J]. Nature, 451(7180): 789-795.

Doran J W, Parkin T B. 1994. Defining and assessing soil quality[C]// Doran J W, Coleman D C, Bezdicek D F, et al. Defining Soil Quality for a Sustainable Environment. Soil Science Society of America Journal, Madison, 3-21.

Dorais M, Papadopoulos A P, Gosselin A. 2001. Influence of electric electrical conductivity management on greenhouse tomato yield and fruit quality[J]. Agronomie, 21(4): 367-383.

Doran J W, Coleman D C, Bezdick D F, et al. 1994. Defining soil quality for a sustainable environment[A]. SSSA special publication.No.35.

Du Plessis H M. 1986. On the concept of leaching requirement for salinity control[J]. South African Journal of Plant and Soil, 3: 181-184.

Duran-Ros M, Puig-Bargues J, Arbat G, et al. 2009. Effect of filter, emitter, and location on clogging when using effluents[J]. Agricultural Water Management, 96: 67-79.

Durner J, Wendehenne D, Klessig D. 1998. Defense gene induction in tobacco by nitric oxide, cyclic GMP, and cyclic ADP-ribose[J]. Proceedings of The National Academy of Sciences, 95(17) 10328-10333.

Elfving D C. 1982. Crop response to trickle irrigation[J]. Horticultural Reviews, 4: 1-48.

Elrys A S, Abdo A I E, Abdel-Hamed E M W, et al. 2020. Integrative application of licorice root extract or lipoic acid with fulvic acid improves wheat production and defenses under salt stress conditions[J]. Ecotoxicology and Environmental Safety, 190: 110144.

Erkossa T, Itanna F, Stahr K. 2007. Indexing soil quality: A new paradigm in soil science research[J]. Australian Journal of Soil Research, 45: 129-137.

Evans R G, Smith G J, Oster J D, et al. 1990. Saline water application effects on furrow infiltration of red-brown earths[J]. Transactions of the ASAE, 33(5): 1563-1572.

Feng D, Zhang J P, Cao C Y, et al. 2015. Soil salt accumulation and crop yield under long-term irrigation with saline water[J]. Journal of Irrigation and Drainage Engineering, 141 (12): 04015025-1-7.

Foth H D. 1978. Funamentals of soil science[J]. John Wiley & Sons. Inc., 73-74.

Frenke H L. 1989. Solution of gypsum and improvement of sodic soil aroused by element exchange[J]. The Journal of Soil Science, 40 (3): 599-611.

Ghollarata M, Raiesi F. 2007. The adverse effects of soil salinization on the growth of Trifolium alexandrinum L. and associated microbial and biochemical properties in a soil from Iran[J]. Soil Biology and Biochemistry, 39(7): 1699-1702.

Goldberg D, Gornat B, Rimon D. 1984. Drip irrigation-principles, design and agricultural practices (中译本: 西世良, 于康临, 译)[M]. 北京: 中国农业机械出版社.

Gong Z Z, Xiong L M, Shi H Z, et al. 2020. Plant abiotic stress response and nutrient use efficiency[J]. Science China (Life Sciences), 63(5): 635-674.

Hamdy A. 2002. A review paper on: Soil salinity, crop salt response and crop salt tolerance mechanism[A]//Proceedings of Advances in Soil Salinity and Drainage Management to Save Water and Protect the Environment. Alger, Algeria.

Hao S H, Wang Y R, Yan Y X, et al. 2021. A review on plant responses to salt stress and their mechanisms of salt resistance[J]. Horticulturae, 7(6):132.

Hayward H B, Long E M. 1941. Anatomical and physiological responses of the tomato to varying concentrations of sodium chloride, sodium sulphate and nutrient solutions[J]. Botanical Gazette, 102: 437-462.

Hemmat A, Khashoel A A. 2003. Emergence of irrigated cotton in flatland planting in relation to furrow opener type and crust-breaking treatments for Cambisols in central Iran[J]. Soil and Tillage Research, 70: 153-162.

Hills D J, Nawar F M, Waller P M. 1989. Effects of chemical clogging on drip-tape irrigation uniformity[J]. Transactions of the ASABE, 32: 1202-1206.

Hills D J, Tajrishy M A, Tchobanoglous G. 2000. The influence of filtration on ultraviolet disinfection of secondary effluent for microirrigation[J]. Transactions of the ASABE, 43(6): 1499-1505.

Ho L C, Grange R I, Pickerr A J. 1987. An analysis of the accumulation of water and dry matter in tomato fruit[J]. Plant Cell and Environment, 10: 157-162.

ISO. 2003. TC 23/SC 18 N: Clogging test methods for emitters. Geneva, Switzerland: International Organization for Standardization.

Kang Y H, Chen M, Wan S Q. 2010. Effects of drip irrigation with saline water on waxy maize (*Zea mays* L. var. ceratina Kulesh) in North China Plain[J]. Agricultural Water Management, 97: 1303-1309.

Karin. 1997. The effect of NaCl on growth, dry mater allocation and ion uptake in salt marsh and inland population of America Maritima[J]. New Phytologist, 135: 213-225.

Karlen D L, Parkin T P, Eash N S. 1996. Use of soil quality indicators to evaluate conservation reserve program sites in Iowa[A]//Doran J W, Jones A J. Methods for Assessing Soil Quality. SSSA, Madison: 345-355.

Karlen D L, Scott D E. 1994. A framework for evaluating physical and chemical indicators of soil quality[A]// Dorman J W, et al. Defining Soil Quality for a Sustainable Environment. Soil Science Society of American Publication No35. Inc, Madison, Wisconsin, USA, pp. 53-72.

Kathiresan A, Tung P, Chinnappa C C, et al. 1997. γ-aminobutyric acid stimulates ethylene biosynthesis in sunflower[J]. Plant Physiology, 11(5): 129-135.

Kaur R, Zhawar V K. 2021. Regulation of secondary antioxidants and carbohydrates by gamma-aminobutyric acid under salinity-alkalinity stress in rice (*Oryza sativa* L.)[J]. Biologia Futura, 72(2): 229-239.

Koyro H W. 2006. Effect of salinity on growth, photosynthesis, water relations and solute composition of the potential cash crop halophyte *Plantago coronopus* (L.)[J]. Environmental and Experimental Botany, 56: 136-146.

Lamn F R, Ayars J, Nakayama F S. 2007. Microirrigation for Crop Production: Design, Operation, and Management[M]. Amsterdam: Elsevier Science Publishers.

Lapushner D, Frankel R, Y Fuchs. 1986. Tomato cultivar response to water and salt stress[J]. Acta Horticulturae, 190: 247-252.

Larson W E, Pierce F J. 1994. The dynamics of soil quality as a measure of sustainable management[A]//Doran J W, Coleman, D C, Bezdicek, D F, et al. Defining Soil Quality for a Sustainable Environment. SSSA, Spec. Pub. No. 35. ASA, CSSA and SSSA, Madison, WI, pp. 37-51.

Leffelaar P A, Sharma P. 1977. Leaching of highly saline sodic soil[J]. Journal of Hydrology, 32: 203-218.

Letey J. 1994. Is irrigated agriculture sustainable? Soil and Water Science: Key to Understanding Our Global Environment[M]. SSSA Special Publication 41, SSSA, Madison, WI. pp. 23-27.

Li J S, Chen L, Li Y. 2009. Comparison of clogging in drip emitters during application of sewage effluent and groundwater[J]. Transactions of the ASABE, 52(4): 1203-1211.

Li X B, Kang Y H, Wan S Q, et al. 2015c. First and second-year assessments of the rapid reconstruction and re-vegetation method for reclaiming two saline-sodic, coastal soils with drip-irrigation[J]. Ecological Engineering, 84: 496-505.

Li X B, Kang Y H, Wan S Q, et al., 2015b. Reclamation of very heavy coastal saline soil using drip-irrigation with saline water on salt-sensitive plants[J]. Soil and Tillage Research, 146: 159-173.

Li X B, Kang Y H, Wan S Q, et al. 2016. Response of a salt-sensitive plant to processes of soil reclamation in two saline-sodic, coastal soils using drip irrigation with saline water[J]. Agricultural Water Management, 164: 223-234.

Li X B, Kang Y H, Wan S Q, et al. 2015a. Effect of drip-irrigation with saline water on Chinese rose (Rosa chinensis) during reclamation of very heavy coastal saline soil in a field trial[J]. Scientia Horticulturae, 186: 163-171.

Li Y K, Song P, Pei Y T, et al. 2015d. Effects of lateral flushing on emitter clogging and biofilm components in drip irrigation systems with reclaimed water[J]. Irrigation Science, 33: 235-245.

Liu H J, Huang G H. 2009. Laboratory experiment on drip emitter clogging with freshwater and treated sewage effluent[J]. Agricultural Water Management, 96: 745-756.

Liu S, Dong Y, Xu L, et al. 2014. Effects of foliar applications of nitric oxide and salicylic acid on salt-induced changes in photosynthesis and antioxidative metabolism of cotton seedlings[J]. Plant Growth Regulation, 73(1) : 67-78.

Liu S H, Kang Y H, Wan S Q, et al. 2013. Effect of drip irrigation on soil nutrients changes of saline-sodic soils in the Songnen Plain[J]. Paddy and Water Environment, 11: 603-610.

Liu Y G, Ye N H, Liu R, et al. 2010. H_2O_2 mediates the regulation of ABA catabolism and GA biosynthesis in arabidopsis seed dormancy and germination[J]. Journal of Experimental Botany, 61(11) :2979-2990.

Maas E V, Hoffman G J. 1977. Crop salt tolerance-current assessment[J]. Journal of the Irrigation and Drainage Division, 103: 115-134.

Maas E V. 1986. Salt tolerance of plants[J]. Applied Agricultural Research, 1: 12-26.

Maga´n J J, Gallardo M, Thompson R B, et al. 2008. Effects of salinity on fruit yield and quality of tomato grown in soil-less culture in greenhouses in Mediterranean climatic conditions[J]. Agricultural Water Management, 95: 1041-1055.

Malash N M, Ali F A, Fatahalla M A, et al. 2008. Response of tomato to irrigation with saline water applied by different irrigation methods and water management strategies[J]. International Journal of Plant Production, 2: 101-116.

Malash N M, Flowers T J, Raga R. 2005. Effect of irrigation systems and water management practices using saline and non-saline water on tomato production[J]. Agricultural Water Management, 78 (1): 25-38.

Malash N M, Flowers T J, Raga R. 2008. Effect of irrigation methods, management and salinity of irrigation water on tomato yield, soil moisture and salinity distribution[J]. Irrigation Science, 26(4): 313-323.

Mandal U K, Warrington D N, Bhardwaj A K, et al. 2008. Evaluating impact of irrigation water quality on a calcareous clay soil using principal component analysis[J]. Geoderma, 144: 189-197.

Marcelis L F M, Hooijdonk J van. 1999. Effect of salinity on growth, water use and nutrient use in radish (Raphanussativus L.)[J]. Plant and Soil, 215: 57-64.

Meloni D A, Oliva M A, Ruiz H A, et al. 2001. Contribution of proline and inorganic solutes to osmotic adjustment in cotton under salt stress[J]. Journal of Plant Nutrition, 24: 599-612.

Minhas P S. 1996. Saline water management for irrigation in India[J]. Agricultural Water Management, 30(1): 1-24.

Mitchell J P, Shennan C, Grattan S R, et al. 1991. Tomato fruit yields and quality under water deficit and salinity[J]. Journal of the American Society for Horticultural Science, 116(2): 215-221.

Mizrahi Y, Taleisnik E, Kagan-Zur V, et al. 1988. A saline irrigation regime for improving tomato fruit quality without reducing yield[J]. Journal of the American Society for Horticultural Science, 113(2): 202-205.

Moreno F, Cabera F, Andrew L, et al. 1995. Water-movement and salt leaching in drained and irrigated marsh soils of southwest Spain[J]. Agricultural Water Management, 27(1): 25-44.

Munns R, Tester M. 2008. Mechanisms of salinity tolerance[J]. Annual Review of Plant Biology, 59: 651-681.

Nakano Y, Asada K. 1981. Hydrogen peroxide scavenged by ascorbate-specific peroxidase in spinach chloroplasts[J]. Plant Cell Physiol, 22: 867-880.

Nakayama F S, Boman B J, Pitts D J. 2007. Maintenance[C]// Lamm F R, Ayars J E, Nakayama F S. Microirrigation for Crop Production. Design, Operation, and Management. Elsevier, Amsterdam, pp. 389-430.

Nakayama F S, Bucks D A. 1991. Water quality in drip/trickle irrigation: A review[J]. Irrigation Science, 12: 187-192.

Navakoudis E, Vrentzou K, Kotzabasis K. 2007. A polyamine-and LHC II protease activity-based mechanism regulates the plasticity and adaptation status of the photosynthetic apparatus[J]. Biochimica et Biophysica Acta(BBA)-Bioenergetics, 1767(4): 261-271.

Nazar R, Iqbal N, Syeed S, et al. 2011. Salicylic acid alleviates decreases in photosynthesis under salt stress by enhancing nitrogen and sulfur assimilation and antioxidant metabolism differentially in two mung-bean cultivars[J].Journal of Plant Physiology, 168(8): 807-815.

Nimir N E A, Zhou G, Guo W, et al. 2017. Effect of foliar application of GA3, kinetin, and salicylic acid on ions content, membrane permeability, and photosynthesis under salt stress of sweet sorghum [*Sorghum bicolor* (L.) Moench][J]. Canadian Journal of Plant Science, 97(3): 11.

Oster J D, Schroer F W. 1979. Infiltration as influenced by irrigation water quality[J]. Soil Science Society of America Journal, 43(3): 444-447.

Ouni Y, Ghnayaa T, Montemurro F, et al. 2014. The role of humic substances in mitigating the harmful effects of soil salinity and improve plant productivity[J]. International Journal of Plant Production, 8(3): 353-374.

Parida A K, Das A B. 2005. Salt tolerance and salinity effects on plants: A review[J]. Ecotoxicology and Environmental Safety, 60(3):324-349.

Pascale S D, Barbieri G. 1995. Effects of soil salinity from long-term irrigation with saline-sodic water on yield and quality of winter vegetable crops[J]. Scientia Horticulturae, 64: 145-157.

Pasternak D, de Malach Y. 1993. Crop irrigation with saline water[C]//Pessarakli, Mohammad. Handbook of Plant and Crop Stress. Marcel Dekker Inc., pp. 599-622.

Pasternak D, de Malach Y, Borovic I. 1986. Irrigation with brackish water under desert conditions Ⅶ. Effect of time of application of brackish water on production of processing tomatoes (*Lycopersicon esculentum* Mill.)[J]. Agricultural Water Management, 12: 149-158.

Pei Y T, Li Y K, Liu Y Z, et al. 2014. Eight emitters clogging characteristics and its suitability evaluation under on-site reclaimed water drip irrigation[J]. Irrigation Science, 32(2): 141-157.

Pessarakli M. 1994. Handbook of Plant and Crop Physiology[M]. New York: Marcel Dekker, Inc.

Petersen K K, Willumsen J, Kaack K. 1998. Composition and taste of tomatoes as affected by increased salinity and different salinity sources[J]. Journal of Horticultural Science and Biotechnology, 73(2): 205-215.

Pitts D J, Haman D Z, Smajstrla A G. 2003. Causes and prevention of emitter plugging in microirrigation systems (Bulletin 258). Florida: University of Florida, Florida Cooperative Extension Service: 1-12.

Prazeres A R, Carvalho F, Rivas J, et al. 2013a. Growth and development of tomato plants *Lycopersicon esculentum* Mill. under different saline conditions by fertirrigation with pretreated cheese whey wastewater[J]. Water Science and Technology, 67(9): 2033-2041.

Prazeres A R, Carvalho F, Rivas J, et al. 2013b. Pretreated cheese whey wastewater management by agricultural reuse: chemical characterization and response of tomato plants Lycopersicon esculentum Mill. under salinity conditions[J]. Science of the Total Environment, 463-464: 943-951.

Prazeres A R, Carvalho F, Rivas J, et al. 2014. Reuse of pretreated cheese whey wastewater for industrial tomato production (*Lycopersicon esculentum* Mill.)[J]. Agricultural Water Management, 140: 87-95.

Prazeres A R, Rivas J, Almeida M A, et al. 2016. Agricultural reuse of cheese whey wastewater treated by NaOH precipitation for tomato production under several saline conditions and sludge management[J]. Agricultural Water Management, 167: 62-74.

Puig-Bargués J, Arbat G, Elbana M, et al. 2010a. Effect of flushing frequency on emitter clogging in microirrigation with effluents[J]. Agricultural Water Management, 97: 883-891.

Puig-Bargués J, Lamm F R, Trooien T P, et al. 2010b. Effect of dripline flushing on subsurface drip irrigation systems[J]. Transactions of the ASABE, 53 (1): 147-155.

Puig-Bargués J, Lamm F R. 2013. Effect of flushing velocity and flushing duration on sediment transport in microirrigation driplines[J]. Transactions of the ASABE, 56 (5): 1821-1828.

Qadir M, Noble A D, Qureshi A S, et al. 2009. Salt-induced land and water degradation in the Aral Sea basin: A challenge to sustainable agriculture in Central Asia[J]. Natural Resources Forum, 33: 134-149.

Qadir M, Shams M. 1997. Some agronomic and physiological aspects of salt tolerance in cotton (*Gossypium hirsutum* L.)[J]. Journal of Agronomy and Crop Science, 179: 101-106.

Qian Y, Zhang Z J, Fei Y H, et al. 2014. Sustainable exploitable potential of shallow groundwater in the North China Plain[J]. Chinese Journal of Eco-Agriculture, 22(8): 890-897.

Quilchano C, Maranon T. 2002. Dehydrogenase activity in Mediterranean forest soils[J]. Biology and Fertility of Soils, 35: 102-107.

Quirk J P. 2001. The significance of the threshold and turbidity concentrations in relation to sodicity and microstructure[J]. Australian Journal of Soil Research, 39: 1185-1217.

Rajak D, Manjunatha M V, Rajkumar G R, et al. 2006. Comparative effects of drip and furrow irrigation on the yield and water productivity of cotton (*Gossypium hirsutum* L.) in a saline and waterlogged vertisol[J]. Agricultural Water Management, 83: 30-36.

Rani A, Kumar Vats S, Sharma M, et al. 2011. Catechin promotes growth of arabidopsis thaliana with concomitant changes in vascular system, photosynthesis and hormone content[J]. Biologia Plantarum, 55(4): 779.

Rathert G. 1983. Effects of high salinity stress on mineral and carbohydrate metabolism of two cotton varieties[J]. Plant and Soil, 73: 247-256.

Ravina I, Paz E, Sofer Z, et al. 1997. Control of clogging in drip irrigation with stored treated municipal sewage effluent[J]. Agricultural Water Management, 33: 127-137.

Ravina I, Paz E, Sofer Z, et al. 1992. Control of emitter clogging in drip irrigation with reclaimed wastewater[J]. Irrigation Science, 13(3): 129-139.

Rhoades J D. 1997. Strategies for the use of multiple water supplies for irrigation and crop production[C]//Proceedings of the Regional Workshop on Management of Salt Affected Soils in the Arab Gulf States, Abu Dhabi, UAE October 29 to November 2, 1995, FAO regional office for the North East, Cairo: 79-87.

Rhoades J D, Kandiah A, Mashali A M. 1992. The use of saline waters for crop production-FAO irrigation and drainage paper 48[A]. Rome: Food and Agriculture Organization of the United Nations Rome.

Rietz D N, Haynes R J. 2003. Effects of irrigation-induced salinity and sodicity on soil microbial activity[J]. Soil Biology & Biochemistry, 35: 845-854.

Rolfe S A, Griffiths J, Ton J. 2019. Crying out for help with root exudates: Adaptive mechanisms by which stressed plants assemble health promoting soil microbiomes[J]. Current Opinion in Microbiology, 49: 73-82.

Salwan R, Sharma A, Sharma V. 2019. Microbes mediated plant stress tolerance in saline agricultural ecosystem[J]. Plant and Soil, 442: 1-22.

Steppuhn H, Wall K, Rasiah V, et al. 1996. Response functions for grain yield from spring-sown wheats grown in saline rooting media[J]. Canadian Agricultural Engineering, 38(4): 249-256.

Sadeh A, Ravina I. 2000. Relationships between yield and irrigation with low-quality water — a system approach[J]. Agricultural Systems, 64: 99-113.

Samani Z A, Wallker W R, Willardson L S. 1985. Infiltration under surge flow irrigation[J]. Transactions of the ASAE, 28(5): 1539-1542.

Sandoval F M, Benz L C. 1966. Effect of bare fallow, barley, and grass on salinity of a soil over a saline water table[J]. Soil Science Society of America Journal, 30(3): 392-396.

Sato S, Sakaguchi S, Furukawa H, et al. 2006. Effects of NaCl application to hydroponic nutrient solution on fruit characteristics of tomato (*Lycopersicon esculentum* Mill.)[J]. Scientia Horticulturae, 109(3): 248-253.

Saysel A K, Barlas Y. 2001. A dynamic model of salinization on irrigated lands[J]. Ecological Modelling, 139(2-3): 177-199.

Schoenholtz S H, Miegroet H V, Burger J A. 2000. A review of chemical and physical properties as indicators of forest soil quality: Challenges and opportunities[J]. Forest Ecology and Management, 138: 335-356.

Shalhevct J, Yaron B. 1973. Effects of soil and water salinity on tomato growth[J]. Plant and Soil, 39: 285-292.

Sharma S K, Gupta I C. 1986. Saline Environment and Plant Growth[M]. India: Agro Botanical Publishers.

Sharma S K, Manchanda H R. 1996. Influence of leaching with different amounts of water on desalinization and permeability behaviour of chloride and sulphate-dominated saline soils[J]. Agricultural Water Management, 31: 225-235.

Singh D K, Kumar S. 2008. Nitrate reductase, arginine deaminase, urease and dehydrogenase activities in natural soil (ridges with forest) and in cotton soil after acetamiprid treatments[J]. Chemosphere, 71: 412-418.

Smith J L, Halvorson J J, Papendick R I. 1993. Using multiple variable indicators Kriging for evaluating soil quality[J]. Soil Science Society of America Journal, 57: 743-749.

Soria T, Cuartero J. 1997. Tomato fruit yield and water consumption with salty water irrigation[J]. Acta Horticulturae, 458: 215-219.

Stephen A Rolfe, Joseph Griffiths, Jurriaan Ton. 2019. Crying out for help with root exudates: Adaptive mechanisms by which stressed plants assemble health-promoting soil microbiomes[J]. Current Opinion in Microbiology, 49: 73-82.

Stepien P, Johnson G N. 2009. Contrasting responses of photosynthesis to salt stress in the glycophyte arabidopsis and the halophyte thellungiella: Role of the plastid terminal oxidase as an alternative electron sink[J]. Plant Physiology, 149: 1154-1165.

Steppuhn H, van Genuchten M Th, Grieve C M. 2005. Crop ecology, management and quality, root-zone salinity: I. selecting a product-yield index and response function for crop tolerance[J]. Crop Science, 45(1): 209-220.

Sun J, Kang Y, Wan S, et al. 2012a. Soil salinity management with drip irrigation and its effects on soil hydraulic properties in north China coastal saline soils[J]. Agricultural Water Management, 115: 10-19.

Sun J, Zhang X, Deng S R, et al. 2012b. Extracellular ATP signaling is mediated by H_2O_2 and cytosolic Ca^{2+} in the salt response of populous euphratica cells[J].PloS One, 7(12) : e53136.

Sun J, Kang Y, Wan S. 2013. Effects of an imbedded gravel-sand layer on reclamation of coastal saline soils under drip irrigation and on plant growth[J]. Agricultural Water Management, 123: 12-19.

Tripathia S, Chakraborty A, Chakrabartia K, et al. 2007. Enzyme activities and microbial biomass in coastal soils of India[J]. Soil Biology & Biochemistry, 39: 2840-2844.

Ungar I A. 1995. Seed germination and seed-bank ecology in halophytes[C]// Seed development and germination[M]. New York: Marcel Dekker.

United States National Resources Planning Board. 1942. The Pecos River Joint Investigation: Reports of Participating Agencies[M]. illus. Washington.

van Genuchten M Th. 1983. Analyzing crop salt tolerance data: Model description and user's manual[R]. UDSA, ARS, U.S. Slinity Lab. Research Report No. 120. U.S. Gov. Printing Office, Washington, DC.

Vandewalle I, Olsson R. 1983. The γ-aminobutyric acid shunt in germinating Sinapis alba seeds[J]. Plant Science Letters, 31(2/3): 269-273.

Wan S Q, Jiao Y P, Kang Y H, et al. 2012. Drip irrigation of waxy corn (Zea mays L. var. ceratina Kulesh) for production in highly saline conditions[J]. Agricultural Water Management, 104: 210-220.

Wan S, Kang Y, Wang D, et al. 2010. Effect of saline water on cucumber (*Cucumis sativus* L.) yield and water use under drip irrigation in North China[J]. Agricultural Water Management, 98: 105-113.

Wan S Q, Kang Y H, Wang D, et al. 2007. Effect of drip irrigation with saline water on tomato (*Lycopersicon esculentum* Mill) yield and water use in semi-humid area[J]. Agricultural Water Management, 90: 63-74.

Wang F H, Wang X Q, Sayre K. 2004. Comparison of conventional, flood irrigated, flat planting with furrow irrigated, raised bed planting for winter wheat in China[J]. Field Crops Research, 87: 35-42.

Wang H H, Liang X L, Wan Q,et al. 2009. Ethylene and nitric oxide are involved in maintaining ion homeostasis in arabidopsis callus under salt stress[J]. Planta, 230(2): 293-307.

Wang R S, Kang Y H, Wan S Q, et al. 2012. Influence of different amounts of irrigation water on salt leaching and cotton growth under drip irrigation in an arid and saline area[J]. Agricultural Water Management, 110: 109-117.

Wang R S, Kang Y H, Wan S Q, et al. 2011. Salt distribution and the growth of cotton under different drip irrigation regimes in a saline area[J]. Agricultural Water Management, 100: 58-69.

Wang W X, Vinocur Basia, Altman Arie. 2003. Plant responses to drought, salinity and extreme temperatures: Towards genetic engineering for stress tolerance[J]. Planta, 218(1): 1-14.

Wang X, Guo S, Li M, et al. 2017a. Effects of gamma-aminobutyric acid on salt tolerance of wheat[J].

Journal of Southern Agriculture, 48(10): 1761-1768.

Wang Y N, Liu C, Li K X, et al. 2007. Arabidopsis EIN2 modulates stress response through abscisic acid response pathway[J]. Plant Molecular Biology, 64(6): 633-644.

Wang Y N, Wang T, Li K X, et al. 2008. Genetic analysis of involvement of ETR1 in plant response to salt and osmotic stress[J]. Plant Growth Regulation, 54(3): 261-269.

Wang Y C, Gu W R, Meng Y, et al. 2017b. γ-aminobutyric acid imparts partial protection from salt stress injury to maize seedlings by improving photosynthesis and upregulating osmoprotectants and antioxidants[J]. Scientific Reports, 7: 43609.

Wei Q S, Shi Y S, Lu G, et al. 2008. Rapid evaluations of anticlogging performance of drip emitters by laboratorial short-cycle tests[J]. Journal of Irrigation and Drainage Engineering, 134(3): 298-304.

Weibull W. 1951. A statistical distribution function of wide application[J]. Journal of Applied Mechanics Print ASME, 18: 293-297.

Wu I P. 1997. An assessment of hydraulic design of micro-irrigation systems[J]. Agricultural Water Management, 32(3): 275-284.

Wu M, Kubota C. 2008. Effects of high electrical conductivity of nutrient solution and its application timing on lycopene, chlorophyll and sugar concentrations of hydroponic tomatoes during ripening[J]. Scientia Horticulturae, 116(2): 122-129.

Xiao Z H, Prendergast B, Rengasamy P. 1992. Effect of irrigation water quality on soil hydraulic conductivity[J]. Pedosphere, 2(3): 237-244.

Yoo S D, Cho Y H, Tena G, et al. 2008. Dual control of nuclear EIN3 by bifurcate MAPK cascades in C_2H_4 signalling[J]. Nature, 451(7180): 789-795.

Yuan B C, Xu X G, Li Z Z, et al. 2007. Microbial biomass and activity in alkalized magnesic soils under arid conditions[J]. Soil Biology & Biochemistry, 393: 3004-3013.

Zhang T, Dong Q, Zhan X, et al. 2019. Moving salts in an impermeable saline-sodic soil with drip irrigation to permit wolfberry production[J]. Agricultural Water Management, 213: 636-645.

Zhang J, Zhao W H, Tang Y P, et al. 2010. Anti-clogging performance evaluation and parameterized design of emitters with labyrinth channels[J]. Computers and Electronics in Agriculture, 74(1): 59-65.

Zhang J, Zhao W H, Tang Y P, et al. 2011. Structural optimization of labyrinth-channel emitters based on hydraulic and anti-clogging performances[J]. Irrigation Science, 29(5): 351-357.

Zhang T B, Kang Y H, Wan S Q. 2013. Shallow sand-filled niches beneath drip emitters made reclamation of an impermeable saline-sodic soil possible while cropping with *Lycium barbarum* L.[J]. Agricultural Water Management, 119: 54-64.

Zhou H L, Cao W H, Cao Y R, et al. 2006. Roles of ethylene receptor NTHK1 domains in plant growth, stress response and protein phosphorylation[J]. FEBS Letters, 580(5): 1239-1250.

Zhu J K. 2001. Plant salt tolerance [Review][J]. Plant Science, 6(2): 66-71.

编 后 记

  "博士后文库"是汇集自然科学领域博士后研究人员优秀学术成果的系列丛书。"博士后文库"致力于打造专属于博士后学术创新的旗舰品牌，营造博士后百花齐放的学术氛围，提升博士后优秀成果的学术影响力和社会影响力。

  "博士后文库"出版资助工作开展以来，得到了全国博士后管理委员会办公室、中国博士后科学基金会、中国科学院、科学出版社等有关单位领导的大力支持，众多热心博士后事业的专家学者给予积极的建议，工作人员做了大量艰苦细致的工作。在此，我们一并表示感谢！

"博士后文库"编委会